CRACKING
MATHEMATICS
한 권으로 이해하는 수학의 세계

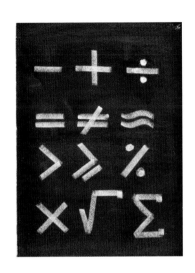

CRACKING
MATHEMATICS
한 권으로 이해하는 수학의 세계

콜린 베버리지 지음 · 김종명 옮김

 북스힐

CRACKING MATHEMATICS

First published in Great Britain in 2016 by Cassell,
a division of Octopus Publishing Group Ltd,
Carmelite House, 50 Victoria Embankment,
London EC4Y 0DZ
Copyright © Octopus Publishing Group Limited 2016

Korean translation copyright © 2019
by BOOK'S HILL Publishers Inc.
Korean translation rights arranged with
Octopus Publishing Group Ltd.
through EYA (Eric Yang Agency)

CRACKING MATHEMATICS
한 권으로 이해하는 수학의 세계

지은이 | 콜린 베버리지
옮긴이 | 김종명
펴낸이 | 조승식
펴낸곳 | (주)도서출판 북스힐
등   록 | 1998년 7월 28일 제22-457호
주   소 | 01043 서울 강북구 한천로 153길 17
TEL | 02-994-0071
FAX | 02-994-0073
www.bookshill.com | bookshill@bookshill.com
초판 인쇄 2019년 10월 20일
초판 발행 2019년 10월 25일
ISBN 979-11-5971-214-2
값 18,000원

* 잘못된 책은 구입하신 서점에서 바꿔 드립니다.

차례

들어가면서

"신은 정수를 만들었다. 그 나머지는 모두 인간이 만든 것이다."
- 크로네커

"수학자와 철학자가 심오한 척하며 애매모호한 글을 쓴다는 것은,
사실은 말도 안 되는 이야기를 지껄이는 것이라 보면 된다."
- 화이트헤드

수학은 단순히 시간표를 읽거나 로그 법칙을 이해하는 것 이상의 학문이다. 수학의 역사는 수많은 인물, 이야기, 전설, 우화들로 가득 차 있다. 나는 이 책을 통해 수학의 역사에 생명을 불어넣고자 했다.

수학이 거쳐 온 4천 년의 여정은 역사소설처럼 매우 복잡하고 난해하다. 그 속에는 영웅들이 추방당한 이야기가 많다. 1930년대에 유럽을 떠난 수학자의 수는 너무 많아 헤아릴 수조차 없다. 뉴턴과 라이프니츠 간의 논쟁처럼 격렬한 싸움도 있었고 끔찍한 속임수도 있었다. 에바리스트 갈루아의 최후는 기만적 모의에 의한 것이었을까? 매우 뜻밖의 순간도 있다. 윌리엄 해밀턴은 번개처럼 영감이 스치자 잊어버리기 전에 주변의 가까운 다리에 수식을 새겨넣기도 했다.

소설이 흔히 구전되는 역사나 오래된 문서에서 아이디어나 주제를 빌려오듯이, 내게 영향을 미친 많은

과학자, 연금술사, 수학자 그리고
싸움꾼이었던 뉴턴.

갈루아는 결투에서 끔찍한
속임수로 인해 최후를 맞았다.

사람들 덕분에 이 책이 탄생할 수 있었다. 그들은 내게 난제, 게임, 페러독스에 대한 흥미로운 이야기를 들려주고 가르침을 주었다. 다음은 특별한 고마움을 전하고 싶은 사람들이다.

- T.K. 브릭스는 2차 세계대전 당시 연합군의 암호 해독 안가로 사용되었던

2차 세계대전 당시 사용되었던 암호화 기기 에니그마.

블레츨리 파크에서 근무하고 있다. 내게 에니그마의 작동법을 알려주고 바르게 사용하는지 확인해주었다.

- 조시 다면 레인은 사원수(Quarternion)가 실제로 응용할 곳이 있음을 보여주었다.

- 헨리엇 핀스터부시는 도저히 설명할 수 없는 어떤 것과 부딪혔을 때, 같이 이야기를 나눌 수 있는 사람이 있었으면 하고 꿈꾸던 바로 그런 사람이다.

- 데이브 게일은 나와 팟캐스트를 함께 진행하고 있다. 실제로도 좋아하는지 의구심은 들지만 통계학을 좋아하는 듯 보여 통계를 주제로 여러 이야기를 나눌 수 있었다.

- 아담 가우처는 자신이 고안한 타원 곡선 계산 도표를 보여주었다.

- 사무엘 한셴은 노르웨이의 아벨상을 수상한 천재 팟캐스트 진행자이다. 그의 팟캐스트 'Relatively Prime(relprime.com)'을 통해 독선적이고 신뢰하기 어려운 수학의 역사를 쉽게 이해할 수 있었다.

- 샐리 말트비는 푸앵카레 원반에 대한

생각을 이끌어주었다.

- 크리스 마스란카가 남긴 문제는 내 수학 교육의 핵심이었으며 지금도 그러하다.

- 바니 마운더-테일러는 내게 이야기 위주로 집필하도록 조언했는데, 그의 조언 덕분에 좀 더 나은 책이 나올 수 있었다.

- 존 오코너와 에드 로버슨은 내가 수학사에 홍미를 가질 수 있도록 이끌어주었다. 이 책의 초고를 읽으면서 나의 수많은 실수와 오류로 골머리를 앓았을 것이다.

- 맷 파커와 콜린 라이트가 운영하는 수학모임 'MathsJam'을 통해 훌륭한 수학자들을 만날 수 있었다.

- 수학 웹사이트 'The Aperiodical'를 운영하는 크리스티안 로슨, 케이티 스테클스, 피터 로울렛은 훌륭한 수학자들에 관해 집필할 수 있는 기회를 마련해주었다.

- 브라이언 로드리게스와 필 스톤하우스는 곡선보다 접선이 훨씬 더 홍미로운 연구 대상임을 가르쳐주었다.

- 휴고 롤랜드와 다른 학생들은 미분기를 이용하여 π의 근사치를 구하는 것에 대해 내가 두서없이 신나게 떠드는 것을 인내심을 가지고 끝까지 들어주었다.

- 마틴 스텔라의 권유로 알함브라 에서 전시회에 다녀왔다. 다시 가 볼 날을

스페인 그라나다의 알함브라는 살면서 한번은 꼭 가봐야 할 곳이다.

고대하고 있다.

내게 전폭적인 지지를 아끼지 않는 가족이 있어 행운이라고 생각한다. 감수성이 예민한 시기에 내게 로렌츠를 소개해주었고 괴델, 에셔, 바하의 책을 권했던 삼촌 빌 베버리지께 감사의 인사를 전하고 싶다. 나도 두 아들, 빌 베버리지 러스와 프레데릭 앤드류 러스에게 똑같이 권하려고 한다.

위키피디아를 끝없이 탐색하고 "스코틀랜드 카페에 대해 들어본 적 있어?"와 같은 질문을 던지는 아내 로라에게도 고마움을 표현하고 싶다. 그리고 그녀의 지칠 줄 모르는 지지와 격려에도 감사를 전한다. 그것들이 내게 얼마나 도움이 되었는지 모른다.

로라의 어머니 니키는 내가 이 책을 집필하는 동안 어린 아들 빌을 돌봐주셨다. 그녀 덕분에 완전히

스코틀랜드 카페에 자주 들르던 수학자들의 이야기에는 거위도 등장한다.

불가능했던 이 프로젝트가 어렵지만 가능
해질 수 있었다.

또한 부모님 린다 헨드렌과 켄 베버리지
그리고 형 스튜어트 베버리지에게 감사함
을 전한다. 내가 툴툴거릴 땐 나를 흉내 내
며 놀리면서도 늘 격려
를 아끼지 않는 가족
들이다.

《이상한 나라의 앨리스》에
등장하는 하얀 토끼.
이 소설은 역사를 통틀어 가장
인기 있는 수학 책이다.

CHAPTER 1
죽음의 삼각형과 수학의 발전

수학을 배울 때면 누구나 자연스럽게 의문이 생긴다. "도대체 이런 걸 누가 만들었어?"
대부분의 경우 그 답은, "아주 오래 전, 이름 모를 누군가"가 된다.
이번 장에서는 그 질문의 답 중 '어디서'와 '누군가'에 대한 정보를 조금이나마 제공한다.
시대를 거슬러 올라가면 수학적 업적을 쌓은 많은 인물들이 등장한다.
그중 몇 명을 소개한다.

화이트 보드의 수식과 그림들은 대부분 옳지만 일부러
틀린 것을 몇 개 숨겨 놓았다.
이 중에서 몇 개나 틀렸는지 찾아보자.

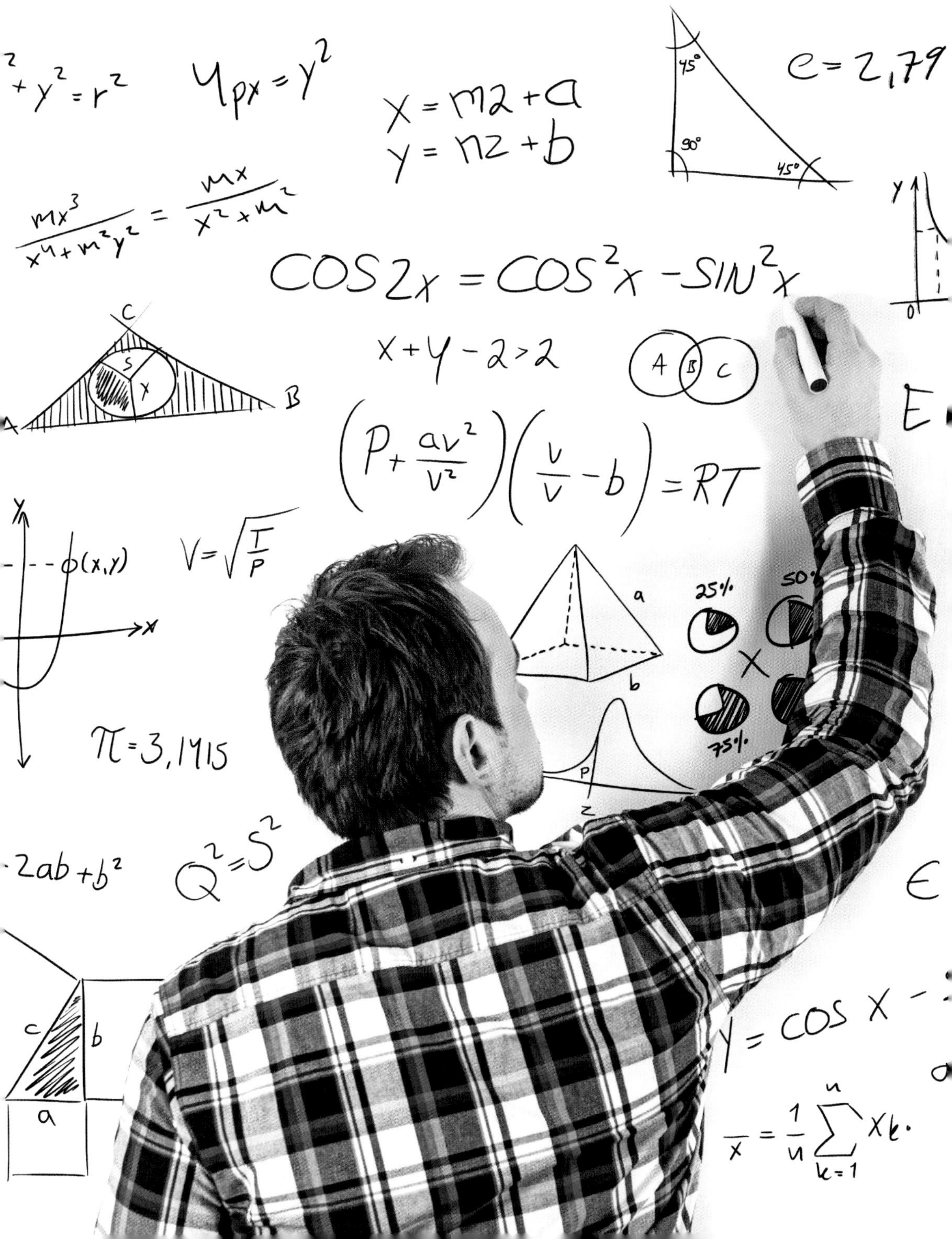

Ypx = y²
x = mz + a
y = nz + b
45°
90°
45°
mx³ / (x⁴ + m²y²) = mx / (x² + m²)
COS 2x = COS²x − SIN²x
x + y − 2 > 2
A B C
(P + av²/V²)(V/v − b) = RT
V = √(T/P)
φ(x, y)
a
b
25%
50%
75%
P
Z
π = 3,1415
Q² = S²
c
b
a
y = cos x
x̄ = 1/n Σ_{k=1}^{n} x_k

문자 이전의 수학

처음에는 공집합이 있었다. 그 후 사물들에 혼란이 생겼다.

문자가 등장하기 이전의 수학에 대해 설명하기는 매우 어렵다. 남겨진 기록이 없는 상태에서 우리가 알 수 있는 것이 많지 않기 때문이다.

"숫자는 처음에 어떻게 등장했을까?" 하는 질문에 대해서는 쉽게 답을 유추할 수 있다. 사냥에 나섰던 사람이 마을로 돌아와 그가 추격했던 동물에 대해 이야기하는 상황을 상상해보자. 사람들을 모아서 같이 추격할 가치가 있을까? 그러려면 동물이 몇 마리가 있는지 알아야 한다. 얼마나 큰지, 어떤 종류의 동물인지에 대한 정보도 필요하다.

인간만 숫자를 세는 능력을 가진 것은 아

어떤 과학자들은 말이 숫자를
셀 수 있다고 주장한다.

니다. 종종 과학자들이 말도 숫자를 셀 수 있다고 주장한 흥미 위주의 신문 기사를 보게 된다. 대부분의 언론은 과학자들의 주장을 특별히 더 신뢰한다. '과학자들에 의하면'이란 표현은 '정치인들에 의하면' 혹은 '운동선수들에 의하면'이란 표현과는 전혀 다른 의미를 가진다.

여기서 중요한 것은 말이 발굽으로 땅바닥을 긁어 숫자를 셀 수 있음을 표현한다는 사실이 아니다. 숫자를 세는 것이 살아남는 데 있어서 매우 중요한 능력이라는 사실이 훨씬 더 중요하다.

숫자를 셀 수 있게 되면 그 다음엔 장부에 기록하게 된다. 물론 오늘날 회계사들이 사용하는 것과 같은 장부는 아니다. 태초의 인류에게 숫자를 세는 것은 일상생활의 일부였다. 소 몇 마리가 산으로 올라갔고 몇 마리가 돌아왔나? 비가 다시 오기까지 며칠이나 걸렸나?

지금까지 발견된 수학과 관련된 유물로 가장 오래된 것

은 1960년 콩고와 우간다 국경에 위치한 셈리키 강 근처에서 출토된 2만 년 된 '이상고 뼈'이다. 발견 당시에는 회계사들의 금전출납부와 같은 기능을 하는 '신표(信標)'로 사용되었을 것으로 추측했지만, 실제로는 계산기였을 가능성이 높다.

이상고는 비비 원숭이의 다리뼈로, 그 끝에는 석영이 박혀 있고 숫자를 의미하는 듯한 기호들이 있다. 가운데에 3, 6, 4, 8 그리고 10과 5에 해당하는 기호가 새겨져 있다. 이 숫자 배열은 배수 혹은 절반을 표시한 것이다. 왼쪽에는 10과 20 사이에 존재하는 소수인 11, 13, 17, 19가, 오른쪽에는 9(=10−1), 19(=20−1), 21(=20+1), 11(=10+1)을 뜻하는 기호가 새겨져 있다. 수학과 관련된 것이 확실한 최초의 물건은 스톤헨지가 만들어진 연대와 유사한 기원전 3,000년 전 지금의 이라크 지역인 수메리아에서 만들어졌다.

2만 년 전 이상고 뼈는 계산기로
사용되었을 것으로 추측된다.

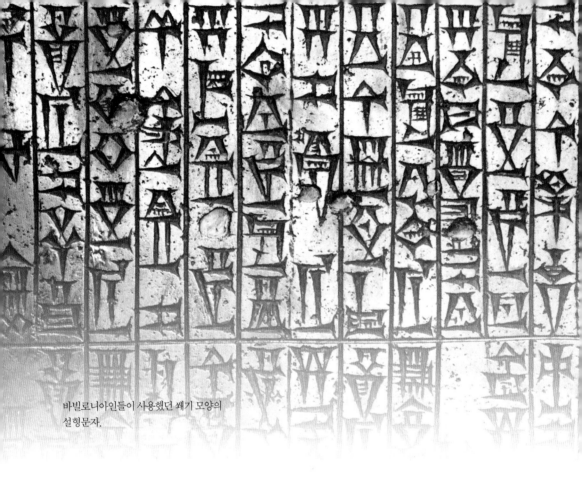

바빌로니아인들이 사용했던 쐐기 모양의
설형문자.

바빌로니아 수학

현존하는 역사상 가장 오래된 수학적 기록물은 기원전 1900년 전 바빌로니아
제국에서 만들어졌다.

오늘날 이라크에 해당하는 지역에 거주하던 수메르인을 정복한 바빌로니아는 점토판에 쐐기 모양의 문양을 새긴 후에 태양열로 구워서 점토판을 제작했다. 이런 방식으로 거래기록을 영구적으로 남겼으며 셈을 하는 데 이용되는 '계산 조견표'도 만들었다.

그들이 점토판에 새긴 내용 중 하나는 숫자들의 거듭제곱 값을 표시해 놓은 도표였다. 거듭제곱 값을 알고 있으면 곱셈 계산이 매우 쉬워진다. 뺄셈과 4로 나누는 것 외에 더 복잡한 계산이 필요 없다. 거듭제곱 값을 이용하여 두 수의 곱을 구하는 방법은 먼저 두 수의 합과 차를 각각 거듭제곱한 뒤, 그 차이를 4로 나누는 것이다.

7×18을 계산해보자. 먼저 $(7 + 18)^2 = 625$, $(18 - 7)^2 = 121$을 계산한다. 이때 625와 121의 차이는 504이다. 504를 4로 나누면 126이 된다.

뿐만 아니라 바빌로니아인들은 역수표를 이용하여 나눗셈을 하였고, 3차 방정식을 풀기 위해 참조표를 사용하였다는 증거들이 있다. 또한 피타고라스가 출현하기 훨씬 이전부터 피타고라스 정리에 대해 완벽하게 이해하고 있었다는 강력한 증거도 있다.

기원전 1900~1600년 사이에 제작된 바빌로니아 점토판 플림프톤 322는
바빌로니아인들이 피타고라스 정리를 정확히 이해하고 있음을 증명한다.

1   11   21   31   41   51

2   12   22   32   42   52

3   13   23   33   43   53

4   14   24   34   44   54

5   15   25   35   45   55

6   16   26   36   46   56

7   17   27   37   47   57

8   18   28   38   48   58

9   19   29   39   49   59

10   20   30   40   50

바빌로니아 숫자 1~59를 표시하는 데 사용된
'와인잔' 문양과 '눈' 문양.

60진수

우리가 일상생활의 모든 곳에 사용하는 숫자는 10진수이다. 10진수 체계에서는 숫자가 9가 되면 더 이상 사용할 수 있는 숫자가 없어 새로운 자릿수로 올라간다.

따라서 10진수 체계에서 숫자는 이웃하는 자릿수보다 10배 크거나 작다.

하지만 우리가 처음부터 10진수를 사용했던 것은 아니다. 기원전 3000년경 수메르인들이나 기원전 1830년경 바빌로니아인들이 사용했던 인류 최초의 숫자 표기 방법은 10진수가 아닌 60진수였고 오늘날 시간과 각도 표기법에서 그 흔적을 볼 수 있다.

원의 전체 각도는 360도로 6 × 60에 해당한다. 1도는 60분으로 나뉘고 1분은 60초로 나뉜다. 시간 표시에도 60진수 방식이 사용된다.

바빌로니아 숫자 표기법에서는 각 자릿수를 나타내는 데 60개의 기호를 사용하지 않는다. 대신 10개 단위로 쪼개고 이것을 그룹으로 묶는다.

1에서 9까지는 숫자 1을 뜻하는 와인잔 문양을 사용하여 표현했는데 숫자가 커질수록 와인잔이 그 숫자만큼 쌓이게 된다. 오른쪽을 쳐다보는 눈 문양은 숫자 10을 뜻한다. 숫자 47을 표현하려면 4개의 눈 문양과 7개의 와인잔을 사용하면 된다. 63은 60진법에서 60을 뜻하는 와인잔 1개와 뒤에 3을 뜻하는 3개의 와인잔이 따라온다.

바빌로니아인들도 0에 대한 개념은 있었지만 자릿수와 자릿수 사이의 공간을 표현하는 데만 사용했다. 10진수 7247은 60진수 체계에서 $2 \times 60^2 + 47$이므로 이를 표현하려면 2개의 와인잔(60^2 자릿수가 2임을 뜻함), 넓은 빈 공간(60 자릿수가 비었음을 뜻함), 그리고 뒤이어 47에 해당하는 기호가 필요하다.

바빌로니아 표기법에는 1, 60, 3600이 모두 동일한 하나의 와인잔으로만 표기되기 때문에 혼란스러울 수 있다. 이 경우 정확한 의미는 문맥상으로 헤아릴 수밖에 없다.

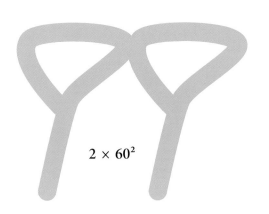

$$2 \times 60^2$$

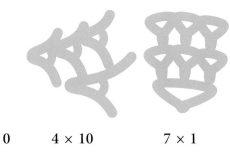

$$0 \qquad 4 \times 10 \qquad 7 \times 1$$

숫자 7247의 바빌로니아식 표기.

이집트에 대한 오해

피라미드를 건설한 사람들이 직각을 정확히 재기 위해 12단위 길이의 로프를 사용했다는 주장이 있다.

이 주장대로라면 그들은 그림과 같은 삼각형을 만들기 위해 로프를 사용했을 것이다. 그 당시에도 세 변의 길이가 3-4-5인 삼각형이 직각삼각형이라는 사실은 잘 알려져 있었다.

하지만 이 주장은 주장을 뒷받침해줄 직각삼각형 로프가 지금까지 어디에서도 발견되지 않았다는 심각한 문제가 있다. 게다가 현실적으로도 큰 문제가 있다. 로프나 끈을 이용하여 사각형 만들기를 시도해봤다면 결코 효율적인 방법이 아니라는 것을 알 수 있다. 길이가 늘어나기도 하고 부정확해서 피라미드와 같은 거대 건축물은커녕 작은 규모의 건축물에도 적용하기 어려운 매우 비현실적인 방법이다.

그렇다면 피라미드를 건설했던 사람들은 어디서 정확한 직각을 얻었을까? 이에 대해 정확히 알려진 바는 없지만 로프를 이용한 3-4-5 삼각형이 아니라는 점만은 확실하다.

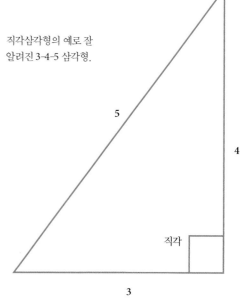

직각삼각형의 예로 잘 알려진 3-4-5 삼각형.

5

4

직각

3

이집트 수학

고대 이집트인들이 숫자를 표기하는 방법, 특히 분수는 매우 번거로워 보이지만, 나름의 논리가 있다.

우선 정수를 표시할 때는 로마 숫자와 유사하다. 245의 경우 100을 나타내는 기호를 2번, 10의 기호를 4번 그리고 1에 해당

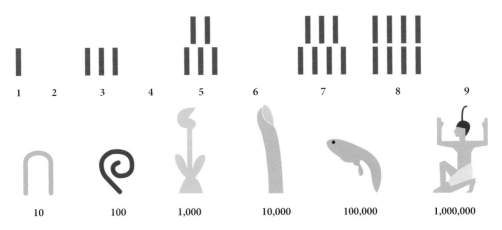

| 1 | 2 | 3 | 4 | 5 | 6 | 7 | 8 | 9 |

| 10 | 100 | 1,000 | 10,000 | 100,000 | 1,000,000 |

이집트의 숫자 표기 방법은 번거롭지만 논리적이다.

하는 기호를 5번 쓰는 식이다.

2×100 4×10 5×1

원주율 파이 3.1415를 분수로 나타낼 경우 오늘날 우리들은 $3 + \frac{1}{10} + \frac{4}{100} + \frac{1}{1000} + \frac{5}{10000}$로 적겠지만 이집트인들은 $3 + \frac{1}{8} + \frac{1}{60}$로 표기했다. 이집트인들은 $\frac{2}{3}$와 $\frac{3}{4}$을 제외하고는 모든 분수는 분자가 1인 것만 사용했는데, 분자가 1인 분수의 표기는 분모에 해당하는 숫자 위에 눈 모양의 기호를 붙인다.

그리스 수학에 비하면 이집트 수학은 지극히 실용적이었다. 그리스 수학이 증명을 위한 증명과 완벽한 추상적 개념에 집중했다면, 오늘날까지 전해지는 이집트 수학은 일꾼들에게 빵을 나누어 주는 방법을 찾거나 어떤 지역의 면적을 구하는 데 더 치중했음을 보여준다.

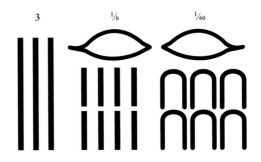

3 $\frac{1}{8}$ $\frac{1}{60}$

린드가 《아메스 파피루스》를 손에 넣었던
룩소르에 위치한 고대 신전.

이집트 곱셈

현존하는 가장 오래된 수학서 《아메스 파피루스》는 1858년 헨리 린드가 이집트 룩소르
지방에서 구입한 것으로 린드 파피루스라고도 한다.

아메스는 필사본의 일종이다. 발견 당시보
다 200년 전 존재하던 문서를 필사했다고
하지만 실제 기록된 연대의 시작은 기원전
1650년부터이다. 아메스에는 어려운 곱셈

을 계산하는 훌륭한 방법이 실려 있다.
61 × 85를 계산할 경우, 우선 왼쪽 열의 숫
자가 61의 절반을 넘길 때까지 오른쪽에 85
의 배수를 계산하여 적는다.

1:	85
2:	170
4:	340
8:	680
16:	1360
32:	2720

그 다음 왼쪽 열에 있는 숫자들을 더해서 61이 되도록 조합한다.

$$32 + 16 + 8 + 4 + 1 = 61$$

이 계산에 포함된 숫자 32, 16, 8, 4, 1의 오른쪽 열에 있는 85의 배수를 더하면 다음과 같다.

$$2720 + 1360 + 680 + 340 + 85$$

이것을 모두 더하면 61 × 85의 정확한 계산 값인 5185가 나온다. 곱셈이든 나눗셈이든 방법은 동일한데 덧셈과 뺄셈을 이용하는 것이 곱셈과 나눗셈보다 훨씬 쉽다는 점을 이용한 것이다. 핵심은 덧셈과 뺄셈보다 어려운 계산은 하지 않는 것이다.

《아메스 파피루스》의 길이는 6m에 달한다. 이 길이는 분수의 배수를 표로 만들어 실어 놓을 정도로 충분한 공간이다. 당신에

게 2 × $\frac{1}{7}$을 계산하라고 하면 먼저 머릿속에 $\frac{1}{7}$ + $\frac{1}{7}$이 떠오를 것이다. 하지만 이집트 사람들의 생각은 달랐다. 그들이 선호하는 계산은 $\frac{1}{4}$ + $\frac{1}{28}$이었다.

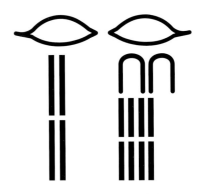

이집트식 총 합계를 적는 방법.

여기에는 숨겨진 논리가 있다. 첫 번째 분수인 $\frac{1}{4}$은 그 자체로도 $\frac{2}{7}$의 훌륭한 근삿값이다. 현대식으로 표현하자면 $\frac{2}{7}$와는 14% 정도 오차가 있는 근삿값이다. 그에 비해 $\frac{1}{7}$은 근삿값으로는 $\frac{1}{4}$에 비할 바가 못 된다. 《아메스 파피루스》에 실린 조견표를 이용하면 매우 손쉽게 곱셈 계산을 할 수 있다. 분수 곱셈도 마찬가지이다.

죽음의 삼각형

고대 그리스 시대, 피타고라스 학파 중 누군가가 이상한 사실을 발견했다는 이야기가 떠돌았다.

피타고라스 학파는 모든 수는 분수로 표현될 수 있다고 믿었지만 히파소스는 2의 거듭제곱근($\sqrt{2}$)에 대해 오랫동안 의문을 품어 왔다.

현대 대수학에서 사용하는 표기법 같은 것을 사용하지는 않았지만, 그의 논점의 핵심은 다음과 같다. 만약 2의 거듭제곱근이 분수라는 명제가 사실이라면 단순한 형태로 쓸 수 있어야 한다.

$$a/b$$

이것을 제곱하면 2의 거듭제곱근 a/b는 다음과 같다.

$$a^2/b^2 = 2$$

혹은

$$a^2 = 2b^2$$

이 식에 의하면 $a^2 = 2b^2$으로서 2의 배수이므로 a^2은 짝수가 된다. a^2이 짝수면 a도 짝수가 되어야 한다. a가 짝수라면, $a = 2c$

가 성립하는 이면 숫자 c가 존재해야 한다. 이 경우 위의 식을 다음과 같이 쓸 수 있다.

$$a^2 / b^2 = 4\,c^2 / b^2 = 2$$

이 식은 $2c^2 = b^2$으로 단순화시킬 수 있는데, 이에 따르면 b^2도 2의 배수로서 짝수이고, 따라서 b 역시 짝수이어야 한다.

하지만 이렇게 될 경우 문제가 발생한다. 처음에 a/b가 가장 단순화된 형태의 분수라

태양이 떠오르는 것을 경배하고 있는 피타고라스 학파. 그들은 균형과 조화에 대한 깊은 믿음이 있었다.

는 가정을 했으나, a와 b가 짝수일 경우 더 이상 이 가정이 성립되지 않기 때문이다. 결국 히파소스는 2의 거듭제곱근을 분수로 표현할 수 있다는 애초의 가정이 거짓이라는 결론에 이르게 되었다.

히파소스의 증명 과정을 유심히 지켜본 피타고라스는 사실 확인을 위해 그에게 몇 가지 질문을 던진 후, 갑자기 히파소스를 지중해 바다에 던져 익사시켰다고 한다. 피타고라스조차 자기보다 똑똑한 사람은 싫었던 것이다.

균형과 조화를 숭배한 피타고라스 학파의 사상은 수학에서 더 두드러졌다. 따라서 자신들이 설명 못 하는 숫자가 존재한다는 사실은 곧 피타고라스 학파 전체를 위험에 빠뜨리는 것과 마찬가지였다.

피타고라스

사모스 섬 출신의 피타고라스에 관해 알려진 사실은 적다. 그의 삶에 대한 대부분의 이야기도 그가 사망하고 오랜 시간이 지난 후에야 기록된 것이다.

그리스 사모스 섬에서 태어난 피타고라스(BC 570~495)는 40세 때 오늘날 이탈리아의 크로톤(Crotone)에 해당하는 크로톤(Kroton)으로 본거지를 옮긴 후 자신만의 학파를 형성했다.

이 학파가 했던 일들은 베일에 싸인 채 잘 알려져 있지 않으나, 금욕적인 생활을 유지하며 수학, 음악, 천문학에 대해 연구했다

고 한다. 어느 날 크로톤의 군중들은 막강한 영향력을 행사하던 이 비밀스러운 조직에 반기를 들고 일어나 폭동을 일으킨 후 그들의 회합 장소를 불태우고 만다.

사실 오늘날 피타고라스 정리라고 일컬어지는 정리를 처음 발견하고 증명한 사람은 피타고라스가 아니다. 피타고라스 정리는 이미 바빌로니아인들에게 잘 알려져 있었는데,

피타고라스는 오늘날 이탈리아 크로톤 지역에 자신만의 학파를 설립했다.

그들이 피타고라스의 정리를 사용했던 정황을 보면 이 공식에 대한 증명도 끝낸 것 같다. 하지만 실제로 바빌로니아인들의 증명이 발견된 적은 없다. 이 모든 공을 피타고라스로 돌린 것은 다름 아닌 플라톤이었다.

음악 분야에서 그의 이름을 딴 피타고라스 음계는 완벽한 5분할 법칙에 따라

철학자이자 수학자, 과학자였던 피타고라스 흉상.

주파수 간격이 3:2 비율이 되도록 음들이 배치되어 있다. 또한 피타고라스는 태양계에 9개의 행성이 존재한다고 믿었다고 한다. 이는 피타고라스가 10이라는 숫자를 좋아했기 때문에 태양을 포함한 태양계 천체의 수를 10으로 만들기 위해서가 아니었을까 추측된다.

피타고라스가 언제 어떻게 사망했는지는 아무도 모른다. 오직 떠도는 전설만 있을 뿐이다. 사모스 섬의 도시 피타고리온은 그의 이름을 기려 명명되었다.

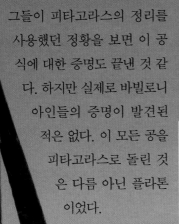

그리스 사모스 섬 피타고리온에 위치한 피타고라스 기념비.

피타고라스 정리

직각삼각형에서 빗변의 길이의 제곱은 나머지 두 변의 길이의 제곱의 합과 같다.

수학계에 이보다 더 유명한 정리는 없을 것이다. 다소 부정확한 표현이지만 오늘날에는 피타고라스 정리를 $a^2 + b^2 = c^2$으로 줄여 쓴다.

이 법칙이 피타고라스 시대 훨씬 이전부터 실생활에 사용되었다는 것은 확실하다. 바빌로니아, 메소포타미아, 중국, 인도의 수학자들도 모두 이 법칙을 알고 있었다.

피타고라스의 정리를 최초로 증명한 사람이 피타고라스였는지는 불명확하지만 아래 그림처럼 매우 훌륭한 증명 방법을 고안한 것은 사실이다.

동일한 직각삼각형 네 개를 잘 배치하면 두 개의 정사각형을 만들 수 있다. 이때 바깥쪽 큰 사각형의 한 변의 길이는 $(a + b)$이고 안쪽 작은 사각형의 한 변의 길이는 c이다. 이 상태에서 대각선으로 마주 보고 있는 삼각형을 한군데로 모아 합치면 빈 공간에 두 개의 정사각형이 만들어진다. 이때 두 정사각형의 한 변의 길이는 각각 a와 b가 된

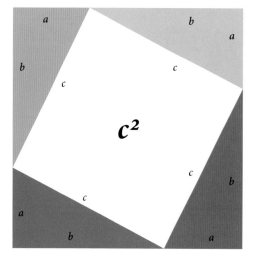
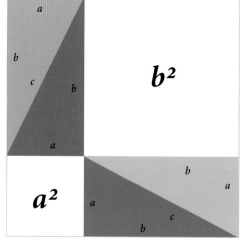

학교 선생님이었던
가필드는 후에 20대
미국 대통령이 되었다.

다. 삼각형을 움직이기 전과 후에 삼각형과
정사각형의 크기 변화는 없었으므로, 원래
모양에서 안쪽에 위치했던 작은 정사각형
의 면적인 c^2과 이동 후에 만들어진 두 정사
각형 크기의 합인 $a^2 + b^2$은 같다.

피타고라스의 정리를 증명하는 방법은
370가지의 증명 방법이 실린 책도 있을 정
도로 수없이 많다. 어떤 것은 기하학적으로,
어떤 것은 대수학 혹은 연산을 통해 증명한

다. 그중, 후에 미국의 대통령을 지낸 제임
스 가필드가 제안한 것도 있다.

"이항정리와 관련해서 새롭고 수많은 소
식들이 들린다. 그중 많은 흥미로운 것들
이 직각삼각형의 빗변의 제곱과 관련되
어 있다."

– 길버트 & 설리번

이탈리아 시라쿠사의 아르키메데스 광장. 이 위대한
수학자는 로마가 도시를 점령했을 때 피살되었다.

아르키메데스

시라쿠사 출신의 아르키메데스(BC 287~212)는 역사상 가장 중요한 과학자이다.

에릭 벨은 그의 저서 《수학을 만든 사람들》
에서 뉴턴, 가우스와 함께 아르키메데스를
수학계의 가장 앞자리 반열에 올려놓았다.

아르키메데스와 관련된 수많은 이야기들이
전해지지만 실제로 일어났는지는 알 수 없
고 지난 2,500년간 구전되면서 각색되어 왔

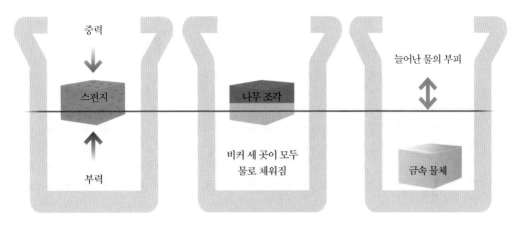

중력

스펀지

부력

나무 조각

비커 세 곳이 모두
물로 채워짐

늘어난 물의 부피

금속 물체

아르키메데스는 물건의 부피를 넘쳐난 물의 양을
측정하여 구할 수 있다는 것을 밝혔다.

을 것이다.

가장 잘 알려진 목욕탕 일화에서 아르키메데스가 "유레카! 유레카!"를 외치며 벌거벗고 시라쿠사 시내를 뛰어다니는 모습을 떠올릴 수 있다. 이는 어떤 물건의 부피는 물 속에 넣었을 때 넘쳐난 물의 부피를 측정함으로써 잴 수 있다는 사실과 관련되어 있다. 이 발견으로 히에로 2세는 세금공이 왕관을 만들면서 왕을 속였는지를 알 수 있었다.

두 번째 전설 같은 일화는 그가 시라쿠사 사람들을 모아 방패를 연마하여 거울처럼

만든 후, 이것으로 태양열을 반사시켜 로마군을 불태워 죽였다는 이야기이다.

하지만 최근 실제로 아르키메데스의 태양열 반사 일화를 실험해 본 결과 거짓임이 밝혀졌다. 상대방 군대를 불태우는 데는 투석기나 화살을 사용하는 것이 태양열 반사보다는 훨씬 더 효과적이었다.

아르키메데스가 발명했다고 알려진 꽤 신빙성 있는 무기는 바로 발톱 모양의 갈고리로 저울과 같은 형태를 가지며 그 이름처럼 한쪽 끝에 발톱 모양의 갈고리가 달려있

아르키메데스는 그가 그린 원을 밟지 말라고
로마군에게 말을 남겼다.

다. 이 갈고리를 배를 향해 떨어뜨리면 중력에 의해 갈고리가 휘둘리며 배를 물 밖으로 끌어내거나 침몰시킨다.

마지막 전설은 그의 죽음과 관련됐다. 시라쿠사는 끝내 로마군에 정복되고 만다. 로마군에게는 아르키메데스를 생포하라는 명령이 내려졌지만, 아르키메데스가 자신을 잡으러 온 로마군에게 자신이 그린 원을 밟지 말라고 하자 이에 모욕감을 느낀 로마군은 그를 살해하고 만다. 그의 죽음에 관련해서 그가 가지고 다니던 수학용 기구가 무기로 오인되어 죽게 됐다는 이야기도 전해진다. 어느 쪽이든 결론적으로 그가 살아남지 못했다는 점에서는 같다.

이런 이야기들은 아르키메데스가 남긴 업적에 흠도 되지 않는다. 물을 끌어 올려 높은 곳으로 밀어 올리는 스크루, 항구에서 배를 끌어올리기 위한 톱니바퀴, 태양계의 움직임을 보여주는 오레이, 투석기, 이동거리를 알아내는 주행기록계 등 그는 수많은 업적을 쌓았다.

이외에도 그는 원주율 π의 근삿값, 우주 전체를 채우는 데 필요한 모래 알갱이의 개수, 기하급수를 이용하여 포물선과 직선이 이루는 면적을 계산하고,

그가 발명한 전쟁 무기들 중 하나를 놓고 고심 중인 아르키메데스.

미적분학을 태동시키기 위해 노력을 기울이는 등의 수학적 업적을 이뤘다.

수학의 노벨상이라 불리는 필즈 메달에는 아르키메데스의 얼굴이 새겨져 있다. 그리고 "유레카!"는 현재 미국 캘리포니아주의 모토이다.

아르키메데스의 스크루는 낮은 지대의 물을 끌어올려 관개용 수로에 공급하는 데 사용된다. 빈 원통 내에 설치한 나선형 모양의 스크루를 돌림으로써 물을 끌어올리는 원리를 이용한 것이다.

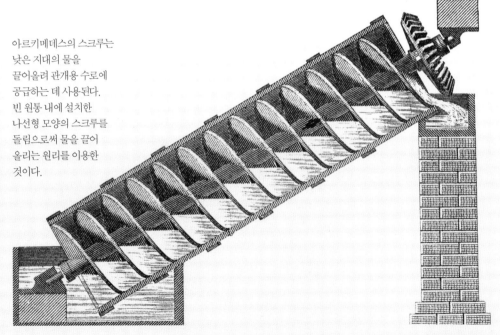

유클리드 기하학

기원전 300년 전 이집트 알렉산드리아에서 한 수학자가 13권 분량의 수학책을 저술하였다.

《유클리드 기하학》은 2천 년이 넘는 기간 동안 수학 교과서의 역할을 했다. 1830년대가 되자 사람들이 이 책에서 오류들을 찾아내기 시작했지만 20세기에 이를 때까지 변함없이 그 지위를 유지했다.

기원전 3~4세기 이집트를 지배했던 프톨레마이오스 1세와 같은 연대에 활동했다는 것을 빼고는 유클리드에 대해서 알려진 것은 거의 전무하다. 빈약하게나마 그의 일생에 대한 기록이 남겨지기 시작한 것은 그가 사망하고 수 세기가 지난 후부터였다.

《유클리드 기하학》은 그가 완전히 새롭게 창안한 개념은 아니지만 그 당시까지 존재하던 수학적 발견들을 처음으로 한 곳에 집대성했다는 면에서 큰 의의가 있다. 말하자면 '바보들도 이해하는 기초 수학' 정도라고 할 수 있겠다. 이 책에서는 모든 수학적 개념들이 깔끔하게 논리적 순서대로 배치되어, 하나의 공리를 바탕으로 새로운 공리가 나오도록 서술되어 있다.

유클리드는 "$a = b$이고 $b = c$이면 $a = c$이다." 라든지 "어떤 두 개의 점을 통과하는 선은 항상 그을 수 있다."와 같이 논란의 여지가 전혀 없는 자명한 공리를 제외하고는 모든 수학적 개념들은 증명을 기반으로 해야 한다고 설파했다.

유클리드의 책에서 자명한 공리라고 가정했던 것 중 하나인 평행선 공준은 그의 책에 실린 다른 공리들에 비해 명쾌하지 않아 많은 논란이 있었다. 많은 사람들이 이것을 증명하기 위해 많은 시간과 노력을 기울였으나 결국 실패로 끝났다.

옥스퍼드 대학 자연사 박물관의 유클리드 동상.

1570년 헨리 빌링슬리가 발간한 영어판
《유클리드 기하학》의 표지.

이 책이 기하학으로 유명하긴 하지만 정수론에 대한 내용도 있다. 무한히 많은 소수(1과 자기 자신을 제외하고는 나뉘지 않는 수)가 존재한다는 사실에 대한 유클리드의 증명은 정수론에서는 고금을 뛰어 넘는 위대한 업적이다. 게다가 완전수(자신을 제외한 약수의 합을 더하면 자신이 되는 수), 소인수분해, 그리고 두 수의 최대공약수를 찾는 알고리즘에 대한 고찰도 책에 실려 있다.

번 기하학

영국의 수학자이자 포클랜드 섬의 측량기사였던 올리버 번(1810~1890)은 그의 저서 《The First Six Books of the Elements of Euclid》로 유명하다.

물론 번이 기하학을 최초로 창안하고 집대성한 사람은 아니다. 기하학은 그가 태어나기도 전 2,000년 이상을 항해해 온 배와도 같았다. 하지만 번의 업적은 각도 ABC, 선분 OP와 같은 것으로 가득한 따분하기만 한 유클리드 기하학을 매우 다른 각도로 재해석했다는 데 있다. 그는 그의 책에서 유클리드의 증명 과정을 도형과 함께 화려한 색채로 표현했다.

그의 책이 유클리드 기하학을 해석해 놓은 다른 책들에 비해 훨씬 더 실용적이라 말하기는 어렵지만 매우 훌륭한 것임에는 틀림없다. 수학 블로그 〈The Aperiodical〉은 유클리드 기하학 중 원의 공리를 설명한 번의 그림들을 블로그 로고로 사용하고 있다.

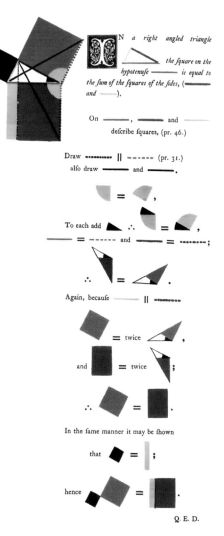

유클리드 이론을 삽화 형식으로
표현한 번의 책.

무한히 많은 소수

2, 5, 17과 같이 1과 자기 자신 외에 나뉘는 수가 없는 수를 소수라 부른다. 유클리드는 소수가 무한히 존재함을 증명했고, 유클리드의 모든 업적은 이 증명으로부터 출발했다. 소수가 무한히 많다는 유클리드 증명에 대한 나의 해석은 다음과 같다.

유클리드의 많은 증명이 그렇듯 이 증명도 먼저 증명하고자 하는 사실을 부정하는 가정을 세운다. 만약 이러한 가정을 근거로 도출한 결론이 잘못된 것으로 판명된다면 애초부터 가정이 틀린 것이다. 즉 원래 증명하고자 했던 사실이 참이 되는 것이다.

소수의 경우, 존재하는 소수의 숫자가 유한하다고 가정해보자. 가장 큰 소수가 존재한다는 의미이다. 다음으로는 존재하는 모든 소수를 가장 작은 소수부터 가장 큰 소수까지 곱하는 것이다. 실제로 계산하라는 뜻이 아니라 그 과정을 머릿속에 그려보라는 뜻이다. 이렇게 얻어진 수를 '큰 숫자' 그리고 이 '큰 숫자'에 1을 더한 것을 '더 큰 숫자'라고 부르자.

'더 큰 숫자'는 결론적으로 2의 배수가 아니다. 그보다 1이 적은 '큰 숫자'가 정의상 소수 2가 곱해져서 얻어진 수이므로 2의 배수가 되기 때문이다. 같은 이유로 '더 큰 숫자'는 3의 배수도 아니다. 같은 과정을 반복하면 '더 큰 숫자'는 2부터 가장 큰 소수에 이르기까지 그 어떤 소수로도 나뉘지 않는 수가 되고, 따라서 '더 큰 숫자'도 소수라는 결론에 이르게 된다.

이때 한 가지 문제가 있다. 처음 가정에 의해 가장 큰 소수인 '큰 숫자'가 이미 존재하므로 '더 큰 숫자'는 소수가 될 수 없기 때문이다. '더 큰 숫자'가 소수가 아니기 위해서는 이것을 나눌 수 있는 소수가 존재해야 한다. 하지만 앞에서 살펴보았듯이 '더 큰 숫자'는 1을 제외한 어떤 소수로도 나뉘지 않는다. 결론적으로 '더 큰 숫자'는 소수이거나, 가장 큰 소수라고 여겼던 수보다 더 큰 소수로 나뉘어야 한다.

어느 쪽이든 처음 세웠던 가정에 명백히 위배되므로 처음 세웠던 가정이 잘못된 것이다. 즉 가장 큰 소수는 존재하지 않고, 증명하려 했던 명제 "소수는 무한대로 존재한다."는 참일 수밖에 없다는 결론에 도달한다.

$$\text{모든 숫자} \times \text{'큰 숫자'} + 1 = \text{'더 큰 숫자'}$$

아라비아 동부	٠	١	٢	٣	٤	٥	٦	٧	٨	٩
아라비아 서부/유럽	0	1	2	3	4	5	6	7	8	9

동아랍과 유럽/서아랍 숫자 비교.

알콰리즈미 전서

무하마드 알콰리즈미(780~850)는 아바스 왕조 바그다드 소재 지혜의 집 소속의 페르시아 학자였다.

알콰리즈미는 현재 아라비아 숫자라고 불리는 인도의 10진수에 대한 연구를 처음 라틴어로 번역해 소개하여 10진수가 전 세계로 퍼져 나가게 하는 데 크게 기여한 사람이다.

그는 그의 저서 《완성과 균형을 이용한 연산 전서》에서 처음으로 2차 선형 방정식의 대수적 해법에 대해 정확하게 설명했다. 대수학(algebra)은 아랍어 al-jabr에서 온 말로 '회복' 혹은 '완성'이라는 뜻을 지니며 그의 책의 장 제목이기도 하다. 알고리즘(algorithm)이란 단어도 그의 이름과 유사하다.

알콰리즈미는 오늘날 우리가 사용하는 기호나 숫자를 사용하지 않았다. 대신 모든 것을 단어로 풀어 표현했다. '$x^2 + 2 = 3x$'를 이해하기 어렵다면, "어떤 것을 제곱하여 2를 더한 것은 원래 값에 3을 곱한 것과 같다."라고 표현하면 어떨까? 연산의 법칙 중 등식의 양변에 같은 값을 더하거나 빼도 여전히 등식이 성립한다는 것은 오늘날 학교에서도 배우는 내용이다.

알함브라 궁전과 이슬람 예술

남부 스페인에 위치한 그라나다 지방의 조그마한 요새인 알함브라는 889년 처음 축조되어 11세기에 재건축되었고, 이로부터 300년이 지난 술탄 유수프 1세 때부터 왕궁으로 사용되었다. 1492년에 그라나다가 스페인에 정복되는 과정에서 궁전은 허물어져 폐허로 변했고 옛날의 영광을 재현하며 복원된 때는 지금으로부터 200년 전이다.

높은 산등성이에 위치하여 우뚝 서 있는 인상적인 구조의 이 건물은 건축학적으로도 매우 흥미로운 궁전이다. 하지만 이 건축물이 나에게 중요한 것은 그 때문이 아니다. 그 비밀은 궁전의 성벽에 있다.

스페인 그라나다
알함브라 궁전의 일몰.

궁전의 성벽은 규칙적이 거나 이해하기 어려운 대칭적 구조 등 각기 다른 기하학적 문양으로 가득하다. 벽을 장식하는 17종류의 문양들은 궁전 곳곳에서 발견되고, 이로 인해 모든 방들이 확연하게 다른 특색

스페인 알함브라의 타일 장식.

을 지닌다.

1922년 네덜란드 판화가인 모리츠 에서는 그의 작품 세계에 큰 영향을 미친 알함브라에 방문했다. 대칭적인 궁전 타일과 모자이크 세공은 그의 후기 작품에 큰 영향을 주었다.

스페인 그라나다의
알함브라 궁전 내 사자 분수를
둘러싸고 있는 기둥.

알함브라 궁전 내 연결된 방들을 걷다 보면 처음 출발했던 장소에서는 도저히 도달할 수 없을 것 같은 곳에 서 있는 자신을 보는 경우가 종종 있다. 몇몇 아치형 기둥들은 오스트리아 벨베데레 궁전을 연상시킨다. 이곳에서 어떤 기둥이 어떤 기둥 뒤에 있는지를 누가 확신할 수 있을까?

유네스코 세계문화유산으로 등록된 장소 중 알함브라 궁전은 좋은 카메라를 가지고 방문할 만한 아름다운 장소이다. 기하학적 낙서에 관심 있는 사람이라면 반드시 방문해야 한다.

벽지문양 그룹

17종의 벽지문양 그룹은 모든 벽지문양 디자인에서 보이는 대칭성을 기준으로 분류한 것인데, 반복적으로 벽면을 채우는 2차원 문양들은 그중 하나이다.

벽지문양 그룹에는 다음과 같은 네 가지 대칭성이 있다.

- 이동성: 전체 문양이 움직일 수 있다.
- 회전성: 한 점을 축으로 전체 문양이 $1/2$, $1/4$, $1/3$, $1/6$ 회전할 수 있다.
- 반사성: 거울상을 보듯 어떤 기준선을

중심으로 전체 문양이 반전될 수 있다.
- 이동 반사성: 어떤 기준선을 따라 이동하고 거울상으로 반전되는 것이 동시에 일어날 수 있다.

이러한 네 가지 대칭성은 서로 수많은 조합으로 결합된다. 문양 그룹 p1은 비대칭적 문양이 서로 다른 두 방향으로 계속해서 반복되는 비교적 간단한 패턴이다. p6mm처럼 매우 복잡한 문양 그룹은 $1/6$ 회전 대칭성과 6 방향 반사 대칭성이 결합되어 있다.

규칙적이고 대칭적인 타일 문양에 싫증

전 세계적으로 발견되는 벽지문양 그룹.
A: 이집트 B: 타히티 C: 아시리아 D: 중국.

난다면 수학자이자 물리학자인 로저 펜로즈(1931~)의 이름을 딴 불규칙한 문양의 펜로즈 타일을 살펴보자. 이 문양은 군데군데 대칭성이 있기는 하지만 전체적으로 어떤 대칭적 규칙을 보이지는 않는다.

어떤 문제를 풀 때 수학이 극적인 해법을 줄 때가 있다. 댄 셰흐트만은 1982년에 준결정을 발견한 공로로 2011년 노벨상을 수상했다. 그는 기존의 결정학으로는 설명하기 힘들었던 준결정을 비주기적 문양의 타일을 이용한 모델로 설명한 공로가 있다.

다른 길이의 끈으로 만든 잉카의 기록 체계인 키푸.

키푸

키푸는 꼬아 놓은 면사에 다른 몇 가닥의 끈들이 그 줄에 매달려 있어 그 모습이 해파리와 유사하다. 이 끈에 다른 여러 끈들도 매달려 있고, 어떤 키푸들은 10~12개의 부속 끈들이 매달려 있어서 펼쳐놓고 보면 마치 마인드맵처럼 보이기도 한다.

잉카제국 시절, 안데스 전역에 메시지를 전달하거나 기록을 보관해야 할 때 키푸를 사용했다. 케추아어로 매듭이라는 뜻을 지닌 키푸는 15세기의 무렵의 것도 존재한다. 키푸에 사용된 매듭들 중 어떤 것들은 10진수를 표현하고, 도저히 해독이 힘든 수수께끼 같은 것들도 많다.

매듭 장인은 대금 지불이나 소유권과 관

특정한 수학적 기하학 무늬가 있는 펜로즈 문양의 스테인드글라스.

잉카주판인 유파나를
사용해 키푸를
해독하고 있는
매듭 장인의 모습.

련된 분쟁이 발생하면 법정에 출두하여 증거로 제출된 키푸를 해독하는 일을 했다. 매듭이 단순히 숫자를 뜻하는 것이 아닐 때, 매듭의 의미를 가지고 여러 분쟁이 발생할 수 있기 때문이다.

개리 어튼이 잉카의 한 마을의 우편번호로 추정되는 키푸를 해독한 사건은 아주 인상적이다. "나는 생각한다, 고로 나는 존재한다."라는 명언으로 유명한 프랑스의 철학자이자 수학자인 데카르트에 의해 3차원 좌표계가 창안되기 훨씬 전부터 이미 잉카에서는 우편번호 체계가 있었던 것이다.

그러나 안타깝게도 수많은 키푸들이 가톨릭적이지 않다는 이유로 잉카 정복자들에 의해 파괴되었다.

CHAPTER 2
르네상스 시대, 음수와 허수

수학의 물결이 전 유럽을 휩쓸고, 음수와 음수의 허수 제곱근 개념이 나타났다.
어떤 점성술사는 자신의 죽음을 정확히 예언했고,
아헨의 한 수도사는 수학자 망델브로의 출생을 예언했다.
한편, 르네상스 시대 이탈리아에서 두 명의 수학자가
2차 방정식을 풀어내는 엄청난 사건이 일어났다.

13세기 아헨의 수도사 우도는 역사상 가장 뛰어난
수학자 중 한 명으로 평가 받고 있다.

피보나치

유럽 근대 수학은 피보나치라는 이름으로 더 유명한 피사의 레오나르도(1170~1250)와
함께 시작했다.

피보나치의 아버지인 구기엘모 보나치(피보
나치는 보나치의 아들이란 의미)는 매우 부유
한 무역상이었다. 젊은 피보나치가 아라비
아 숫자를 접하게 된 것은 그의 아버지와 함
께 알제리아를 여행했을 때였다.

이탈리아 피사에
있는 레오나르도
피보나치의 동상.

그것은 진혀 뜻밖의 발견이었다. 그는 아
라비아 숫자가 계산과정을 훨씬 편하게 해
줄 것을 직감했고, 그 후 그는 20년간 지중
해 연안에 있던 아랍의 수학 거장들 밑에서
배움에 몰두했다.

13세기 초 이탈리아로 돌아온 그가 그동
안 배웠던 것들을 모아 책으로 낸《계산판
의 책》은 아라비아 숫자를 다룬 유럽 최초
의 수학 서적이 되었다. 이 책에서는 아라비
아 숫자를 이용하면 원가나 이자 계산을 비
롯해 회계 장부 작성이 얼마나 쉬운지 보여
주고 있다. 이 책은 유럽의 수학 발전에 혁
명을 일으켰다.

하지만 피보나치가 유명해진 것은 이 책
의 집필 때문이 아니라 그가 만든 것도 아닌
피보나치 수열 덕분이었다. 피보나치 수열
은 이미 500년 전 인도에 존재했다.

그는 토끼의 개체수가 증가하는 가상적
인 상황을 예로 들며, 만약 각 세대의 개체
수가 이전 두 세대의 합이라고 가정한다면
어떤 일이 벌어지는지 물었다. 이 경우 1, 1,

해바라기 속에 **배열된** 씨의
나선 모양의 개수는 피보나치
수열로 표현할 수 있다.

2, 3, 5, 8, 13…과 같은 수열이 등장한다. 이 수열에서는 인접한 두 숫자의 비율이 점점 황금비율 φ(1.618)에 가까워진다.

피보나치 수열이 우리 주변의 곳곳에서 흔히 발견되는 것은 아니지만, 살바도르 달리를 비롯한 많은 예술가들은 그 원리를 작품에 응용했고, 그것은 우아한 나선형 모양을 얻을 수 있게 해 주었다. 또한 아주 정확한 표현은 아니지만 원주율을 가장 '무리수적'인 수라고 해도 무방하다. 참값에 대한 근

사치를 분수로 표현하기 가장 어려운 수라는 뜻이다. 따라서 해바라기의 씨나 파인애플 껍질에서 관찰되는 나선의 숫자를 세어 보면 대개 피보나치 수임을 발견하게 된다.

피보나치는 디오판토스 방정식에 대해서도 연구했고, 그 결과 브라마굽타-피보나치 항등식도 등장했다. 이는 두 제곱수를 더한 값 두 개를 서로 곱하면 두 제곱수의 합으로 나타난다는 것이다. 예를 들면 다음과 같다.

$$(100 + 4)(49 + 81) = 104 \times 130 = 13{,}520 = 2{,}704 + 10{,}816 = 52^2 + 104^2$$

루카 파치올리와 산술집성

루카 파치올리(1447~1517)가 수학적으로 새롭게 만든 것은 그다지 많지 않지만, 그가 제시한 복식부기와 72의 법칙은 살펴볼 만하다. 72의 법칙은 일종의 경험 법칙으로, 72를 연 이자율로 나눴을 때 원금이 두 배가 되는 데 걸리는 햇수를 나타낸다.

그의 업적은 15세기 말까지 이룩된 수학적 발전을 집대성하여 교과서로 만든 것이다. 이 책은 라틴어가 아닌 자국의 언어로 쓰여 있어서 당시 존재하던 다른 수학서에 비해 훨씬 이해하기 쉬웠고, 수학을 더 많은 대중들에게 소개할 수 있었다.

그의 책은 +와 − 부호 대신 p.와 m.을 사용했고, √ 대신 R.이란 표기법을 사용했다. 그것들을 제외하고는 수학적으로도 매우 읽기 쉬운 책이라 할 수 있다. 4차 방정식에 대한 고찰편도 있는데, 주로 그가 이미 해법을 알고 있는 문제들을 중심으로 요약되어 있다. 또한 후에 페르마와 파스칼이 풀었던 도박 상금 분배 문제를 연상케 하는 몇몇 확률 게임에 대해 분석했지만 분석 결과가 그리 정확하진 않다.

1523년 파치올리가 쓴 산술, 기하학, 비례에 관한 《산술집성》의 표지.

그로부터 몇 년 후, 파치올리는 레오나르도 다빈치와 함께 《신성비례》란 책을 공동 집필했다. 이 책에서는 황금비율을 포함한 비율 및 원근법과 관련된 수학적 이론들을 다루고 있다. 이 책의 디자인에 대해서는 솔

Diuina
proportione

O pera a tutti glingegni perfpi
caci e curiofi neceffaria oue cia
fcudioliol clie elcdubut

파치올리는 다빈치와 함께
《신성비례》를 집필했다.

직히 질투가 좀 난다. 그렇다고 현재 나의 책을 출간하기 위해 같이 작업하고 있는 일러스트레이터들을 싫어하는 것은 아니다. 오해는 없기 바란다. 그들이 다빈치와 같은 천재는 아니기 때문이다.

72의 법칙

현금 100 파운드를 연리 2%로 투자했을 때 원금의 두 배가 되는 데 걸리는 시간은 약 36년이다. 연리 8%로 투자하면 약 9년 정도 걸린다. 이를 일반화하면 연리 n%로 투자하면 투자금이 두 배가 되는 데 대략 72/n년이 걸린다.

연리 2%일 때 £100 → £200(36년 소요)
연리 8%일 때 £100 → £200(9년 소요)
연리 n%일 때 £x → £2x(72/n년 소요)

파치올리는 이러한 법칙을 경험 법칙에 의해서 발견했을 가능성이 높다. 대수학적으로 이 문제를 풀려면 로그 함수를 이용해야 하는데, 그 당시는 아직 로그 함수가 등장하기 전이었다. 그러나 경험칙으로서는 놀라울 정도로 잘 맞았다.

자롤라모 카르다노의 믿기 힘든 삶

르네상스 시대의 인물을 생각하면 남녀에 상관없이 어느 한 분야에
국한되지 않고 다방면으로 재능이 많은 사람들이 떠오를 것이다.
자롤라모 카르다노(1501~1576) 역시 르네상스 시대의 인물이었다.

그는 장티푸스를 처음으로 진단한 의사였
다. 그는 분명히 수학자였지만 한편으로는
도박꾼이었다. 또한 카드 사기꾼이자
체스의 명수였다. 또한 점성술사이기
도 했다. 그는 자신이 죽는 날을 정확
히 예언했다고 알려져 있는데, 그가
자살했다는 이야기가 전해지면서 예
언의 정확성에는 의문이 남게 되었
다. 그는 철학자였으며 음악, 물리
학, 철학 분야에서 200권이 넘는
책을 저술한 작가이기도 했다. 그
는 번호식 자물쇠와 기기나 구조의
수평을 유지시켜주기 위해 3차원으로
회전하는 자이로스코프가 내장되어 있
는 짐벌(gimbal), 그리고 유니버설 조
인트를 발명하기도 했으며, 청각 장

카르다노.
이탈리아의 물리학자이자 수학자.

애인이 말하는 법을 배우지 않고도 읽고 쓸 수 있다는 것을 최초로 인식한 사람 중 한 명이었다.

그가 수학자로서 이루어낸 업적은 꽤 특별하다. 최초로 음수에 대한 개념을 정립했고, 허수에 대해서도 상당한 진전을 이룩했다. 그는 3차 및 4차 방정식을 푸는 방법에 대해서 저술했고, 최초로 확률 법칙에 대한 책을 쓴 사람이기도 하다. 그러나 그가 쓴 책은 한 세기가 지난 후에야 출간되었다. 그 때쯤 몇몇 사람들은 독립적인 연구를 통해 그가 발견한 것과 동일한 법칙에 다다르기도 했다.

그러나 그의 삶은 한 마디로 드라마와 같았다. 사생아로 태어난 그는(그의 아버지는 다빈치의 친구였다.) 후에 왕립 의사 협회에 가입하기 위해 온갖 고초를 겪었다. 아마도 평소 그의 호전적인 태도 때문이었을 것으로 생각된다.

카르다노가 발명한 유니버설 조인트 덕분에 비스듬한 각도로도 회전력을 전달할 수 있다.

의사로서 일을 시작하면서 카르다노는
스코틀랜드로 왕진을 가서 천식으로 말을
못하고 있던 세인트앤드루스 대주교를 치
료해 주기도 했다.

속임수의 대가였을 뿐만 아니라 확률이
란 개념을 이해하는 유일한 도박꾼이었음
에도 불구하고, 어찌된 영문인지 그는 끊임

카르다노는 이탈리아의 파비아 대학을 졸업했다.

확률 법칙을 이해하는 유일한
도박꾼으로서 그는 다른 도박꾼에
비해 매우 유리한 위치에 있었다.

없이 무일푼 상태였다. 더군다나 그의 장남
이 아내를 독살한 혐의로 사형에 처해지면
서 상황은 더 나빠졌고, 그가 또 다른 아들
알도를 절도 혐의로 고발함으로써 아들이
추방당하는 일이 발생하였다. 그가 예수의
운세를 점성술에 근거하여 발표함으로써
1570년에 신성모독으로 재판에 회부되었

을 때 상황은 더 악화되었다. 하지만 다행히
도 교회와 원만한 해결을 보았고, 그 후 교
황 그레고리오 13세로부터 연금을 받으며
여생을 보냈다.

카르다노는 1576년에 사망했고, 3차 방
정식을 푸는 방법을 발견한 수학자로 기억
되고 있다.

인수분해 문제

르네상스 시대의 이탈리아인들이 인수분해에 대한 비밀이 유지되도록 노력한 덕분에 $6x^3 - 31x^2 - 7x + 60 = 0$과 같은 3차 방정식이 어떻게 풀렸는지 우리는 그 흥미로운 이야기를 들을 수 있게 되었다.

3차 방정식을 푸는 방법을 처음 알아낸 사람은 볼로냐 대학의 수학과 교수였던 스키피오네 델 페로였다. 그는 1515년 처음으로 다음과 같은 방정식의 해를 구하는 방법을 찾아내었다.

$$x^3 + 5x = 6$$

이 3차 방정식에는 제곱항이 없고 음수도 없다. 당시 유럽은 음수에 대한 개념이 없던 시절이었다. 그가 음수가 무엇인지 알았더라면 그가 사용한 방법만으로도 3차 방정식의 해를 구할 수 있었을 것이다. 변수 x를 다른 것으로 치환하면 제곱항을 없앨 수 있고, 그럴 경우 그가 해를 구하는 방법을 알고 있는 다른 방정식으로 변환시킬 수 있다.

페로는 훌륭한 수학자임과 동시에 비밀을 유지하는 데도 뛰어났던 것 같다. 그는 죽기 직전까지 3차 방정식을 풀 수 있다는 사실을 누구에게도 이야기하지 않았고, 죽

을 때가 다 되어서야 그의 제자 안토니오 피오르에게 푸는 방법을 전수했다. 하지만 피오르는 수학은 물론이고 비밀을 지키는 데도 그다지 재능이 없었던 것 같다. 페로가 피오르에게 사실을 털어놓은 직후 3차 방정식이 풀렸다는 소문이 돌기 시작했다.

때때로 방정식의 해가 존재한다는 사실만으로도 문제 풀기가 훨씬 쉬워지기도 한다. '말더듬이'라는 별명을 지닌 니콜로 타르탈리아의 경우 3차 방정식이 풀렸다는 소문을 듣고 영감이 떠올라 다음과 같은 3차 방정식을 풀 수 있게 되었다.

$$x^3 + 5x = 6$$

이 방정식에는 x항이 없었지만 타르탈리아는 별 어려움 없이 풀었으며, 방정식을 풀었다는 사실이 알려지는 것에는 별로 개의치 않았다. 하지만 방정식을 푸는 방법에 대해서는 극비에 부쳤다.

페로가 수학을 강의했던
볼로냐 대학의
아르키진나시오 중정.

피오르는 이런 상황이 마음에 들지 않았다. 그래서 그는 타르탈리아에게 수학 결투를 신청했다. 발을 동동 구르며 결투를 신청했을 피오르의 모습이 그려진다. 결투 형식은 상대에게 서로 30개의 3차 방정식 문제를 내고 2개월 동안 각자 문제 풀이에 도전하는 것이었다. 결투 전에는 화가 나서 발을 동동 굴렀던 피오르는 타르탈리아가 x항이 없는 3차 방정식만 풀 수 있다고 믿었기 때문에 손바닥을 비비며 낄낄댔고, 전혀 다른 유형의 3차 방정식 문제를 출제한 후 타르탈리아에게 전달했다.

피오르에게는 안된 이야기지만, 타르탈리아는 결투가 시작되기 일주일 전쯤 그의 해법을 3차 방정식 전체로 확대시키는 데 성공했다. 따라서 문제를 받은 지 불과 2시간 만에 모든 문제를 풀었고, 말할 것도 없이 이 결투에서 손쉽게 승리했다.

한편 카르다노는 3차 방정식을 풀어낸 타르탈리아의 비법이 궁금했다. 타르탈리아와 싸우기도 하고 구슬리기도 한 끝에 결국 그 해법을 얻어내는 데 성공했다. 타르탈리

아는 자신이 공표하기 전까지는 공개하지 말 것을 조건으로 비법을 알려주었으나 카르다노는 타르탈리아를 배신해버렸다. 카르다노의 제자 로도비코 페라리가 그 즈음 특수한 3차 방정식에 대한 해법을 찾아냈다는 주장도 있어 사실관계가 약간 모호하긴 하지만, 타르탈리아의 비법이 이미 대중들에게 공개되어버렸다는 사실은 분명하다.

사실 타르탈리아의 해법에는 한 가지 문제점이 있었다. 카르다노는 모든 문제들을

HIERONYMI CAR
DANI, PRÆSTANTISSIMI MATHE
MATICI, PHILOSOPHI, AC MEDICI,
ARTIS MAGNÆ,
SIVE DE REGVLIS ALGEBRAICIS,
Lib.unus. Qui & totius operis de Arithmetica, quod
OPVS PERFECTVM
inscripsit,est in ordine Decimus.

Habes in hoc libro, studiose Lector, Regulas Algebraicas (Itali, de la Cos-
sa uocant) nouis adinuentionibus,ac demonstrationibus ab Authore ita
locupletatas,ut pro pauculis antea uulgo tritis.iam septuaginta euaserint. Ne-
que solum , ubi unus numerus alteri,aut duo uni,uerum etiam,ubi duo duobus,
aut tres uni æquales fuerint,nodum explicant.   Hunc aut librum ideo seor-
sim edere placuit,ut hoc abstrusissimo, & plane inexhausto totius Arithmeti-
cæ thesauro in lucem eruto, & quasi in theatro quodam omnibus ad spectan
dum exposito, Lectores incitarentur,ut reliquos Operis Perfecti libros, qui eum
Tomos edentur,tanto auidius amplectantur,ac minore fastidio perdiscant.

카다르노, 타르탈리아, 페로는 각자의 해법을 비밀로 유지하기 위해 노력했다.

카펫 아래로 밀어 넣어버리고는 모든 게 괜찮다고 이야기하는 전통적인 방식으로 해결했다. 타르탈리아 해법의 문제는 특정 조건하에서 음수의 제곱근을 구해야 한다는 것이었다. 카르다노는 동시대의 수학자들 중 유일하게 음수라는 개념을 흔쾌히 받아들인 사람이었다. 하지만 음수의 제곱근을 푸는 문제는 차원이 달랐다. 결국 카르다노는 독자들에게 음수의 제곱근과 관련된 문제들은 골치 아프므로 무시할 것을 권했다.

카르다노가 1545년 라틴어로 쓴 책 《위대한 기술 혹은 대수학의 법칙》은 라틴어로 역작이라는 뜻의 《아르스 마그나》로 더 잘 알려져 있다.

타르탈리아를 속였던 카르다노의 마지막 모욕이라고 해야 할까? 카르다노는 그의 책 《아르스 마그나》에서 3차 방정식의 해를 구하는 방법을 설명하며 그 공을 타르탈리아와 페라리에게 돌렸다. 하지만 오늘날까지 3차 방정식의 해를 구하는 방법을 찾아낸 사람은 카르다노로 알려져 있다.

봄벨리와 허수

수학은 두 집단의 상호보완적 활동으로 발전해 왔다. 그중 순수 수학자들은 수학의 발전에만 목적을 두고, 자신들의 연구가 실용적으로 사용될 수 있을지에 대해서는 전혀 관심이 없다.

저명한 수학자였던 봄벨리는 달 표면에 그의 이름을 딴 분화구가 존재한다.

다른 한편으로는 과학자들과 공학자들의 활동이 있다. 그들에게는 기존의 수학적 모델로는 풀 수 없는 당면 과제가 있어 스스로 자신들에게 필요한 이론을 개발하였다. 그들은 자신들이 만들어낸 새로운 모델이 현실적으로 자신들의 문제를 해결해주기 때문에 순수 수학자들이 "그건 불가능해!"라고 하는 말을 무시한다. 라파엘 봄벨리(1526~1572)의 경우 확실히 후자에 속하는 사람이다.

봄벨리는 3차 방정식을 카르다노의 방법으로 풀 때 필연적으로 부딪히게 되는 음수의 제곱근 문제에 대해서도 수학적으로 얼마든지 다룰 수 있는 대상이라고 인정한 최초의 수학자였다. 그는 1572년 사망하기 직전 출간한 그의 책 《대수》에서 난해한 대수학 이론들을 고등 교육을 받지 못한 일반 대중들이 이해할 수 있도록 바꾸었다.

카르다노가 음수에 대해 처음으로 논리적인 설명을 한 사람이라면, 봄벨리의 책 《대수》는 그 개념을 사용하기 위해 필요한 규칙을 제시한 유럽 최초의 시도였다.

음수 연산의 출발은 솔직히 형편없었다. "음수와 음수를 곱하면 양수가 된다."라는 무시무시한 문장을 처음으로 입 밖에 꺼낸 사람은 바로 봄벨리였다. 이 개념은 그로부터 5세기가 지난 지금도 중고등학생들을 괴롭히고 있다.

$$-6 \times -6 = 36$$

나에게 가장 큰 골칫거리 중 하나인 음수라는 개념을 안겨주었지만, 나는 그를 결코 미워할 수 없다. 그는 계속된 복소수 연구를 통해 지금 내가 설명을 한다고 해도 크게 다르지 않을 방식으로 이 문제를 풀었기 때문이다. 오늘날의 수학과 비교할 때 유일한 차이점은 −1의 제곱근을 i로 표시하지 않고 '마이너스의 플러스'라고 표현했다는 것뿐이다. 오늘날 중고등학생들이 이런 수식을 어떻게 표현할지 잘 상상이 되지 않는다.

그는 음수의 제곱근은 일반적인 숫자와는 다르게 행동한다는 것을 깨달았다. 음수도 아니고 양수도 아닌 성질 때문에 규칙이 따로 필요했다.

봄벨리는 풀이 과정 중에 등장하는 비상식적인 숫자 때문에 폐기됐던 페로의 3차, 4차 방정식 풀이 방법들을 다시 살펴본 결과, 복소수 이론을 이용하면 풀리지 않던 문제를 해결할 수 있다는 것을 깨달았다.

오늘날 수학을 공부하는 학생들은 봄벨리가 설명하는 그의 법칙을 이해하기 어려울 것이다.

아헨 출신의 우도

아헨 출신의 우도(1200~1270)는 베네딕트 수도회의 수도사이자 학자, 시인, 수학자였다. 가장 유명한 그의 시 〈운명의 여신이여, 세계의 여왕이여〉는 카르미나 부라나의 합창곡 〈오! 운명의 여신이여〉의 제목으로 사용되었다.

하지만 이것은 우도에 대한 가장 놀랄 만한 일도 아니다. 1999년 아헨 성당을 방문하던 밥 쉬프케 교수는 그리스도 성탄화에서 매우 놀라운 점을 발견했다. 그림 속 베들레헴 별이 망델브로 집합 모양으로 보였기 때문이다.

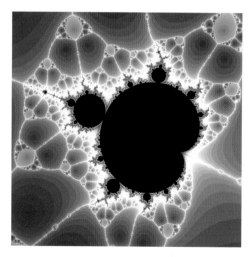

망델브로 집합은 매우 환각적인 느낌을 주는 컴퓨터 그래픽을 창작하는 데 이용될 수 있다.

그 후 그는 우도의 저서들을 추적했는데, 그의 작품들은 19세기경 처음 발견된 즉시 창고에 처박혀 있었다. 수학적 소양이 전혀 없던 큐레이터 짓임에 틀림없다. 발견된 그의 저서에서 우도는 확률론의 기초에 대해 논했고, 뷔퐁의 바늘 실험 그리고 오늘날 우리가 실수와 허수라고 부르는 '불경한' 숫자와 '신성한' 숫자에 대해 기술하였다.

망델브로 집합을 구하는 과정에 숫자를 끊임없이 곱하거나 더하는 계산은 마치 신에게 선택되는 사람과 지옥으로 던져질 사람을 구분하는 과정과 유사하게 보였다.

아헨 출신의 우도는 자기 시대보다 몇 세기는 앞서 간 뛰어난 수학자였다. 그가 사용한 새로운 기법들은 그 후 수십 년이 지난 뒤에도 여전히 유럽에 퍼지지 못할 정도로 앞서 있었다.

슬프게도, 아니면 운이 좋게도 우도는 실존하지 않는 인물이다. 우도는 작가 레이 기르반이 1999년 4월 만우절을 위해 지어낸 인물이었다. 희대의 사기극들이 모두 그렇듯 우도 이야기도 진실을 알게 되었을 때 "이런 말도 안 되는 이야기를 믿다니, 도대체 내가 무슨 생각을 하고 있었을까?"라고 생각할 만큼 매우 사실적이고 세부적인 내용을 담고 있다.

밥 쉬프케 교수가 존경스러운 우도에 대해
연구해야겠다는 생각이 들게 했던 아헨의 성당.

허수의 간략한 역사

50년경 발명가이자 수학자였던 알렉산드리아 출신 헤론은 불가능해 보이던 피라미드의 단면적을 구하기 위해 많은 노력을 기울였다.

헤론은 81-144의 결과값에 대한 제곱근을 구해야만 문제가 풀린다는 사실을 알고는 현명하게 포기했다. 제곱근은 고사하고 그에게는 음수라는 개념조차 없었기 때문이다. 그러나 처음으로 허수라는 존재와 맞닥뜨리게 되는 사례를 제공했다는 점에서는 공로를 인정받을 만하다. 음수와 허수는 봄벨리에 의

해 상당한 주목을 받으며 연구가 진전된 후에도 여전히 유대 율법적이지 않은 존재로 여겨졌다. 한 세기가 지난 후 그것에 데카르트는 '허수'라는 이름을 붙여 주었다. 이는 수학자들을 향해 '실존'하지도 않는 것을 자꾸 만들지 말라는 항의의 표시이기도 했다.

　다른 분야에서 수많은 공헌을 한 것처럼

알렉산드리아 출신 헤론은 허수를 가장 처음 발견한 사람이다.

헤론이 음수에 대해 인지하고 있었다면 피라미드 단면적을 구하는 문제에서 많은 도움을 받았을 것이다.

레오나르드 오일러가 이 문제에 대한 해법을 제시했다. 그는 《대수학의 핵심》이란 책의 앞부분에 이 개념을 소개한 후, 곧바로 적용하였다. 오일러는 아래와 같은 관계식이 성립한다는 것을 처음으로 발견한 사람이다.

$e^{i\theta} \equiv \cos(\theta) + i\sin(\theta)$. 이 식은 $e^{i\pi} + 1 = 0$ 이라는 오일러 공식의 탄생으로 이어졌다.

오일러 공식은 수학에서 가장 중요한 다섯 가지 상수($e, i, \pi, 1, 0$)가 들어 있고 세 가지 주요 연산(덧셈, 곱셈, 지수)과 등호(=)가 모두 어우러져 있어 수학의 가장 아름다운 등식으로 종종 선정된다. 이 식은 등호를 중심에 놓고 이 상수들이 건축물처럼 조화롭게 지어져 있는 형상에 비유할 수 있다.

복소수의 용도

몇 세기 동안 복소수는 철저히 이론적인 영역에서만 활용되었다. 복소수는 3차 혹은 4차 방정식의 해를 구하는 데 도움이 되었고, 다항식과 관련된 이론들도 하나로 간단히 정리할 수 있게 했다. 또한 복소수를 이용하면 계수가 복소수인 n차 다항식이 n개의 0을 포함하고 있다고 말할 수 있게 된다. 사인과 코사인으로 이루어진 식도 간단하게 표현할 수 있다. 모든 것이 매우 간단하고 깔끔해진다. 하지만 복소수가 꼭 필요한 것은 아니다.

물리학에서 복소수라는 개념을 피할 수 없는 두 가지 분야가 있다. 회로 이론과 아리송한 양자역학의 세계이다.

직류 회로를 다룰 때는 전압, 전류, 저항 간의 관계를 복소수 없이도 정의할 수 있다. 직류의 세계는 실수가 지배하는 영역이다.

직류를 다룰 때는 굳이
복소수가 필요 없다.

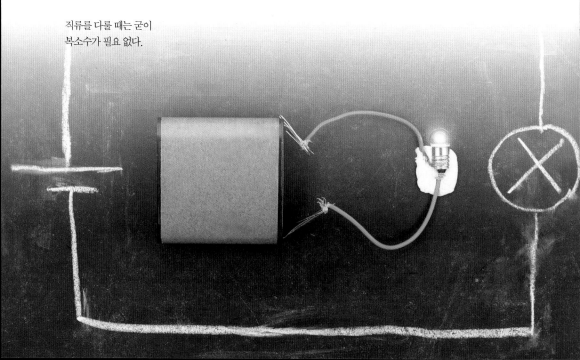

하지만 교류의 유도용량(inductance)과 정전용량(capacitance) 현상은 상황을 매우 복잡하게 만든다. 여기서 유도용량은 회로에 흐르는 전류의 변화에 의해 전자기 유도로 생기는 역기전력의 비율을 나타내는 양을 의미하고, 정전용량은 축전기에서 걸어준 전위당 충전되는 전하량을 뜻한다.

물론 이것들을 연결 짓는 관계식을 실수만으로도 표현할 수 있지만 그렇게 되면 식이 매우 복잡해진다. 반면 저항, 유도용량, 정전용량을 묶어 복소수 기반의 임피던스(교류에서 전압과 전류의 비)라는 개념으로 바꾸면 전압, 임피던스 간의 직접적인 상관 관계를 얻을 수 있다. 이는 직류 회로에서 전류, 전압, 저항 간의 상관 관계와 매우 흡사하다.

복소수 개념이 없어서는 안 될 또 다른 영역이 바로 양자역학이다. 복소수 개념을 이용하지 않고서는 도저히 확률 함수를 다룰 방법이 없다. 물론 복소수를 사용하지 않고도 이 문제를 다룰 수 있는 방법을 찾아내려 한다면 어떻게든 찾겠지만, 수학자나 물리학자 모두 이런 노력 자체를 쓸데 없이 먼 길을 돌아간다고 생각할 것이다.

복소수는 교류 현상과 관련된 계산들을 단순화하는 데 큰 역할을 한다.

아르강 다이어그램

"허수는 현실과 직각 관계에 있다."라고 허수를 묘사한 매우 멋진 표현이 있다.
실수 축과 허수 축으로 이루어진 지도에서 어떤 지점의 좌표를 읽는다고 생각하면
쉽게 이해할 수 있는 문장이다.

이 좌표계에서 x축은 실수에 해당하고 y축은 허수에 해당한다. 절댓값은 원점 $(0, 0)$에서 떨어진 거리를 의미하고, 편각은 원점과 어떤 좌표에 있는 점을 잇는 선이 x축과 이루는 각도를 의미한다.

좌표계의 일종인 아르강 다이어그램은 장 아르강(1768~1822)의 이름을 따서 명명되었으나, 이를 처음 창안한 사람은 카스파르 베셀(1745~1818)이다. 이 좌표계는 복소수를 다룰 때 매우 자주 사용된다. 기하학 문제를 풀 때 그림으로 그려보는 것이 도움이 되듯 이를 이용하면 문제를 둘러싼 상황을 파악하는 데 많은 도움이 된다. 예를 들면 망델브로 집합상의 점들도 아르강 다이어그램상에 표시해 볼 수 있다.

복소수를 기하학적으로 다루는 것은 복소수에 대한 개념을 이해하는 데 도움이 된다. 특히 시각적으로 사고하는 사람의 경우에는 더 그렇다. 두 복소수를 더하거나 빼는 계산은 각 복소수에 해당하는 선의 끝을 연결해서 그 선이 결국 어디에서 끝나는지 보면 된다. 곱셈의 경우, 각도를 더하고 길이를 곱하는 과정이 필요하기 때문에 약간 더 까다롭다. 하지만 이 경우에도 여전히 통찰적 이해를 얻는 데는 도움이 된다.

통상적으로 그래프를 통해 가능한 모든

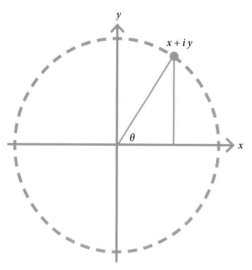

아르강 다이어그램은 복소수 $z = x + iy$를 도표화하여 표시하는 방법이다.

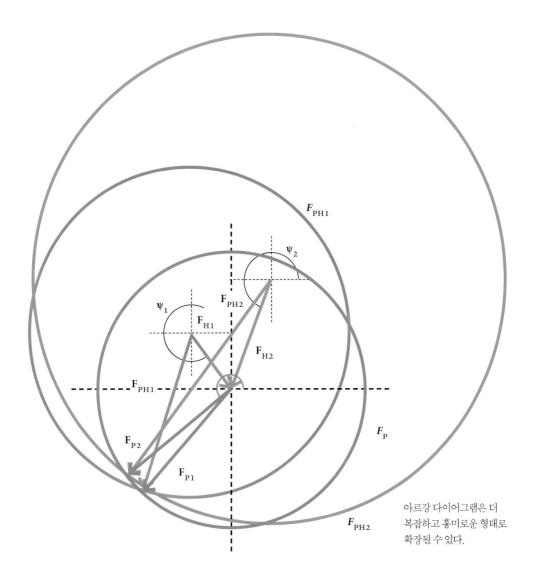

F_{PH1}

ψ_2

F_{PH2}

ψ_1

F_{H1}

F_{H2}

F_{PH1}

F_P

F_{P2}

F_{P1}

F_{PH2}

아르강 다이어그램은 더
복잡하고 흥미로운 형태로
확장될 수 있다.

것들은 아르강 다이어그램에서도 가능하다.
직선이나 원의 방정식은 복소수 형태로 표현
하면 훨씬 더 우아해 보인다. 아르강 다이어

그램을 통해 경로 적분법 즉, 경로 위에서의
복소 함수의 적분이 새로운 지평을 열게 되
었다.

CHAPTER 3
고대 왕조

참된 수도승들은 완벽한 숫자를 찾아 헤맸다. 가짜 기사들은 도박할 때 속임수를 쓰고 수학자가 아닌 척하는 진짜 변호사에게는 여백이 너무 좁았다.

수학자는 도박꾼들의
최고의 벗이 될 수 있다.

알렉산드리아의 디오판토스

17세기 무렵의 프랑스 수학을 이해하려면 3세기 그리스 시대 알렉산드리아의 디오판토스(201~285)로부터 시작해야 한다.

수학자들에게 그는 수수께끼 같은 인물로 알려져 있다.

그의 저서 《산수론》은 디오판토스의 가장 유명한 업적이다.

여기 디오판토스가 잠들어 있다.
그의 대수학으로 그의 나이를 적는다.
신은 그의 일생의 1/6을 소년으로,
일생의 1/12은 청년으로
턱수염이 자랄 시간을 주었다.
그는 1/7이 되는 시점에 결혼을 했고
5년 뒤 콩콩 뛰어 다니는 아들을 낳았다.
통제와 지혜의 아들인 알라스,
아들은 아비의 생애의 절반을 살고
세상을 떠났다.
그가 겪은 시련을 4년간 수학에
몰두하며 달래다 그 또한 삶을 마쳤다.

이 수수께끼 같은 시를 그의 일생을 표현한 이야기로 볼 이유는 없다. 나에게 거슬리는 부분은 시의 마지막 두 줄이 리듬과 운율에서 벗어났다는 점이다! 하지만 그것조차 디오판토스가 높게 평가하는 수수께끼 같은 복선일 수 있다. 그가 남긴 업적 중 가장 유명한 《산수론》은 지금은 대수학으로 분류되는 당시 수수께끼들을 모아 놓은 것이었다.

《산수론》은 많은 문제들과 그 해법을 담고 있다. 알려진 값과 미지의 값을 모두 포함한 문제들로서, 이를 풀기 위해서는 특별한 기술이 필요했다. 그래서 사람들은 디오판토스를 대수학의 아버지로 부르기도 한다. 디오판토스는 음수나 허수를 말도 안 되는 개념이라고 생각하고 사용하지 않았다. 그는 그 대신 분수를 대안으로 처음 사용한 사람이었다.

고대 그리스 시대 말기로부터 15세기에 이르기까지 잊혀졌던 《산수론》은 봄벨리에 의해 최초로 번역되었다. 가장 유명한 번역본은 바흐트의 것으로 후에 피에르 페르마가 소장하게 되었다. 오늘날 다항식과 정수만으로 이루어진 등식은 그를 기려 디오판토스 방정식이라고 부른다.

알렉산드리아에 위치한 폼페이 기둥이 만들어진 연대는 디오판토스가 살았던 시대까지 거슬러 올라간다.

디오판토스
수수께끼의 해법

디오판토스와 그의 아들의 나이를 알아내는 것은 그리 어렵지 않다. 조금의 상식에다 분수 몇 개만 더하면 된다.

앞의 수수께끼에서 아버지는 그의 나이의 1/6을 살았고 그 후로 생의 1/12, 1/7과 5년, 그의 아들이 살아있던 기간에 해당하는 생의 1/2, 그리고 추가 4년에 해당하는 시간들이 언급되어 있다. 이 분수들을 다 더하면 아래의 식과 같다.

이 분수 식에는 그의 일생의 3/28에 해당

$$\frac{1}{6} + \frac{1}{12} + \frac{1}{7} + \frac{1}{2} = \frac{14 + 7 + 12 + 42}{84} = \frac{75}{84} = \frac{25}{28}$$

디오판토스의 《산수론》에 실린 문제 II.8은 17세기 프랑스의 수학자 페르마에게 영감을 줬다.

하는 9년(5+4)이라는 기간은 포함되어 있지 않다. 만약 그의 일생의 3/28에 해당하는 기간이 9년이라면 1/28은 3년이므로, 결국 그의 일생은 84년이 된다.

$$3 \times 28 = 84년$$

따라서 수수께끼에 의하면 디오판토스는 84살에 사망했고, 그 당시 그의 아들의 나이는 42세가 된다.

마린 메르센

마린 메르센(1588~1648)은 음악의 역학적 측면에 대해 관심이 많던 신학자로
수학자는 아니었다. 17세기 초반은 수학, 음악, 역학 분야 연구에 문화적 차이는 없었고
한 분야를 배우던 사람이 다른 분야로 쉽게 전환이 가능하던 시대였다.

1635년 메르센은 신학과 과학 연구를 위해
비공식 아카데미를 설립했고, 그 아카데미
에는 르네 데카르트와 피에르 페르마를 비
롯한 140명의 토론 참여자들이 참여했다.

그 당시 메르센은 유명한 음악 이론가로
고정된 현의 진동에 관한 이론을 처음으로
정립하여 발표했다. 그의 이론에 의하면 현

의 진동수는 현의 길이의 역수와 인장력의
제곱근에 비례하며, 현이 보유하고 있는 선
밀도의 역수에도 비례한다. 그는 반사 망원
경도 발명했지만 이 발명품이 얼마나 중요
한지는 몰랐다.

이런 업적들이 메르센을 수학적으로 유
명하게 만들어주지는 않았다. 그는 메르

센 소수로 아주 유명한데, 메르센 소수는 $M_p = 2^p - 1$의 특수한 형태를 띠고 있다. 여기서 p는 소수이다. 예를 들어

$$\mathbf{M_3 = 2^3 - 1 = 7}$$

은 메르센 소수가 된다. 메르센은 2, 3, 5, 7, 13, 17, 19, 31, 67, 127, 257처럼 이 법칙을 따르는 소수들을 열거했다. 하지만 이렇게 답을 쓰면 시험에서 좋은 점수를 받지는 못할 것이다. 정답에 오류가 있을 뿐만 아니라 해설 과정이 없기 때문이다.

이 소수 목록에는 다섯 가지 오류가 있다. M_{67}(100경에 해당하는 숫자)의 경우 M_{257} ≈ 2.3×10^{77}과 마찬가지로 소수가 아닌 합성수이다. 그리고 M_{69}, M_{89}, M_{127} 역시 소수인데 목록에 포함시키지 않았다. 하지만 그가 어이없는 실수를 했다고 이야기할 수는 없다. 소수에 대한 개념은 19세기 말이 되어서야 정립됐고, 소수 전체 목록은 20세기가 한참 지나서야 완성됐기 때문이다.

메르센의 소수들을 발견하는 것은 그리 어렵지 않고, 어떤 수에 약수가 포함되어 있는지를 파악하기 위한 루카스-레머 테스트가 있다. 그 당시 알려진 가장 큰 소수는 메르센 소수일 가능성이 높았고, 메르센 시대 이후로 발견된 가장 큰 소수들은 실제로도 모두 메르센 소수였다. 2015년에 세워진 가장 큰 소수 기록은 $M_{57,885,161}$ ≈ $10^{17,425,170}$이다.

메르센 소수는 항상 완전수와 함께 움직인다. 28의 약수는 14, 7, 4, 2, 1이고 이 약

메르센이 공부했던 프랑스 라플레시에 위치한 예수회 학교의 정문.

수를 모두 더하면 28이 되는데 이처럼 약수를 모두 더했을 때 자기 자신이 되는 수를 완전수라 한다. 496도 역시 약수인 248, 124, 62, 31, 16, 8, 4, 2, 1을 모두 더하면 496이 되므로 완전 수이다. 이쯤에서 이 약수들의 중간쯤에 있는 숫자가 메르센 소수임을 눈치챌 수 있을 것이다. 모든 메르센 소수에 대해 $M_p \times 2^{p-1}$을 계산하면 완전수가 된다.

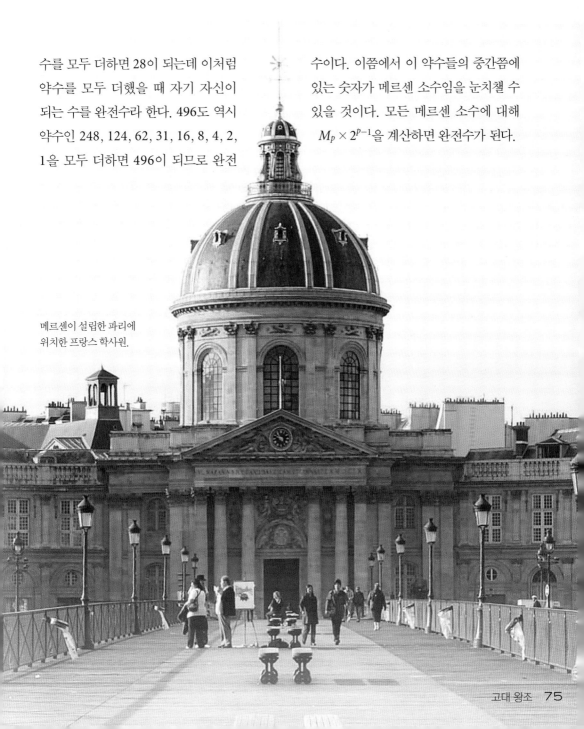

메르센이 설립한 파리에 위치한 프랑스 학사원.

두 도박꾼에게 판돈을 공평하게 나누는 문제는 오직 수학자만이 풀 수 있다.

판돈과 관련된 문제

두 프랑스 귀족이 확률과 관련된 게임을 '7전4승제'로 하고 있었다.

네 번째 게임이 끝나자 첫 번째 귀족 자크는 급한 약속이 있었다는 사실을 깨닫고 게임을 중단해야만 했다. "하지만 판돈을 어떻게 나누지?" 두 번째 귀족 쥘이 답했다. "남은 게임을 다 몰수하는 것은 정당하지 않소. 다만 지금까지 당신이 3대 1로 앞서고 있었으니 판돈을 나보다 더 많이 가져가는 것은 당연하오."

이 문제는 오랫동안 풀리지 않았던 난제 중 하나였다. 루카 파치올리는 현재 점수대로 판돈을 나눌 것을 제안했지만 공정한 방법은 아니었다. 10판 중 2-0으로 이기고 있다고 해서 압도적인 승세를 보인다고 볼 수 없고, 9-7로 이기고 있는 사람이 2-0으로 이기고 있는 사람보다 승리할 확률이 더 높기 때문이다.

타르탈리아는 파치올리 방법의 문제를 지적하고 이기고 있는 게임 수를 전체 게임 수로 나누고 이 비율대로 판돈을 나눌 것을 제안했다. 하지만 이 방법 역시 동일한 문제점에 부딪힌다.

1654년 슈발리에 메르는 그의 친구 파스

페르마의 문제에 대한 접근 방법은 논리적이면서도
철저했다.

칼에게 이 문제를 소개했고, 파스칼과 그
의 친구 페르마는 최초로 정확한 답을 제
시했다.

　그들은 이미 일어난 일이 아니라 앞으
로 벌어질 일이 실제 승부를 가른다는 점
을 깨달았다. 즉 7전4승 경기에서 당신이
3-1로 앞서고 있는 상황은 11전6승 경기
에서 5-3으로 앞서고 있는 상황과 동일하
다. 두 경우 모두 당신은 한 게임만 더 이
기면 전체 경기에서 승리하고 되고, 상대
방은 세 게임을 더 이겨야 한다.

　파스칼과 페르마는 이기고 있는 사람
과 지고 있는 사람에게 판돈을 7:1의 비율
로 나누어야 한다고 결론지었다. 페르마
는 남은 경기를 계속하면 어떤 일이 발생
할 것인지를 계산한 정교한 표를 이용하
여 이런 결론에 도달한 반면 파스칼은 페
르마와는 다른 방식으로 이 문제에 접근
했다.

　파스칼은 판돈을 공정하게 분배하기 위
해 훨씬 더 정교하게 연역적으로 연산했
다. 연산 과정에서 파스칼의 삼각형을 사
용했는데 그가 창안한 것은 아니었다. 문
제에 대한 답은 다음과 같다.

수학에서 파스칼의 삼각형은
이항 계수를 정렬해놓은
것이다.

$$1$$
$$1 \quad 1$$
$$1 \quad 2 \quad 1$$
$$1 \quad 3 \quad 3 \quad 1$$
$$1 \quad 4 \quad 6 \quad 4 \quad 1$$
$$1 \quad 5 \quad 10 \quad 10 \quad 5 \quad 1$$

- 자크가 전체 경기를 승리하기 위해 이겨야 하는 게임의 수를 a, 쥘의 경우를 b라고 하자. 남아 있는 최대 경기수는 $a + b - 1$이고 이것을 G라고 부르자.
- 파스칼 삼각형에서 '1 G'로 시작되는 행을 찾고 b번째 숫자 뒤에 선을 그어라. 그 후 선의 왼쪽에 있는 숫자와 오른쪽에 있는 숫자를 모두 더하라.
- 이 숫자의 비가 자크와 쥘의 판돈을 나누는 공정한 비율이다.

7전4승제에서 3-1로 이기고 있는 자크는 한 게임만 더 이기면 전체 경기에서 승리하게 되고, 쥘은 세 게임을 이겨야 한다. 남은 게임은 최대 세 게임이고 우리는 파스칼 삼각형에서 '1 3'으로 시작하는 1 3 3 1 행이 필요하다. 여기서 3번째 숫자 뒤에 선을 그으면 자크의 몫은 선의 왼쪽에 있는 숫자들의 합1 + 3 + 3 = 7이 되고 쥘의 몫은 선의 오른쪽인 1이 된다. 즉 판돈은 7:1의 비율로 나눠야 한다.

파스칼과 페르마의 해법은 최초로 기댓값이 사용된 예이기 때문에 중요한 의미를 지닌다. 우리가 아는 확률이라는 개념도 이때 처음으로 등장했다. 확률 가지를 그려본 사람이라면 누구나 모든 경우의 수를 나열하는 페르마의 방법을 알고 있을 것이다.

블레즈 파스칼

확률을 이용하여 가장 처음 다루어야 할 질문은 '신을 믿어야 할 것인가?'이다.

블레즈 파스칼(1623~1662)에 의하면 이 질문에 대한 답은 '그렇다'이다. 당신이 신을 믿고 있는 상황에서 실재로 신이 존재한다면, 천국에 가서 사는 등 당신이 얻을 이익은 엄청날 것이다. 만약 신을 믿지 않는 상황에서 신이 존재한다면 당신은 엄청난 손해를 감수해야 하고 불구덩이에서 영원히 바위를 밀어올리고 있을 것이다. 반면 당신이 신을 믿는 상황에서 신이 존재하지 않는다면 어떤 일이 벌어질까? 존재하지 않는 신을 믿느라 일요일에서 시간을 보내는 정도의 손만 보게 될 텐데 보험에 대한 대가치고는 썩 나쁘지 않다.

신의 존재에 대한 파스칼의 도박은 철학과 학생들이 분석할 만한 좋은 주제이다. 여기서 신은 어떤 신을 의미하며, 만약 신이 거꾸로 자신을 믿지 않는 사람들을 선택하면 어떻게 할 것인가? 그의 생각에 동의를 하든 하지 않든 매우 흥미로운 접근 방법임

파스칼의 삼각형을 통해 판돈 분배 문제가 해결됐다.

파스칼은 프랑스 중부 오베르뉴 지방에 위치한
퓌드돔 산 정상에서 공기압을 재는 등
공기압과 진공에 대한 실험도 했다.

에는 틀림없다.

파스칼은 얀센파라는 가톨릭 분파의 열렬한 신도로 매우 종교적인 사람이었다. 그는 확률론, 대수학, 정수론과 같은 분야에 다양하게 응용되는 파스칼의 삼각형에 대해서도 방대한 저술을 남겼다. 파스칼의 삼각형을 만들려면 우선 1이라는 숫자를 적어야 한다. 그 다음 행에는 앞서 적은 1의 양 옆으로 두 개의 1을 적는다. 그 다음 행부터

는 그 전 행에서 대각선으로 위치한 두 개의 숫자를 더한 값을 적는다. 따라서 세 번째 행 1과 1 사이에 위치한 곳에 2를 적고 시작과 끝에 1을 넣으면 이 행은 1 2 1이 된다. 같은 원리로 그 다음 행은 1 3 3 1, 1 4 6 4 1과 같이 된다. 파스칼의 삼각형에서는 매우 많은 종류의 반복되는 패턴이 발견된다. 그중에는 시에르핀스키 삼각형 같은 프랙탈 구조도 있다. 비 오는 날 파스칼의 삼각

시에르핀스키 삼각형은 정삼각형이 더 많은 정삼각형으로 나뉘며
무한대로 반복되는 패턴을 보여준다.

형을 들여다 보고 있으면 시간 가는 줄 모를 것이다.

게다가 파스칼은 혁명적인 물리학자였다. 그는 수은 압력계를 들고 퓌드돔 산에서 실험하여 아리스토텔레스가 주장했던 진공이 존재함을 증명했다. 그의 업적을 기려 압력의 국제 표준 단위는 파스칼이라고 명명되었다. 또한 그는 파스칼린이라는 기계식 계산기를 발명하기도 했다.

그는 사영 기하학의 창시자이기도 하다. 무한대 떨어진 곳에 점을 놓음으로써 원근법과 관련된 수학적 문제를 훨씬 다루기 쉽도록 만들었다. 물론 차원이 추가되는 약간의 불편함은 감수해야 한다.

파스칼은 늘 건강상의 문제로 죽음의 고비를 넘나들다 결국 39세의 이른 나이로 사망했다.

피에르 페르마

17세기 프랑스에는 앞에서 다룬 블레즈 파스칼, 곧 다루게 될 르네 데카르트, 그리고 지금 다루게 될 피에르 페르마(1601~1665)라는 수학적 거장이 있었다.

많은 사람들이 페르마의 '마지막 정리'를 알고 있다. 디오판토스의 《산수론》에 수록된 문제 II.8, 즉 유리수 k가 주어질 때 $k^2 = u^2 + v^2$의 관계를 만족하는 0이 아닌 두 수 u와 v를 찾는 문제를 푼 후, 그는 책의 여백에 역사에 길이 남게 될 유명한 글을 남겼다.

포물선 나선이라고 알려진 페르마의 나선형.

"정수의 세제곱을 두 개의 세제곱으로, 네 제곱을 두 개의 네제곱으로, 또는 일반적으로 제곱 이상인 임의의 거듭제곱을 같은 지수의 두 거듭제곱으로 분리하는 것은 불가능하다. 나는 놀랄 만한 증명을 발견하였으나, 그것을 적기에 이 여백은 너무나 좁다."

다시 말하자면 $a^n + b^n = c^n$, $n > 2$를 만족시키는 정수해는 없다. 페르마가 남긴 글을 보면 그가 $n = 3$과 $n = 4$의 경우에 대한 증명을 끝냈음이 분명하나 n이 5 이상인 경우에 대해 증명한 증거는 없다. 어쩌면 그가 어떤 결론에 이르렀다고 여긴 게 착각이었을 가능성이 높다고 볼 수도 있다. 그렇지 않다면 앤드류 와일즈가 그 비밀을 풀기까지 350년 동안 누군가는 벌써 증명해냈을 것이다.

분명 페르마에게는 책에 남긴 이 수수께끼 같고 이상한 문장 이상의 무언가가 있다. 그는 변호사였지만 유능한 아마추어 수학자로서 미적분학의 기초를 다진 사람이었다.

프랑수와 엘더가
구리 동전에 새긴 페르마.

페르마는 곡선 아래 부분의 넓이를 구할 때 무한소의 합을 이용하면 무한소 오차에도 불구하고 실제 적분값과 동일하다는 '적합성(adequality)'이라는 개념을 만들었다. 이 개념은 오늘날의 비표준 미적분학 원리와 크게 다르지 않다. 또한 매우 중요한 증명 방법 중 하나인 무한강하법도 창안하였는데, 이 증명법은 다음과 같은 논리를 근거로 한다. "어떤 것을 만족시키는 정수해가 존재한다면 그것보다 더 작은 정수해도 존재해야 한다. 하지만 정수는 무한히 작아질 수 없으므로, 원래 가정했던 정수해는 존재할 수 없다."

페르마는 분수를 포함한 어떤 수도 디오

판토스 수수께끼의 해가 될 수 있다는 디오 판토스의 접근법에 동의하지 않았고, 모든 가능한 해를 찾은 후 정수해를 찾았다.

페르마는 그의 이름을 딴 인수분해법과 임의의 소수 p와 정수 a에 대해 $a^p - a$는 p의 배수가 된다는 페르마의 소정리를 정리했다. 메르센 소수와 약한 상관 관계가 있는 특수한 소수 집단을 페르마 소수라고 부르며 물리학 분야에서는 빛이 가장 단거리 경로로 이동한다는 아이디어를 사용하여 1657년 스넬의 법칙을 유도했다. 우리가 앞서 살펴본 확률론 연구도 물론 있다. 또한 슈발리에 메르가 낸 두 문제를 철저히 통계적인 분석법을 사용하여 푸는 데 성공했다.

슈발리에 메르 문제

문제 1: 네 개의 주사위를 던져 6이 한 번이라도 나오면 이기고 그렇지 않으면 진다. 당신이 이길 확률은 1/2보다 많은가, 적은가, 혹은 정확히 1/2인가?

문제 2: 두 개의 주사위를 24번 던져 동시에 6이 한 번이라도 나오면 이기고 그렇지 않으면 진다. 당신이 이길 확률은 1/2보다 많은가, 적은가?

페르마는 이 두 개의 문제를 분석했다. 첫 번째 문제에서 지게 되는 경우는 네 개의 주사위가 모두 6이 되지 않을 때이고 그 확률은 $(5/6)^4 \approx 48.23\%$이다. 따라서 승리할 확률은 1/2이 조금 넘는다. 같은 방법으로 두 번째 문제를 풀 수 있다. 이 경우 지는 확률은 $(35/36)^{24} \approx 50.86\%$이므로 승리할 확률은 1/2에 조금 못 미친다.

네 개의 주사위를 동시에 던졌을 때
6이 한 번 나올 확률은?

주사위 두 개를
던졌을 때
동시에 6이
나올 확률은?

모든 것을 의심해야 한다는
원칙을 추구했던 데카르트.

르네 데카르트

"나는 생각한다, 고로 나는 존재한다." 르네 데카르트(1596~1650) 하면
누구나 이 문장을 떠올릴 것이다.

데카르트는 철학자로 유명하지만 그는 보다 광범위한 분야에 업적을 남긴 인물이다. 의심할 수 있는 모든 것을 의심하라는 그의 주장은 근대 과학의 중요한 기반이 되었다.

하지만 그가 사람들에게 기억되는 이유는 그가 과학적 방법론에 미친 영향력 때문만은 아니다. 스넬의 법칙을 재발견할 정도로 그는 능력 있는 과학자였다. 스넬의 법칙은 이미 스넬리우스보다 600년 앞서 이븐 살에 의해 발견되었지만 프랑스에서는 데카르트의 법칙으로 알려졌다.

그가 수학에 기여한 공로는 무엇일까? 어느 날 데카르트는 방 안을 날아다니는 파리를 쳐다보다 어떻게 하면 파리의 운동을 정확히 표현할 수 있을지 고민했다.

그는 방의 한쪽 벽으로부터 파리까지의 거리를 x, 다른 수직 벽으로부터의 거리를 y, 그리고 바닥으로부터의 거리를 z라고 하면, 파리의 움직임을 기하학적이고, 대수학적으로 표현할 수 있음을 깨달았다. 이러한 연결법을 시도한 것은 그가 처음이었다. 이로 인해 그는 분석기하학의 창시자가 되었고 x, y, z는 그의 이름을 따서 데카르트 좌표(Cartesian Coordinates)라고 명명되었다. 그 후에도 그는 이전에는 전혀 생각하지도 못한 것을 시도하였다. 물리학적으로 어떤 의미가 있지는 않지만 x^4과 같은 것에 대해 생각해볼 필요

가 있다고 제안한 것이다.

우리가 이미 알고 있는 숫자를 a, b, c라고 부르고 우리가 모르는 미지의 숫자를 x, y, z라고 부르는 표기법은 데카르트에 의해 확립된 것이다. 이외에도 그는 지수를 표현하는 방법을 만들었고, 미적분학의 기초를 다졌으며, 후에 칸토어가 차용한 대각선 논법을 처음으로 사용했다.

"나에게는 만물이 수학으로 환원된다."
– 데카르트

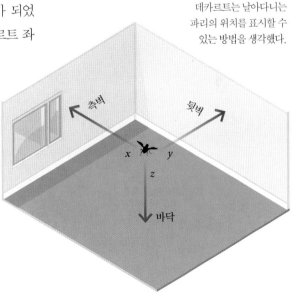

데카르트는 날아다니는 파리의 위치를 표시할 수 있는 방법을 생각했다.

CHAPTER 4
거인의 어깨

수학은 우주의 신비 일부를 푸는 데 사용된다.

시인 알렉산더 포프는
"자연과 자연의 법칙은 어둠 속에 묻혀 있었네.
신이 '뉴턴을 불러라!'라고 말씀 하시자
모든 것이 환해졌다."라며 뉴턴을 칭송했다.

거대한 비밀

달은 얼마나 멀리 떨어져 있나? 크기는 얼마나 되나?
태양은 어떤가? 별처럼 보이는 이 밝은 천체는 하늘을 배회하고 있다.
그런데 태양은 정말 별일까?

지구는 얼마나 클까? 그 모양은 어떤가? 왜 지구에서는 계절이 바뀔까? 태양은 왜 그렇게 움직일까?

　당신이 우주에 대해 무지하다면, 우주에 대해 별 다른 지식이 없는 사람들이 분명히

궁금해 할 이런 질문들을 끝도 없이 물어볼 것이다. 그러다 물어볼 것이 다 떨어지기도 전에 이런 질문들을 생각하는 것 자체가 지루해질 것이다.

　"하지만, 하지만, 하지만!" 벌써 여러 수학

많은 수학 이론들이 태양계에 대한 우리의 이해를 돕기 위해 등장했다.

자들이 외치는 소리가 들린다. "그건 천문학이야! 기껏해야 물리학이지. 어떻게 이런 현실적인 무의미한 것들로 수학의 완벽한 순수성을 더럽힐 수 있단 말인가?"

글쎄, 내 가상의 수학자 친구들이여, 내가 수학의 엄청난 그리고 추악한 비밀을 하나 말해주지. 지난 3천 년간 발전한 수학의 대부분은 태양계에서 우리 행성의 위치와 그 움직임을 이해하고자 하는 구체적인 목적을 위해 등장했다네. 물론 '우리 행성'이라는 것이 다분히 지구 중심적인 접근이긴 해. 그래서 그 균형을 맞추기 위해 지구에 우연히 들르게 될 외계인에게 환영의 의미로 이 책을 권하고 싶네.

천문학에 대한 논의 없이 수학의 발전을 이야기한다는 것은 생물학을 논하면서 그 모든 것의 기초가 되는 진화론에 대해 언급하지 않는 것과 같다. 굳이 하려고 들면 못할 것은 없겠으나, 그것은 다루고자 하는 대상에 대한 완벽한 학대이다.

중세 이전까지 이런 이야기들은 모두 전설과 같았고, 사람들은 지구가 평평하다고

1925년 워싱턴 DC에 위치한 미국 해군 천문대의 이 천문학자가 증언하듯 수학과 천문학은 태생적으로 서로 밀접하게 연관되어 있다.

믿었다. 대부분의 사람들은 이런 것들에 대해 깊게 생각하지 않았다.

지구가 둥글다는 생각은 기원전 600년경인 고대 그리스 시대부터 시작됐다. 그리고 이를 측정하려는 최초의 시도는 기원전 240년경 에라토스테네스에 의해서였다.

에라토스테네스가 사용한 방법은 매우 독창적이었다. 그가 살던 이집트 스웨넷 위로 태양이 위치했을 때 스웨넷으로부터 정북 방향에 위치한 알렉산드리아에 있는 물체의 그림자 각도를 측정하는 것이었다. 측정된 각도는 원의 1/50에 해당했다. 이 값으로부터 그는 알렉산드리아가 스웨넷으로부터 북쪽 방향으로 지구 전체 각도의 1/50에 해당하는 지점에 위치한다고 추정하였다. 게다가 이미 그는 두 도시 간의 거리를 알고 있었다.

에라토스테네스의 측정법이 얼마나 정확한지에 대해서는 논란의 여지가 있다. 이는 그가 사용한 몇 가지 가정 때문만은 아니다. 스웨넷은 알렉산드리아의 정남쪽에 위치하지 않았기 때문에 그가 사용한 두 도시 간의 거리는 정확하지 않은 근사치일 수밖에 없으며, 우리는 그가 어떤 측정법을 사용했는지도 모른다.

시거 측량법은 측정자에 따라 거리 차이가 많이 난다. 어떤 것을 기준으로 측정을 하느냐에 따라 2%에서 16%까지도 차이가

북회귀선

북회귀선이 표시된
세계 지도.

난다. 둘 중 오차가 작은 경우를 기준으로 볼 때 그 결과는 매우 놀랍다. 이 정도 오차라면 두 도시 간의 정확한 거리로 계산했을 때 지구의 원주는 40,074km가 나온다. 이 값은 우리가 알고 있는 지구의 원주와 불과 수십km 정도의 차이다.

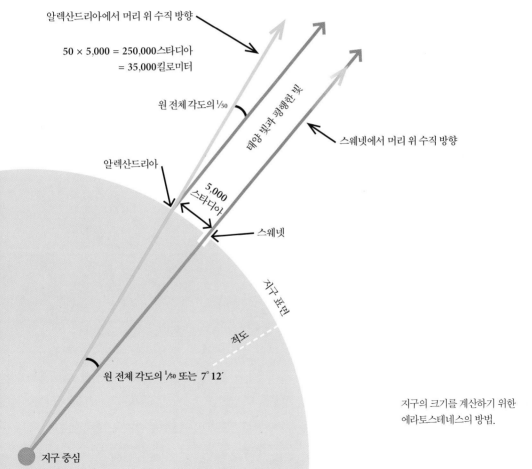

알렉산드리아에서 머리 위 수직 방향

50 × 5,000 = 250,000스타디아
= 35,000킬로미터

태양 빛과 평행한 빛

원 전체 각도의 1/50

스웨넷에서 머리 위 수직 방향

알렉산드리아

5,000 스타디아

스웨넷

지구 표면

적도

원 전체 각도의 1/50 또는 7° 12′

지구 중심

지구의 크기를 계산하기 위한 에라토스테네스의 방법.

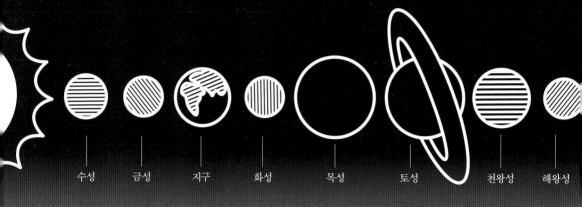

수성   금성   지구   화성   목성   토성   천왕성 해왕성

에피사이클 해법

고대인들은 지구가 둥글다는 개념은 문제 없이 받아들였지만
지구가 우주의 어디에 위치하고 있는지 고민했다.

지구가 모든 만물의 중심에 있다고 생각하는 것은 자연스러운 일이다. 그렇지 않은가? 문제는 지구를 중심으로 움직인다고 보기에는 다른 행성들이 하늘을 너무 어지럽게 돌아다니고 있다는 점이다.

행성들은 일정한 속도로 직선 운동을 하기보다는 때에 따라 빨라지기도, 느려지기도 하며 심지어는 뒤로 움직이기도 한다. 점성술사들은 행성들이 뒤로 움직이는 것에 '엄청난 의미'를 부여할 것이며, 자신들이 자동차 키를 못 찾아도 정리정돈을 못하기 때문이 아니라 수성이 뒤로 움직였기 때문이라고 이야기할 것이다. 여기서 약간 주제에서 벗어나 보도록 하자.

기원전 300년경 페르게의 수학자 아폴로니오스는 이러한 행성의 움직임에 나타나는 변화를 설명할 수 있는 에피사이클(epicycle)이라는 모델을 만들었다. 이는 각 행성이 지구를 중심으로 엄청난 크기의 가상 원을 그리며 태양과 거의 같은 평면에서 돌고 있고, 가상 원상에 위치한 행성들은 각자의 위치에서 또 다른 작은 원인 에피사이클을 그리며 공전한다는 것이다.

태양의 움직임을 설명하는 데 꽤 괜찮은 모델이었다. 하지만 서기 200년경 프톨레마이오스가 바빌로니아인들이 수집한 데이터를 이 모델과 맞춰보려 했을 때 심각한 문제에 부딪히게 되었다. 행성들이 일정한 속도로 공전하고 있지 않았던 것이다.

반면 그가 '에콴트(equant)'라고 부르는 지점으로부터 측정했을 경우에는 이 모델이 잘 들어 맞았다. 실제로 그가 예측한 목성의 움직임은 1500년대까지 잘 들어 맞았다.

12세기에는 이븐 바자에 의해 에피사이클이 포함되지 않은 이론이 제시되었다. 하지만 여전히 에피사이클은 케플러 시대가 도래하기 전까지는 서양 천문학의 근간을 이루는 개념으로 유지되었다.

실제로 에피사이클을 이용하면 하늘을 가로지르는 어떤 경로라도 푸리에 급수에 의해 표현할 수 있다. 만약 실제 행성의 경로와 잘 맞지 않는다면 맞는 결과가 나올 때까지 에피사이클을 계속 추가하면 된다. 하지만 그 많은 에피사이클을 더한다는 것은 과학적으로는 수치스러움으로 받아들여졌다. 간단하면서도 좋은 기본 모델에 에피사이클을 더하면 더할수록 더 잘 맞지 않는 모델이 되기 때문이다.

프톨레마이오스는 행성들이 일정한 속도로 공전하지 않는다는 사실을 깨달았다.

그래도 지구는 돈다

니콜라우스 코페르니쿠스(1473~1543)도 프톨레마이오스의 이론에 따라 에피사이클을 추가하긴 했지만, 한 가지 혁명적인 발전을 이루어냈다.

폴란드 바르샤바에 위치한 코페르니쿠스 동상.

코페르니쿠스는 행성 운동의 중심을 지구가 아닌 태양으로 하면 모든 행성들의 움직임들을 파악하기가 훨씬 쉬워진다는 것을 깨달았다.

그의 동료들은 그가 발견한 사실을 공개적으로 발표하라고 재촉했지만 그는 우주의 중심을 지구가 아닌 태양으로 할 경우 천문학계는 물론이고 교회로부터 엄청난 반발과 논란을 불러올 것이라 생각해 거절했다. 하지만 실제로 교회는 그다지 그의 이론에 신경 쓰지 않았다. 교황의 비서였던 요한 비드만슈테터가 로마에서 지동설에 대해 강연했을 때, 교황 클레멘스 7세와 몇몇 추기경들이 참석했는데, 그중 카푸아 대주교는 지동설을 공개적으로 발표해야 한다는 목소리에 힘을 실어주었다. 마침내 지동설이 발표되었을 때

케플러는 행성들이 원이 아니라 타원형으로 움직일 수도 있다는 생각을 했다.

코페르니쿠스는 교황 바오로 3세에게 그의 책을 헌정했다.

코페르니쿠스의 지동설은 그 후속 연구가 뒤따라 오는 데 꽤 시간이 걸렸다. 그의 역작, 《천체의 회전에 관하여》는 그가 사망하던 해에 출간되었다. 출간 직전 마지막 수정본은 그가 임종할 때에야 전달되었다는 이야기도 있다.

이 분야에서 대가인 갈릴레오 갈릴레이 (1564~1642)와 요하네스 케플러(1571~1630)는 그로부터 20년이 지난 후에야 출생했다. 에피사이클 시대에 종식을 고한 것은 케플러였다.

코페르니쿠스가 주창한 지동설의 문제점은 모든 것이 원형으로 움직인다는 가정에서 발생했다. 하지만 태양을 중심에 놓고 행성들이 타원형으로 움직인다면, 관찰되고 있는 모든 현상들이 훨씬 더 명료하게 설명될 수 있었다.

이것이 케플러 제1법칙이다. 케플러 제2법칙은 면적속도 일정의 법칙으로서, 행성이 움직일 때 태양과 행성을 잇는 선이 만드는 면적은 동일 운동 시간에는 항상 같다는 것이다. 케플러 제3법칙은 행성의 공전주기는 행성이 그리는 타원형 크기(더 정확하게는 반장경, semi-major axis)의 3/2승에 비례한다는 것이다.

뉴턴은 두 물체 사이에 작용하는 힘은 두 물체 간 거리의 제곱에 반비례한다는 사실을 이용하여 케플러의 법칙이 왜 옳은지 최종적으로 증명했다.

케플러와 코페르니쿠스는 지동설을 주장함에 있어 교회의 분노를 사지 않도록 잘 피해 갔지만, 불행히도 갈릴레이는 그렇지 못했다.

시리우스

α

M41

큰개자리

큰개자리의 중앙에
위치한 시리우스.

갈릴레오와 별의 시차

17세기의 평균적인 천문학자들은 태양이 모든 행성 운동의 중심에 있다는
이론에 의문을 품었다. 그 의문은 표면적으로는 합리적인 듯했다.

논란이 되는 부분은 만약 지구가 태양 주위
를 공전한다면 한여름과 한겨울 사이에 별

의 위치에 상당한 변화가 있어야 한다는 것
이었다. 하지만 아무리 열심히 관찰해도 이

러한 별의 시차에 대한 증거를 발견하지 못했다.

별의 시차는 관찰이 매우 어려울 뿐 실제로 발생하고 있는 현상이다. 갈릴레오 시대에는 변화가 극도로 미미했기 때문에 별의 시차가 관찰되지 않았다. 내가 좋아하는 별인 시리우스는 지구로부터 8.6광년 떨어져 있다. 시리우스까지의 거리와 빛의 속도로 16분 정도인 지구 공전 궤도의 크기를 비교하면 28,000배 차이가 난다. 시리우스까지의 거리에 비하면 지구가 움직이는 거리는 극히 미미하다. 그 당시 존재하던 천체 망원경으로는 계절에 따라 밤하늘에서 시리우스가 움직이는 것을 알아차리기가 불가능했다.

이런 논란으로 말미암아 1615년 로마의 종교 재판관은 지동설이 단순히 잘못된 이론임에 그치지 않고 "철학적으로 어리석고 부조리할 뿐만 아니라 이단적이다."라는 결론을 내려 갈릴레오가 지동설을 주장하는 것을 금지하였다. 그러자 갈릴레오는 그의 인생에서 가장 바보 같은 짓을 저질렀다. 살비아티(갈릴레오의 주장에 동조), 사그레도(중립적 비전문가), 심플리치오(프톨레마이오스의 주장을 지지) 세 사람이 대화를 나누는 형식으로 지동설 논란에 대한 책을 낸 것이다.

책에서 심플리치오 주장의 대부분은 교황으로부터 차용됐다. 교황은 자신이 바보처럼 묘사되고 있다고 느꼈고, 매우 기분 나쁠 수밖에 없었다. 결국 갈릴레오는 이단으로 선고 받아 9년간 가택연금에 처해졌고, 인기 있던 그의 책은 금서 목록에 등재되었다. 1835년이 되어서야 갈릴레오의 책은 출판 가능한 서적이 되었다.

종교재판은 갈릴레오에게 더 이상 말도 안 되는 지동설을 믿는 것을 중단할 것을 요구했고, 결국 그는 "지동설을 철회하고, 저주하고, 혐오한다."고 증언해야 했다. 그 직후 "그래도 지구는 돈다."라고 중얼거렸다는 이야기가 전해진다. 다른 전설적인 이야기와는 달리, 이 일화는 오늘날 기준으로 봐도 충분히 있을 법한 이야기다.

"그래도 지구는 돈다."
종교재판 청문회에
출석하는 갈릴레오.

그 다음으로 갈릴레오가 한 일

코페르니쿠스가 말했다. "태양을 중심에 놓아, 그러면 모든 것이 쉬워져."

그러사 케플러가 말했다. "원 내신 타원형은 어때?"

그러자 뉴턴이 말했다. "바로 그거야. 여기 새로운 미적분법을 거기다 적용하면 모든 걸 다 설명할 수 있어." 이것이 천문학을 위해 수학이 해야 할 임무가 아니겠는가?

글쎄, 그렇지는 않다.

교황을 더 화나게 하지 않기 위해 갈릴레오는 그의 소매 춤에 몇 가지 사실을 더 숨기고 있었다.

그가 막 발명한 망원경으로 목성의 위성들을 관찰하여 지동설이 사실임을 증명하는 증거들을 추가로 더 발견했다. 그는 처음에 그것들이 별이라고 생각했으나 며칠 동안 관찰한 결과 그것들이 목성 주위를 돌고 있음을 발견했다. 이것은 천동설로는 설명하기 힘든 움직임이었다.

태양의 흑점을 관찰한 결과 태양은 아리

갈릴레오는 그의 망원경을 통해 태양의 흑점을 관찰했다.

스토텔레스의 수장처럼 완벽하며 변화가 전혀 없는 천체는 아니었다. 또한 그는 낙하하는 물체의 속도는 아리스토텔레스의 주장과 달리 중량과는 무관함을 증명했다. 즉, 공기저항을 무시한다면 유리구슬과 대포알을 같은 높이에서 떨어뜨리면 바닥에 동시에 떨어질 것이다.

갈릴레오는 움직이는 물체는 그 움직임을 방해하지 않는 한 계속해서 같은 속도로 움직인다는 뉴턴의 운동 제1법칙도 발견했다.

그는 정수의 개수만큼 많은 정수 제곱이 존재한다는 것을 게오르크 칸토어보다 먼저 증명하기도 했다. 모든 숫자는 제곱에 해당하는 값을 갖는다. 정수보다는 드문드문 나타나겠지만 정수 제곱의 숫자도 정수만큼이나 많다.

또한 그는 일정한 속도로 직선운동을 하

갈릴레오는 인력과 운동 법칙에 대한 연구에서
뉴턴보다 앞서 있었다.

는 시스템 내에서는 모두 동일한 물리학 법
칙이 적용된다고 했다. 따라서 기차 위에서
수직으로 뛰어올라도 기차 뒷부분에 부딪
히는 것이 아니라 같은 자리에 착지할 수 있

게 된다.

이 개념이 바로 상대성 이론의 기본 원리
다. 하지만 이 이후로 300년 동안 더 나아가
진 못했다.

아인슈타인이 밝힌 미스테리

"가장 좋은 살균제는 햇빛이다."라는 말이 있다. 뉴턴이 천국에 대한 설명을 하기 위해 마지막으로 연구한 것도 빛에 관해서였다.

모든 것이 뉴턴의 운동 법칙을 따르지는 않는다.

분명하게 밝혀둘 것이 있다. 뉴턴의 법칙은 대부분의 환경에서 물체의 운동을 설명할 수 있는 매우 훌륭한 모델이다. 적어도 뉴턴의 법칙이 적용될 수 있는 범위에서는 아무 문제가 없다. 하지만 물체가 매우 빠른 속도로 운동하거나 물체의 중량이 거대하게 커지면 뉴턴의 법칙이 적용되지 않는다.

이 시점에 알버트 아인슈타인(1879~1955)이 등장한다. 유명한 이야기이지만, 그의 실험은 일반적인 실험실이 아닌 그의 머릿속에서 이루어졌다. 결과적으로 그의 머리보다 더 엄청난 발전을 가져올 수 있는 실험실을 생각하기는 어려워 보인다. 그는 두 가지 가정에서 출발하여 물리학에 혁명을 일으킨 이론을 발견하였다.

첫 번째는 갈릴레오가 주장했던 것으로, 즉 상대적으로 일정한 움직임을 보이는 관찰자에게 물리학 법칙은 동일하게 적용된다는 것이다. 두 번째는 빛의 속도는 모두에게 동일하다는 것이다. 빛이 움직이든 관찰자가 움직이든 빛의 속도는 일정하다.

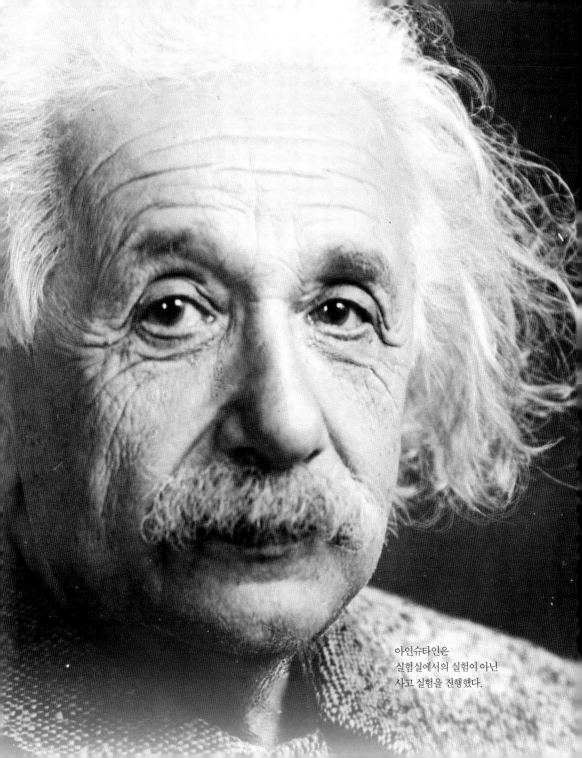

아인슈타인은
실험실에서의 실험이 아닌
사고 실험을 진행했다.

우주선을 타고 빛의 속도에 가깝게 날아가는 경우
시간과 우주선의 모양에 여러 변화가 나타난다.

이로부터 많은 결과들이 나타났는데, 그 중 가장 이해하기 어려운 것은 시간이 누구에게나 일정하게 직선적으로 흐르지는 않는다는 것이다. 즉 내가 빛의 속도로 달을 향해 날아갔다가 다시 귀환하면, 내 시계는 지구에 남아 있는 당신의 시계와 다를 것이다.

내가 어떻게 움직이느냐에 따라 당신이 보고 있는 것이 나에게는 다르게 보일 수 있다. 정보가 됐든 물체가 됐든 빛보다 빨리 움직일 수는 없다. 움직이는 물체는 정지했을 때의 길이보다 짧아질 수 있다.

여기서 매우 유명한 공식이 나타난다. 물체에 응축되어 있는 에너지는 질량과 빛의 속도의 제곱을 곱한 것과 같다는 것이다.

$$E = mc^2$$

이것은 특수 상대성 이론으로부터 나온 결과이다. 아인슈타인은 후에 중력을 시공간의 곡률로 재정의한 일반 상대성 이론도 발표한다. 시공간이란 3차원 공간에 시간이

아인슈타인의 가장 유명한 등식.

포함되어 4차원으로 확장된 것을 의미한다.

여기 저기에서 반대의 목소리가 들리는 듯하다. "하지만 이 주제는 수학이 아니라 완전히 물리학 분야잖아요!" 물론 그렇긴 하지만 내가 이 주제를 포함시킨 이유가 있다. 이번 장의 대부분의 내용은 백마를 타고 나타난 수학이 그 때까지 형편 없었던 모델들을 보다 실험값과 일치하는 훌륭한 모델로 바꾸었다.

아인슈타인의 연구는 달랐다. 그는 수식을 먼저 제시하고 그것이 실험적으로 증명될 때까지 기다리는 식이었다.

천문학자들의 일은 멋지다. 그들은 훌륭한 컴퓨터 프로그램이 내놓은 결과를 보며 왜 그런 현상이 생겼는지 고민한다. 반면에 수학자들은 그 컴퓨터 프로그램에 들어갈 소스코드를 들여다보고 있어야 한다.

"그것은 오래가지 않았다. 악마가 '흥! 아인슈타인이 있으라'라고 외치자 모든 것이 원상태로 되돌아갔다."

– 스콰이어

CHAPTER 5
무한소

거북이가 토끼를 이긴 경주에서 다각형 사이에 조심스럽게 원이 끼어 있고,
두 명의 위대한 역사적 인물들이 "아니야, 그걸 먼저 생각한 사람은 나라고."라며
진흙탕 싸움을 벌인 결과 우리는 기울기와 면적을 구할 수 있게 되었다.

제논의 아킬레스와 거북이 이야기는 후에
토끼와 거북이 이야기가 되었다.

엘레아의 제논

수학자들이 가장 선호하는 증명 도구인 역설은 앞서 내세운 어떤 전제가 논리적 전개를 거쳐 이치에 맞지 않는 결론으로 이어질 경우, 이 증명에 사용된 전제, 논리, 혹은 판단 중 어느 하나에 문제가 있다는 것을 보여주는 매우 효과적인 논증법이다.

엘레아의 제논(BC 490~430)은 그리스 철학자 파르메니데스의 추종자였다. 파르메니데스는 변화란 존재하지 않고 그와 관련된 움직임은 착각일 뿐이라고 주장했는데, 파르메니데스의 주장이 틀렸다는 것을 증명하기 위해서 파르메니데스의 반대파들이 역설이라는 증명법을 만들었다고 한다.

고대 그리스의 거리 규칙에 따르면 만약 당신이 역설을 통해 파르메니데스의 주장을 비판하면 바로 제논으로부터 또 다른 역설이 날아올 것을 예상해야 한다. 고대 그리스 시대엔 항상 싸움에 대비하고 있어야 했다.

제논의 가장 유명한 역설은

엘레아의 제논.

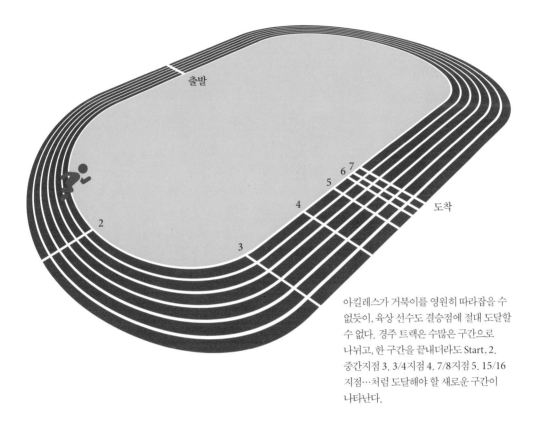

출발

2
3
4
5
6 7
도착

아킬레스가 거북이를 영원히 따라잡을 수 없듯이, 육상 선수도 결승점에 절대 도달할 수 없다. 경주 트랙은 수많은 구간으로 나뉘고, 한 구간을 끝내더라도 Start, 2. 중간지점 3. 3/4지점 4. 7/8지점 5. 15/16 지점…처럼 도달해야 할 새로운 구간이 나타난다.

아킬레스와 거북이 이야기이다. 둘이 달리기 경기를 한다면 많은 사람들은 일방적인 승리를 예상할 것이다.

아킬레스는 인간 중에서 가장 빨랐고, 거북이는 동물 중 가장 느렸기 때문에 아킬레스는 거북이가 먼저 출발하도록 양보했다. 제논은 누가 이길지에 대해서 의견을 달리했다. 거북이가 출발한 지점에 아킬레스가 도달하는 사이, 분명히 거북이는 다른 지점으로 이동할 것이다. 다시 아킬레스가 거북이가 이동한 다른 지점에 도달하는 사이, 거북이는 또 다른 지점으로 이동할 것이다. 이 상황이 끝없이 반복되므로 아킬레스는 거북이를 따라잡을 수 없다.

비슷한 이유로 제논은 화살이 허공을 가르고 날아가서 목표물을 맞추기란 불가능하다고 주장했다. 화살이 목표물에 닿기 전에 우선은 절반의 거리를 날아가야 하고, 절반의 거리를 가기 전에 1/4 지점에 도달해야 하고… 이처럼 비슷한 논리가 적용되기 때문이다.

시간은 무한히 쪼갤 수 없고 수많은 일을 하기에 시간은 항상 부족하다. 나는 활과 화살을 가지고 제논의 역설에 대해 이렇게 반박한다. "좋아 제논, 거기에 좀 서 봐. 목표물에 도착 불가능하다고 한 이 화살을 너에게 쏴볼 테니."

어떤 주어진 시간에 화살은 공간 속에 정지된 상태여야 하므로 화살이 날아간다는 것은 불가능하다는 역설도 있다. 이 논리는 어떤 것도 동시에 두 지점에 존재할 수는 없다는 점에 근거한다. 따라서 화살은 특정 시점에 특정 지점에만 위치하고, 화살이 특정

지점에 위치한다면 그 순간 화살은 정지해 있어야 한다. 결론적으로 화살은 하늘로부터 떨어질 수밖에 없다는 것이다. 포대 안의 쌀 한

톨은 소리내지 않지만 쌀이 들어있는 포대가 엎어질 때는 소리가 난다는 역설도 있다. 제논은 비슷한 역설 40여 가지를 만들었지만 현재는 9가지만 전해

연속 시간

화살이 날아간다.

특정 시점

특정 순간에는 화살은 정지해야 하고
결국 땅으로 떨어지게 된다.

지고 있다.

    역설들은 수학적 해법뿐 아니라 철학적 해법도 가지고 있다. 아르키메데스와 토마스 아퀴나스는 역설의 오류들을 타파하고자 했다. 물론 실제로 사람과 거북이에게 경주를 시키면 해법이 틀렸다는 것을 알 수 있지만, 제논의 주장이 왜 틀렸는지는 논리적으로 설명해주지 않는다. 이때 미적분학이 필요하다.

쌀 한 톨이 낼 수 있는
소리는 얼마나 클까?

아르키메데스와 무한소

아르키메데스는 비정형적인 형상의 면적을 구한 최초의 수학자이다.

정사각형과 직사각형의 면적은 쉽게 구할 수 있고 이를 이용하여 삼각형의 면적도 도출할 수 있다. 같은 방법으로 평행사변형, 사다리꼴, 마름모와 같은 규칙적인 도형뿐만 아니라 불규칙한 모양의 다각형 면적도 구할 수 있다. 하지만 곡선의 면적을 구하기엔 부족했다.

허공에 공을 던졌을 때 나타나는 포물선은 이차함수에 의해 표현되는 곡선이다. 포물선의 면적을 구하기 위해 작은 삼각형이나 다른 다각형으로 계속 쪼개다 보면 항상 가장 바깥 쪽에 위치한 곡선 부분이 남게 된다.

아르키메데스는 곡선의 면적을 구하기

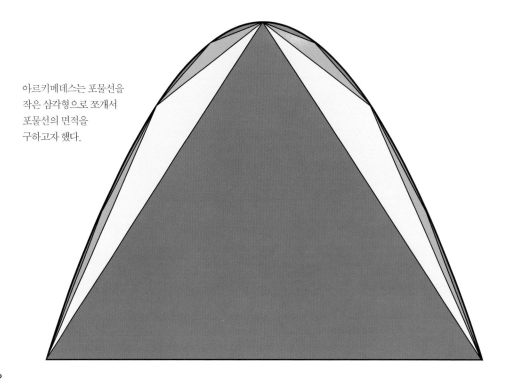

아르키메데스는 포물선을
작은 삼각형으로 쪼개서
포물선의 면적을
구하고자 했다.

아르키메데스는 곡선과 원에 대해 연구하던 중 들이닥친 로마군에 의해 살해당했다.

위해 노력했고, 계속해서 삼각형을 더해가다 보면 포물선 면적의 참값에 점점 더 근접해 간다는 사실을 깨달았다.

우선 포물선 안쪽에 첫 번째 삼각형을 그린 후, 이것의 양변을 밑변으로 하는 두 개의 삼각형을 더한다. 이 삼각형은 첫 번째 삼각형 면적의 1/8이므로 추가로 그린 두 개의 작은 삼각형의 면적을 합하면 첫 번째 삼각형 면적의 1/4이 된다. 같은 방식으로 다음 단계에 네 개의 더 작은 삼각형을 추가하면

이 삼각형의 면적 역시 직전 삼각형 면적의 1/8이 된다. 따라서 네 개 삼각형 면적의 합은 그 전 두 개 삼각형 면적의 1/4이다.

이 과정을 반복하면 각 단계마다 직전 삼각형 면적의 1/4을 더하는 결과를 얻는다. 첫 번째 삼각형의 면적을 A라고 했을 때, 포물선 안쪽에 그려진 삼각형 면적의 총합은 다음과 같다.

$$A \left(1 + \frac{1}{4} + \frac{1}{16} + \frac{1}{64} + \ldots\right)$$

그러나 그 당시의 아르키메데스가 현대의 기하급수 공식을 알 리 없었다. 그는 이 증명을 위해 면적이 4인 정사각형을 사용했다.

먼저 이 정사각형의 내부에 면적이 1인 정사각형을 그리고 이 정사각형의 우측 상단 방향으로 면적 1/4의 정사각형을 배치한다. 이어서 면적 1/16의 정사각형을 배치하는 식으로 사각형들을 그려갔다.

아래 그림에서 면적이 가장 큰 정사각형 세 개 중 하나가 초록색인 것을 알 수 있다. 그 다음 크기의 정사각형 역시 세 개 중 하나가 초록색이다. 이러한 패턴이 계속 반복되므로 결국 초록색 정사각형은 전체 면적의 1/3을 차지하게 된다. 전체 면적은 4이므로 결국 초록색 정사각의 면적이 4/3라는 것을 알 수 있다. 이를 이용하면 포물선의 면적은 포물선 내접 삼각형 면적의 4/3가 된다.

왜 파이 파이인가?

아르키메데스는 원의 면적을 구하기 위해 다음과 같은 방법을 이용했다.

먼저 각 꼭짓점이 원 안에 있도록 정육각형을 원의 내부에 그린다. 원의 반지름이 1이면 정육각형 둘레의 길이는 6이 된다. 다음에 정육각형의 안쪽에 원이 접하도록 조금 더 크게 정육각형을 그린다. 이때 정육각형의 둘레는 $4\sqrt{3}$이다. 이렇게 되면 2π인 원의 둘레가 내접한 정육각형과 외접한 정육각형의 둘레인 6과 약 6.93 사이에 위치하므로 π값은 3과 3.46 사이의 값이 된다.

아르키메데스는 멈추지 않고 원에 십이각형을 그렸다. 십이각형은 12개의 면이 있어서 육각형보다 훨씬 둥글고 육각형보다 원의 둘레인 2π에 훨씬 더 가깝게 근접했다. 십이각형의 둘레를 계산하면 $24(2-\sqrt{3})$와

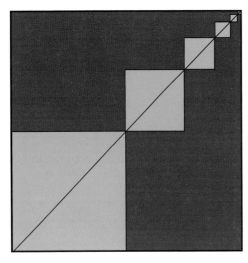

아르키메데스는 계속 작아지는 연속적인 정사각형을 상상했다.

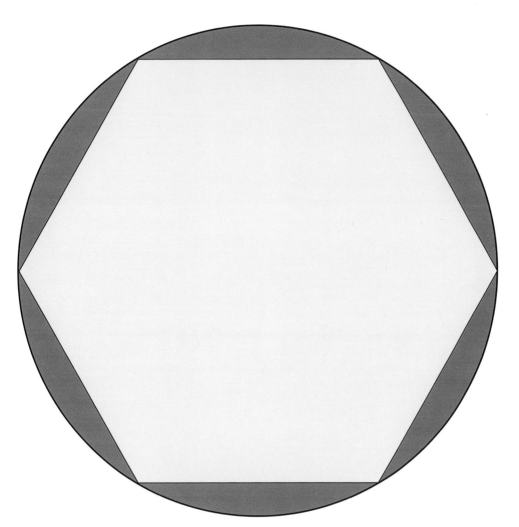

반지름이 1인 원에 내접하는 둘레 6의 정육각형.

아르키메데스가 그린 원에 내접하는 십이각형은
육각형보다 원에 더 가깝게 근접해 있다.

6($\sqrt{6}-\sqrt{2}$) 사이의 값이 된다. 이 값의 근사치는 6.43과 6.21이고 따라서 π값은 그 절반인 3.11과 3.21 사이다. 이십사각형 역시 십이각형보다 훨씬 더 원에 근접했고, 콘웨이는 이를 아이코시카이터라곤(icosikai-teragon)이라 불렀다. 사십팔각형, 구십육각형도 마찬가지였다.

같은 논리로 아르키메데스는 무리수의 유리수 경곗값을 계산할 수 있었다. 이십사각형의 경우만 하더라도 이를 제곱근을 이

용하여 표현하기 쉽지 않다. 하지만 그의 노력으로 아르키메데스는 π값을 223/71과 22/7 사이에 놓는 데 성공했다. 소수로 표현하면 3.1408과 3.1429 사이의 값이다.

이 두 수의 평균값을 π의 근사치로 잡으면, π의 참값과의 오차가 1/12,000 수준이다. 결코 나쁜 결과라고 할 수 없다.

아르키메데스가 제시한 원의 면적을 구하는 방법은 17세기 말까지 유럽에서 가장 앞선 이론이었다. 1630년 삼각함수를 이용한 계산 알고리즘이 등장한 이후 π값 근사치의 정확도는 훨씬 발전하여 소수 39째 자리까지 밝혀졌다.

3.1415926535897932384
6264338327950288419

하지만 이 기록은 1699년 무한급수를 이용한 근사치가 계산되면서 깨졌다.

원에 내접한 이십사각형 혹은 아이코시카이터라곤.

유휘의 방법

아르키메데스의 방법은 17세기까지 유럽 수학계에서
가장 앞선 이론이었지만, 서기 3세기경 중국의 수학자 유휘(225~295)가
훨씬 먼저 이 방법을 발견했다.

그는 원에 내접한 다각형이 커질수록 직전 다각형과 약 1/4의 면적 차이가 난다는 것을 알아냈고, 이를 이용하여 매우 놀라운 결과를 도출했다.

그는 먼저 96각형을 이용하여 π값의 근사치를 계산한 뒤 아르키메데스처럼 96각형과 48각형의 면적 차이를 구한 후 1/3을 곱했다. 아르키메데스가 증명했듯이 1/4씩 작아지는 것들을 모두 더하면 처음 시작했던 값의 1/3이 되기 때문이다.

유휘는 이 과정을 반복하여 192각형의 계산값으로 1,536각형과 비슷한 정도의

조충지는 아르키메데스의 방법으로
12,288각형까지 계산했다.

정확도를 얻었다. 참으로 효율적인 방법이다. 이후의 수학자들은 이를 훨씬 더 발전시켰다. 조충지(429~500)는 12,288각형을 이용하여 3.14159261864 < π < 3.141592706934 을 계산해냈다. 두 경곗값의 평균을 구하면 π의 정확도는 1조분의 3 수준에 이르게 된다. 뿐만 아니라 유휘는 내삽 알고리즘을 이용하여 π값의 근사치로 유명한 1200만분의 1의 정확도를 보이는 355/113을 찾아냈다. 이 정도의 정확도로도 부족한 경우가 있다는 것은 상상하기 힘들다.

뉴턴과 라이프니츠는
훨씬 더 많은 업적을
낼 수 있었다.

뉴턴과 라이프니츠

뉴턴과 라이프니츠 중 누가 먼저
미적분학을 창안했는지에 대한 수십 년
동안의 논쟁이 없었더라면, 두 사람은
미적분학을 훨씬 발전시켰을 것이고
두 사람 사이에 존재하는 표기 방법의
차이도 해소할 수 있었을 것이다.

두 사람의 미적분학 연구 시기에 대해서는
논쟁의 여지가 없다. 뉴턴은 1966년에 연구
를 시작했으나 연구 결과를 바로 발표하지
않았다. 라이프니츠는 미적분학에 대한 독
립적 연구를 1674년에 처음 시작하여 1684
년에 결과를 발표했다.

반면 미적분학을 기하학적으로 다루는 방법을 자세히 기술한 뉴턴의 《자연철학의 수학적 원리》는 1687년에 출간됐다. 1696년 로피탈도 라이프니츠의 이론을 교과서로 펴내면서 이 부분을 인정했다. 뉴턴은 40여 년이 지난 1704년이 되어서야 그의 표기법적 변화에 대해 설명했다.

누가 먼저 미적분학을 발견했는지에 대해서는 논쟁의 여지가 없었다. 하지만 1699년 뉴턴의 친구였던 니콜라스 듀일리어가 뉴턴의 아이디어를 라이프니츠가 훔쳤다고 주장하면서 논쟁이 시작됐다.

1712년 뉴턴이 학회장이었던 런던 왕립학회에서 〈서신왕래〉라는 문서를 발표했다. 이 문서를 통해 진실이 무엇인지 알리고자 했으나 불행히도 라이프니츠에게는 그의 입장을 표명할 기회가 주어지지 않았다.

게다가 라이프니츠는 스스로 상황을 더 악화시켰다. 《자연철학의 수학적 원리》 출간 전에 회람되던 뉴턴의 문서가 1670년경 라이프니츠의 논문들 사이에서 발견된 것이다. 그 문서엔 수정되고 추가된 흔적이 있었고 심지어 한 문서의 경우 날짜가 변경되기도 했다. 라이프니츠가 뉴턴과 편지를 주고받았고 그의 동료들에게 조언을 구한 부분도 있었다.

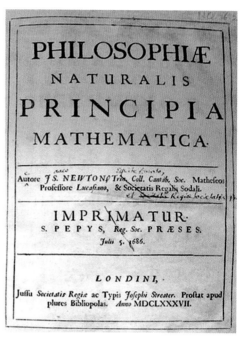

뉴턴이 가지고 있던 《자연철학의 수학적 원리》 사본.
두 번째 편집본을 만들기 위해 수정한 부분이 있다.

라이프니츠가 이 문서를 보고 미적분학에 대한 어떤 영감을 얻었던 듯싶다. 하지만 미적분학을 공부해본 사람이라면 눈앞에 미적분 교과서가 있다 하더라도 그 내용을 파악하기 어렵다는 것을 알 것이다. 라이프니츠는 뉴턴의 미적분학을 더 창조적으로 발전시켰으니 어쩌면 매우 유능한 표절꾼일지도 모른다.

뉴턴이 미분으로 출발하여 미적분학을

완성했다면 라이프니츠는 적분으로 시작하여 전체 시스템을 구성했다. 뉴턴은 점과 대시 기호로 미분을 표현했고 라이프니츠는 알파벳을 이용했다. 그중 라이프니츠의 ds라는 기호는 오늘날 필수적인 표기법이다. 몇 가지 힌트만 가지고, 게다가 완전히 다른 지점에서 시작하여 전체 체계를 다시 만든다는 것은 백지 상태에서 처음 미적분학을 창시하는 것보다 어쩌면 더 위대할지도 모른다.

나는 라이프니츠에 대해 연민을 느낀다. 뉴턴에 비해 늦긴 했지만 그는 독자적으로 엄청난 업적을 이루었다. 하지만 뉴턴이 왕립 학회에서 그의 지위를 이용하여 라이프니츠에 대한 모략을 했기 때문에 지금까지도 사기꾼 혹은 도둑으로 묘사되고 있다. 과연 평화를 깬 악당은 누구인가?

뉴턴은 라이프니츠를 표절이란 죄목으로 몰아세웠다.

미분은 어떻게 사용되는가?

언덕길에서 언덕길의 경사가 얼마나 가파른지를 알려주는 '12%' 혹은 '1:8'과 같은 표지판을 볼 수 있다. 12%는 수평으로 100을 움직였을 때 12미터씩 높아지고, 1:8은 수평으로 8미터 움직일 때마다 수직으로 1미터씩 높아짐을 의미한다. 수학에서는 이것을 비탈길의 경사도라고 부른다.

하지만 이런 표기법에는 한계가 있다. 만약 비탈길의 경사가 고정된 것이 아니라 갈수록 더 가파르게 되면? 경사도 자체가 변한다면? 이럴 때 도움이 되는 것이 미적분학이다.

만약 당신이 완벽한 정확도에 집착하는 사람이라면 매우 짧은 구간을 택한 후 그 구간에서의 경사도를 구할 것이다. 1밀리미터 상승하려면 수평으로 얼마나 이동해야 하는가? 더 정확한 값을 얻고 싶다면 마이크로미터 혹은 나노미터 단위와 같이 점점 더

좁은 구간에서 측정해야 하고, 이 작업을 무한히 좁은 구간까지 반복하면 어떤 값에 수렴하게 된다.

이와 같은 수렴값이 가지는 의미는 작지 않다. 이 수렴값을 구하기 위한 과정은 앞과 같다. 관심 있는 어떤 지점에서의 함숫값을 계산하고 그 함수를 $f(X)$라고 하자. 이 지점에서 아주 미세하게 더 전진한 지점의 함숫값을 계산하면 그것은 $f(X + h)$가 될 것이다. 이 두 지점 사이의 경사도를 구하려면 두 지점의 함숫값의 차이, 즉 수직으로 얼마나 움직였는지를 수평으로 이동한 거리 h로 나누면 된다.

$$\frac{f(X + h) - f(X)}{h}$$

h를 점점 더 작게 만들수록 어떤 지점에서의 경사도의 정확도는 더 높아진다. 약간의 수학적 기법을 동원하면 적어도 일반적인 곡선의 경우 h가 0으로 접근하게 될 때 어떤 일이 일어나는지 알 수 있게 된다. 어떤 지점에서 수학적으로 정의된 경사도는 이런 방법으로 구한 것이다.

아이작 뉴턴

아이작 뉴턴(1643~1727)은 매우 영향력 있는 사람임에 틀림없지만 그가 중력을 최초로 발견한 것은 아니다. 이미 사람들은 어떤 힘에 의해 물건이 땅에 떨어진다는 사실을 알고 있었다. 뉴턴은 그러한 현상을 수학적 체계 속에서 다루었다.

그의 업적을 기려 고전 역학을 뉴턴 역학이라고도 부른다. 그는 광학 발전에 있어서도 큰 공헌을 했다. 핑크 플로이드의 프리즘이 그려진 앨범 커버를 기억하는가? 뉴턴이 프로그레시브 록에 영향을 미쳤는지는 모르겠으나, 가장 먼저 프리즘을 발견한 것만은 확실하다.

뿐만 아니라 뉴턴은 미적분학의 창시자이기도 하다. 비록 미적분학의 효시가 누군지를 두고 라이프니츠와 논쟁이 일어났지만 말이다.

특히 그가 중력 현상을 다루는 수학적 체계를 정리한 것은 대단한 업적이라 할 수 있다. 덕분에 행성의 움직임에 대한 케플러의 법칙을 설명할 수 있었고 나아가서 조류, 혜성, 그리고 천문학상의 여러 이론적 문제들을 풀 수 있었다. 또한 그는 최초로 반사 망원경을 만들어서 현실 세계에도 엄청난 파급효과를 주었다.

뉴턴의 사과는 아주 유명하다. 뉴턴은 떨어지는 사과를 보고 영감을 얻게 되었다고

햇빛과 광학에 대해 실험하고 있는 뉴턴.

직접 이야기했다. 그 장면을 보
고 뉴턴은 사과가 지구의 표
면을 향해 떨어지는 이유가
중력 때문이라는 것과 이 중력
에 의해 지구도 뉴턴을 향해 끌
어당겨지고 있다는 것을 깨닫게
되었다. 또한 뉴턴은 중력이 지구를 벗
어나서도 작용돼야 한다는 것을 깨달았
다. 그렇다면 중력이 달까지 닿지 않아야
할 이유가 있을까?

그는 뉴턴 냉각이라 불리는 냉각 현
상을 지수법칙으로 설명했다. 뿐만 아
니라 양의 정수에만 적용 가능하던 이
항정리의 범위를 전체 범위로 확대시켰
다. 그리고 방정식을 수치해석적으로 푸는
방법, 즉 뉴턴-랩슨 방법도 개발했다. 그의
손이 닿는 곳마다 큰 성과가 있었다. 다만
연금술만은 예외였다. 사후 그의 머리카락
에서 수은이 발견됐는데, 이것으로 그가 노
년에 한 기이한 행동들이 설명될 것이다.

뉴턴은 의회 정치를 바로 잡는 데는 실패
했다. 케임브리지 대학을 대표하여 의회의
일원이었던 그가 했던 유일한 공헌이라고
는 가뭄에 대해 투덜거린 게 전부였다. 대
신 조폐국 소속의 명장으로서 맹활약을 했

뉴턴의
반사 망원경.

다. 그는 위조화폐를 색출하기 위해 변장하
고 술집을 돌아다니며 증거를 수집한 후 30
여 건에 해당하는 위조범들을 고발하는 등
의 성과를 냈었다.

그는 1705년 앤 여왕에게 기사 작위를
수여받았다. 하지만 이것은 그가 이룩한 과
학적 성과에 대한 보답이 아니라 정치적인
이유가 더 컸다. 그는 1726년 혹은 1727년
겨울에 잠을 자던 중 숨을 거두었다.

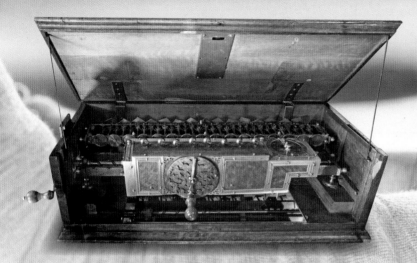

라이프니츠가 개발한 계산기는 덧셈, 뺄셈, 곱셈, 나눗셈을 할 수 있었다.

고트프리드 라이프니츠

고트프리드 라이프니츠(1646~1716)는 최초로 미적분학을 창시한 사람은
아니었지만 뉴턴과는 달리 그만의 특별한 미적분학을 발전시켰던 것은
확실하다. 심지어 그가 선보인 미적분학은 뉴턴의 것보다 훨씬 낫다.

그는 수학 역사상 매우 중요한 미적분을 발전시키고 계산기의 발전을 도운 사람이다. 또한 그는 발명가이자 2진법을 처음 개발한 사람이기도 했다. 그의 업적이 없었다면 많은 사람들이 태블릿이나 핸드폰을 이용하여 작업하지 못했을 것이다.

　윤리학과 교수였던 라이프니츠의 부친은 아들에게 그의 사설 도서관을 남겼다. 어린 라이프니츠는 이를 활용하여 보통의 학생들보다 훨씬 다양한 범위의 책을 읽었으며 그 결과 라틴어도 유창하게 구사했다. 그는 라이프치히에서 철학을 공부하여 석사학위를 취득한 후 전공을 법학으로 바꿨다. 1666년 알트도르프를 졸업한 그는 외교관이 되었다. 파리로 부임한 그는 그곳에서 호이겐스를 만나게 되었고 자신의 수학·물리학에 대한 지식이 얼마나 부족한지 깨달았다. 그는 호이겐스를 멘토로 삼아 공부했

라이프니츠는 컴퓨터 프로그램의
기초를 확립한 사람이다.

고 이 과정에서 미적분학을 발전시켰다. 물
론 시기는 뉴턴과 달랐다.

또한 그는 다중 연립 방정식을 푸는 방
법의 일종인 가우스 소거법을 고안했다.
오늘날 컴퓨터가 사용하고 있는 불 연산도
그의 작품이다. 또한 에너지 보존 법칙도
주창했으며, 시간과 공간은 절대적인 것이
아니라 서로 상대적이라는 이야기를 함으
로써 후대 아인슈타인의 등장을 미리 예견

하기도 했다.

그는 외교관과 여러 후원자 밑에서 법률
가로 활동하다 1716년에 사망했다. 그 무렵
법원의 미움을 사게 된 그는 이름 없는 묘지
에 50년간 묻혀 있게 되었다. 뉴턴을 능가
할 만큼 다방면에서 뛰어났던 라이프니츠,
그가 뉴턴에 비해 덜 주목받은 건 안타까운
일이다.

앵무조개 껍질의 로그형
나선형상도 무한소 개념을
이용하여 연구할 수 있다.

비표준 미적분학

탄젠트와 극한을 이용한 전통적 미적분학 공식만 문제를 해결할 수 있는 건 아니고,
무한소 개념을 이용하여 구할 수도 있다.

무한소란 극한적으로 작은 숫자로, 어떤 실수보다도 훨씬 더 작다. 뉴턴과 라이프니츠의 연구를 포함한 초기 연구들에 무한소의 개념이 등장하고 에이브러햄 로빈슨이 1960년대에 확실하게 이론을 확립하자 이런 극한 접근법이 표준화되었다.

초실수는 수학의 표준적인 공리와도 완벽하게 부합하며 미분을 조금 더 직관적으로 다룰 수 있다. 여기에는 표준 미적분학의 골칫거리였던 엡실론, 델타, 극한과 같은 것들이 더 이상 없다. 어떤 한 점에서의 함숫값을 구하고 이로부터 무한소만큼 떨어져 있는 다른 점에서의 함숫값을 구한 다음 이것을 무한소로 나눠주기만 하면 된다. 이 계산으로 미분값을 얻을 수 있기 때문에 그 외 남아있는 다른 무한소에 대해 신경 쓸 필요도 없다.

몇 가지 실험을 통해 이런 식의 접근법이

이론적 정합성을 해치지 않고도 전통적인 미적분학에 비해 훨씬 이해하기 쉽다는 것이 밝혀졌다. 물론 아직까지는 중고등학교나 대학에서 이런 접근법을 활용하지는 않고 있다. 한편 일정한 기준 아래 창작물을 마음대로 활용해도 좋다는 크리에이티브 커먼즈 방식으로 비표준 미적분학 교과서가 온라인상에 발표됐다(http://www.math.wisc.edu/~keisler/calc.html).

다시 제논으로

제논의 역설 문제는 미적분학으로 해답을 구할 수 있다. 매번 거북이가 위치를 바꿔 움직여도 아킬레스는 금방 따라잡는다. 아킬레스가 거북이 위치에 도달하는 데까지 걸리는 시간은 점점 더 짧아진다. 이때 필요한 수없이 짧은 무한소의 시간을 더하면 어떤 실수가 되고, 결국 아킬레스는 그 시간에 거북이를 따라잡은 후 앞지르게 된다. 제논을 향해 날아가는 화살이 무한대로 쪼개진 공간을 거쳐 지나가야 제논을 맞출 수 있다는 역설도 같은 논리로 풀 수 있다.

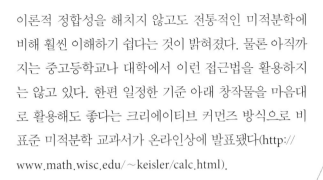

실수를 이용하면 화살이 과녁에 닿을 수 있다.

CHAPTER 6
프랑스 혁명

10의 지수를 이용하면 측정값 간의 변환이 쉬워진다는 것을 이 시기에 깨닫게 되었다.
하룻밤 어려운 계산 끝에 한 명의 정치 선동가가 총에 맞아 피살되었고
이로 인해 무한대로 많은 파장이 퍼져갔다.

십진법화

소설 《해리 포터와 마법사의 돌》에서 해그리드는 마법세계의 통화 시스템에 대해 해리에게 설명한다.

"황금색 동전은 갈레온이야. 17은색시클이 1갈레온이고, 29넛츠는 1시클이야. 굉장히 간단하지."

얼마나 괴상한 통화 시스템인가! 미국과 같은 경제 강국이 쓰고 있는 도량형 시스템은 매우 따라가기 힘들다. 12인치는 1피트, 3피트는 1야드, 22야드는 1체인이 된다. 10체인은 1펄롱이 되고 8펄롱은 1마일이 된다. 어떤가, 따라갈 수 있겠는가?

영국의 도량 시스템도 바보 같긴 마찬가지이다. 16온스가 1파운드가 되고 14파운드는 1스톤, 8스톤은 헌드레드웨이트(숫자 100과는 무관)가 되고 20헌드레드웨이트는 1톤이 된다.

파인트와 갤런 단위도 영국과 미국에서 서로 다른 값을 사용하고 있다는 것을 알면 더 이상하게 들릴 것이다. 그렇지 않은가?

피트와 인치를 쓰는 것보다
십진법을 쓰는 것이
훨씬 더 논리적이다.

말도 안 된다는 생각이 드는가? 그런데 지구상 다른 나라들과 별개로 움직이고 있는 두 나라에서 실제 일어나고 있는 일이다. 라이베리아나 버마 같은 나라는 어떤지 모르겠다. 그 나라에서 어떤 파인트와 갤런을 쓰고 있는지 나에게 정보가 없기 때문이다.

이것이 바로 18세기 말 프랑스의 과학자들이 끝내고 싶어했던 도량형과 관련된 말도 안 되는 상황이다.

사실 그 시절엔 상황이 지금보다 훨씬 더 심각했다. 국가 단위는 차치하고 도시마다 도량 시스템이 달랐다.

프랑스 과학자들은 10을 단위로 한 도량 시스템을 표준화하자고 제안했다. 우리에게 손가락이 10개가 있듯이 이렇게 하면 모든 것을 헤아리기가 매우 쉬워진다.

매우 논리적인 접근임에도 불구하고 십진법으로의 전환은 생각보다 순조롭지 못했다. 프랑스의 많은 지방 정부들이 이를 매우 실현하고 싶어 했으나, 일반 대중의 지지를 별로 받지 못했다. 프랑스에 공식적으로 적용된 십진법 도량형 시스템은 10년도 유지되지 못했다.

하지만 1837년 이 시스템이 다시 도입되었고 다행히 영구적으로 정착되었다. 과학

파운드 계량법에 따라 정확하게 양을 정한다고 해도 모든 곳에서 동일하지는 않다. 실제로 미국의 갤런은 영국의 갤런보다 양이 적다.

자들은 10의 지수를 이용하여 도량형을 표시하면 모든 것이 매우 쉬워진다는 것을 깨달았다. 계산도 훨씬 쉬워지고 시간도 덜 소요된다. 이런 많은 장점이 있는데 왜 모든 것을 십진법화하면 안 된단 말인가?

십진법화는 우리가 오늘날 사용하고 있는 미터나 킬로그램 같은 도량형 시스템에

계산기상의 DRG 버튼이 어떤 역할을 하는지 궁금했던 적이 있는가?

만 영향을 미친 것은 아니었다. 혁명의 나라 프랑스에서는 시간과 각도에도 십진법을 도입했다. 이로 인해 생긴 것이 계산기에 있는 'DRG' 버튼이다. 여러분은 이 버튼의 'G'가 무엇을 의미하는지 생각해본 적 있는가?

이것은 'grades' 혹은 'gons'를 뜻하며 하나의 원은 400grades 혹은 400gons에 해당한다. 십진법 도량 시스템 중 제대로 잘 정착된 것은 십진법 화폐 시스템이다.

프랑스의 1프랑은 100상팀이다. 프랑은 2002년 유로화가 도입될 때까지 프랑스의 화폐로 사용되었다. 새롭게 도입된 유로 역시 지금 현재 사용되고 있는 모든 화폐 시스템과 마찬가지로 십진법을 근간으로 하고 있다.

왜 미터인가?

미터의 정의는 놀라울 정도로 간단하다. 파리를 통과하여 북극에서 적도까지의 거리를 10,000,000m가 되게 잡은 것이다. 미터는 당시 많이 사용되던 야드와 거의 같은 크기의 거리 단위로, 매우 근사치로 잘 잡은 단위라 할 수 있다. 울프럼 알파에 의하면 북극에서 적도까지 정확한 거리는 9,985,000m로, 원래 정의를 기준으로 했을 때 0.15%의 오차밖에 차이 나지 않는다.

미터가 정의되고 나자 다른 도량형 단위들도 순차적으로 정의되었다. 먼저 한 면이 1미터인 정육면체 내에 들어 있는 물의 무게를 1메트릭톤(metricton)으로 정의했다.

이는 일상 생활에서 쓰기에는 적절하지 않았다. 따라서 1입방미터(m³)의 1/1000을 1리터(liter)라고 정의하고 그것의 중량은 1킬로그램으로 정의했다.

현재 1미터는 빛이 1/299,792,458초 동안에 가는 거리로 이전보다 명확하게 정의되어 있다. 1미터의 정의를 빛이 이동한 거리로 정의하면 몇 가지 장점이 따른다. 정확하게 측정하는 것이 훨씬 쉽고, 어디서든 같은 값이다. 그리고 우주 어디서든 적용될 수 있는 범용 상수인 빛의 속도를 기준으로 만들어졌다는 점도 중요하다. 따라서 지구가 파괴되어도 1미터를 정의하는 데는 아무 문제가 없게 된다.

킬로그램의 경우 현재 '파리에 있는 특정 금속 덩어리의 무게'로 정의되어 있다. 이것 역시 미터의 정의와 마찬가지로 범용 상수를 기준으로 대체하자는 제안이 있지만 실제로 실현되는 데까지는 상당한 시간이 소요될 것이다.

프랑스 파리의
'과학산업박물관'에
보관되어 있는
킬로그램 기준 모형.

골동품 회중시계를 더
고풍스럽게 보이게 하는
12시간을 나타내는 로마 숫자.

십진법 시간

세상에 존재하는 대부분의 단위들은 미터형 도량제의 논리와 그 우아함에
굴복하였으나, 시간만은 여전히 십진법 도량형에 따르지 않고 고집스럽게
버티고 있다.

1분은 60초다. 1시간은 60분이고, 하루는 24시간이다. 1주일은 7일이며, 이것은 어떤 달이냐와는 무관하다. 한 달은 28일에서 31일 정도이고, 이것은 해에 따라서 달라지기도 한다.

1800년대 무렵에는 정확한 날짜에 대한 견해가 나라마다 달랐다. 그리스, 터키, 이

집트에서는 1차 세계대전 이후까지 율리우스력을 사용했다.

이런 상황에서 프랑스인들은 이렇게 생각했다. "이 정도면 충분해. 이런 바보 같은 짓은 여기서 멈춰야 해!" 1년은 365일 전후이고 이것은 10의 지수에 해당하는 숫자로 나타내는 미터형 도량제와는 거리가 멀다.

이 점에 거부감을 느낀 프랑스인들은 프랑스 혁명력을 제안했다. 이 달력은 12개월로 구성되어 있고, 각 달은 10일이 3번 즉 30일이며, 연말에는 5일 혹은 6일의 공휴일이 추가되어 있다. 여기에는 공휴일의 의미도 있고 달력과 계절을 맞추기 위한 목적도 있다.

프랑스 혁명력의 하루는 십진법 시간으로 구성되어 있어 한 시간의 길이는 우리에게 익숙한 현재 시간보다 두 배 이상 길다. 한 시간은 100분으로 구성되어 있고 이때 1분은 우리가 사용하는 1분보다는 조금 더 길다. 1분은 100초로 구성되어 있고 이때의 1초는 현재 우리가 사용하고 있는 초에 비

해서는 약간 짧다.

불행하게도 프랑스 혁명력과 십진법 시간은 프랑스에서만 시행되었고 수십 년 동안만 사용되었다. 쿼티 키보드나, VHS 비디오, 윈도우 소프트웨어가 더 나은 아이디어의 도전에도 굴하지 않고 자리를 지킨 것처럼 전통적인 달력과 시계 시스템도 이미 굳건히 뿌리를 내린 상태였기 때문이다.

이 프랑스 십진법 시계의 안쪽에는 10시간을 표시하는 숫자가 새겨져 있고 바깥쪽에는 '구식' 12시간제를 표시하는 로마 숫자가 새겨져 있다.

조제프 라그랑주

조제프 라그랑주(1736~1813)
혹은 오늘날 이탈리아의 토리노에서
태어났을 때의 이름인 주세페 로도비코
라그란치아는 도량형 십진법화 운동에
있어서 등대 같은 인물이었다.

19세기 초 수학계에서 그는 매우 저명한 수
학자였다. 그가 수학계에 남긴 큰 업적으로
는 일반적이고 틀에 박혔던 미적분학을 함
수 영역까지 확장시킨 오일러–라그랑주 방
정식이 있다.

일반 미적분학이 '공이 가장 빨리 굴러가
는 지점'을 알려 준다면, 라그랑주 변분법
(calculus of variations)은 공이 가장 빨리 굴
러 내려가는 경로를 알려준다. 즉 최적값을
찾아내기보다는 최적함수를 찾아내도록 해
주는 것이다.

그는 또한 풀고자 하는 문제에 한계 조건
을 걸어주는 라그랑주 승수법(Lagrange
multiplier)을 창안한 것으로도 잘 알려져 있
으며, 이 책에서 다루고 있는 많은 영역들에
사용된다. 그는 갈루아의 군론에 이론적 토
대를 제공했고 확률론과 정수론에도 조예
가 깊었다. 내삽법과 테일러 급수 연구에

라그랑주는 파리로 옮기기 전 베를린의 프러시아 과학
아카데미 수학과 학과장이었다.

도 관여했으며 라그랑주 점(Lagrangian
points)을 발견했다. 라그랑주 점은 태양, 지
구, 달의 중력이 서로 상쇄되는 지점으로 인
공위성을 놓기에 가장 이상적인 곳이다. 또
한 뉴턴이 발견했던 모든 것들이 라그랑주
변분법을 이용하면 얻어낼 수 있다는 것을
보여줌으로써 역학 분야에서 혁명적인 발

라그랑주는 다른 학자들이나 루이 16세를
비롯한 귀족들과는 달리 단두대에서
처형되는 것을 모면했다.

전을 이끌어냈다.

　말년 무렵 그의 친구들이나 동료들이 단
두대의 이슬로 사라질 때 그는 모든 국가로
부터 가장 높은 대접을 받는 사람이 되었다.
예를 들면 공포정치 시대가 시작되었을 때
모든 외국인들이 프랑스를 떠날 것을 통보
받았지만 라그랑주는 예외였다.

　그는 행여나 참수되어 머리가 거리에 내
걸릴 것을 두려워한 나머지 프랑스를 떠날
준비를 하고 있었다. 하지만 무게와 길이 단
위를 개혁하는 위원회를 맡아줄 것을 제안
받았고 도량형의 단위로 미터와 킬로그램
을 채택하는 데 결정적인 역할을 했다.

　그는 에펠탑 1층에 설치된 명판에 새겨진
72명의 과학자 중 한 명이다. 그가 이룩한
업적을 살펴보면 그가 적어도 두 명분에 해
당하는 대접은 받아야 된다고 생각하지 않
을 수 없다.

라플라스가 신학을
공부했던 캉 대학.

피에르시몽 라플라스

라플라스(1749~1827)는 라그랑주에 견줄 수 있을 만큼 눈부신 업적을 남겼다.
그는 '프랑스의 뉴턴'으로도 알려져 있는데, 물론 그가 뉴턴처럼 복수심 때문에
행동했다는 증거는 어디에도 남아 있지 않다.

나는 특히 라플라스를 좋아하는 편이다. 그는 베이즈보다 더 베이즈 확률론을 정립하는 데 크게 기여했으며, 또한 역학을 기하학적으로 다루던 것에서 벗어나서 미적분학으로 접근하는 길을 여는 데 크게 공헌했다. 실제로 라플라스는 미적분학으로 가장 잘 알려져 있다.

그의 이름을 딴 라플라스 공식은 퍼텐셜 장을 구성하는 데 이용된다. 이 공식은 전자기학, 천문학, 유체 역학 분야에서 사용된다. 또한 그의 업적을 기려 명명된 라플라스 변환은 끔찍하게 복잡한 미분 방정식을 좀

더 다루기 쉬운 대수학과 기호(Δ, 라플라시안)로 바꿀 수 있다.

라플라스의 깜짝 놀랄 변신은 그가 신학교를 중퇴하고 수학자가 되었을 때부터 시작되었다. 그는 파리의 수학자 달랑베르를 찾아갔다. 달랑베르는 그가 수학자의 길을 단념하길 바라는 마음으로 두꺼운 역학책 한 권을 주며 말했다. "이 책을 다 읽고 나면 다시 찾아오게." 며칠 후 라플라스는 다시 그를 찾아왔다. 달랑베르는 그 짧은 기간에 책을 다 읽을 수는 없으므로 코웃음 치며 책 내용 중 몇 가지 어려운 문제에 대해 물어보았고, 라플라스는 아주 쉽게 대답했다.

그러자 달렝베르는 즉시 라플라스가 사관학교 교수로 채용되도록 힘을 써 주었고, 그가 연구에 전념하도록 시간을 마련해 주었다.

그는 결정론적 우주론의 상징처럼 생각되고 있는 '라플라스의 악마'로 유명하다. 라플라스는 우주에 어떤 지적인 존재가 있어 우주에 존재하는 모든 입자의 질량을 알고 있다면 현재를 아는 것처럼 미래도 분명히 볼 수 있을 것이라고 했다.

하지만 그 스스로는 악마라는 단어를 쓰지는 않았다.

"적분이 어렵다고 하면 자연이 비웃을 것이다."

– 라플라스

라플라스는 파리 소재의
사관학교에서 교수로
재직했다.

에바리스트 갈루아

에바리스트 갈루아는 1811년 파리의 부르라렌에서 태어났다. 그의 부모들은 강력한
반군주주의자였고, 특히 부르라렌의 시장이었던 그의 부친은 매우 진보적이었다.
이러한 가정 환경 속에서 갈루아 역시 부모와 같은 정치적 성향을 보였고,
공화 사상을 열정적으로 지향하였다.

14세 무렵의 그는 뛰어난 라틴어 실력을 자랑했지만 곧 싫증을 느끼고 수학으로 눈을 돌렸다. 그는 르장드르의 《기하학의 요소》라는 책을 '소설처럼' 읽고 그 내용을 매우 빨리 습득했다. 이런 사실도 선생님들에게는 깊은 인상을 주지 못했다. 아마도 갈루아는 뛰어난 동급생들보다 학교 성적에서는 뒤쳐졌을 것이다.

그가 저평가 받는 일은 그 후로도 계속되었다. 그는 프랑스에서 수학 부문 최고로 평가 받는 에콜 폴리테크니크에 입학하는 데 실패했다. 답을 하는 과정에서 그에게는 너무도 자명한 것으로 생각되어 생략했던 증명 과정 때문이었다.

부친이 자살한 다음 해,

그는 다시 에콜 폴리테크니크 입학에 도전했으나 또 실패했다. 전해지는 이야기에 따르면 그가 시험관의 무지함에 좌절감을 느낀 나머지 그에게 물건을 던졌기 때문이라고 한다.

그가 수학계에 남긴 가장 뛰어난 업적은 다항 방정식이 풀리기 위한 조건을 찾아내고, 정답 간의 관련성을 찾아낸 것이었다.

그는 또한 '군(群)'이란 용어를 수학적으로 가장 먼저 사용했고, 현대적인 군론의 토대를 닦았다. 그가 연구하던 이론은 그의 이름을 기려 갈루아 이론으로 명명되었다.

하지만 불행하게도 갈루아의 정치적 성향과 그의 불 같은 성격은 그에게 큰 화를 불러왔다. 그는

갈루아가 저지른 가장 큰 실수는
필리프 왕의 적이 된 것이었다. 그의 사망은
필리프 왕의 지시였을 가능성이 높다.

남자들이 분쟁을 해결하는
수단으로 주로 썼던 권총 결투에는
공식적인 룰이 있었다.

20세의 나이에 치른 결투에서 치명상을 입게 된다.

갈루아의 마지막 밤

아무리 생각해도 로맨틱한 영웅들과 수학은 전혀 어울리지 않는다. 하지만 우리가

알고 있는 사실을 근거로 가장 훌륭한 예를 찾아 본다면 아마도 그것은 갈루아가 될 것이다.

갈루아에 대해 전해지는 이야기에 따르면 그는 정치적으로 매우 골치 아픈 인물이었으며, 당시의 폭압적인 군주였던 루이 필리프 왕은 눈엣가시였던 그를 제거하기로

마음먹었다는 것이다.

왕과 공모자들은 감옥에서 막 출소한 21 살도 채 안 된 젊은 갈루아가 질 것이 뻔한 결투를 신청하도록 상황을 모의하였다.

다음 날 죽게 될 것을 알고 있던 그는 자신이 이룩한 놀라운 발견이 세상에 알려지지 않고 묻힐 것을 두려워한 나머지 군론에 대해 알고 있는 모든 것을 밤새 기록하였다. 그리고 마지막은 "시간이 별로 없다."라는 슬픈 문구와 함께 그의 연인 스테파니에 대한 맹세로 매듭지었다.

잠이 부족한 채로 결투에 나선 그는 복부에 총을 맞은 뒤 그의 형제 알프레드의 품에 안긴 채 지극히 로맨틱한 죽음을 맞았다. 그의 마지막 말은 다음과 같다.

"울지마라, 알프레드. 스무 살에 죽는 것도 엄청난 용기가 필요하거든."

다른 훌륭한 이야기들처럼 이 일화도 사실을 근거로 한다. 전부는 아니지만 일부는 그러하다.

갈루아는 정치적으로 분명히 골칫덩이였다. 그는 급진 공화주의 세력이던 국가방위

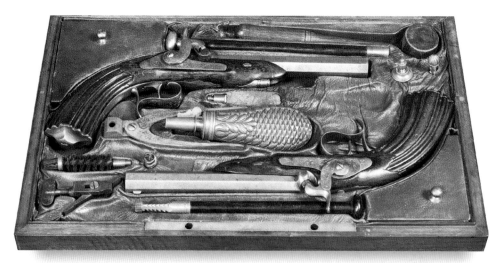

18세기 프랑스의 권총 결투 세트.
관리 도구와 납 탄환을 만들기 위한 도구.

군의 포병으로 입대하기도 했다.

그는 어떤 연회에서 공개적으로 왕의 목숨을 위협했다는 이유로 체포된 적이 있었고, 군복을 입고 중무장한 채 항의 행진을 주도했다는 죄목으로 결국 감옥에 투옥되었다.

석방된 지 2주째 되는 날 벌어진 결투에서 총상을 입고 사망한 것은 사실이다. 하지만 밤을 새우고 결투에 나갔다는 이야기는 다소 과장되었을 것이다.

감옥에서 고통의 나날을 보내면서 갈루아는 밝은 대낮에는 주로 편지를 쓰고, 밤에는 이미 그가 제출했던 논문을 다시 점검하고 그 결과를 정리했다.

그의 아이디어는 매우 급진적이어서 헤르만 바일은 "인류가 남긴 전체 작품 중에 가장 중요한 저서일 것이다."라는 말을 남겼다.

갈루아를 누가 죽였는지는 분명하지 않지만 그가 쉽게 적을 만드는 사람이었던 것은 분명하다. 가장 유력한 두 용의자는 국가 수비대 포병부대의 장교였던 그의

명예에 관련된 다툼을 해결하기 위한 결투는 저명한 인사들 사이에서도 일어났다. 웰링턴 공작은 대영제국의 수상이었을 당시 윈첼시 백작과 겨룬 바 있다.

친구 데르벵빌과 갈루아와 같이 감옥 생활
을 했던 뒤차텔렛였다.

　1832년의 프랑스는 극심한 혼돈의 시기
로, 6월에 일어난 파리 폭동은 빅토르 위고
의 소설 《레미제라블》에 영감을 주기도 했
다. 갈루아의 죽음과 관련해서는 남겨진 기
록이 거의 없기 때문에 누가 방아쇠를 당겼
는지는 영원히 알 수 없을 것이다.

갈루아와 아벨이 한
중요한 일들

갈루아와 마찬가지로 노르웨이의 닐스 아
벨(1802~1829)도 요절한 천재였다. 갈루아
와 달리 아벨이 26세의 나이에 결핵에 걸려
사망한 것은 전혀 로맨틱하지 않다.

　그의 짧은 생에 있어서 가장 눈부신 업적

갈루아의 피살은 1832년
파리 폭동의 소용돌이 속에서
거의 알려지지 않고 지나갔다.

공식에 포함된 '아벨군'이란 용어도 그의 이름을 따서 지은 것이다.

아벨군에 속한 요소들은 항상 교환이 가능하다. 즉 ab와 ba의 계산 결과는 항상 같다.

갈루아는 여기서 한 단계 더 나아가 정확히 어떤 다항 방정식들이 대수학적 해를 가질 수 있는지 보여주었다.

방정식 제곱근들의 순열을 이용하여 해를 구할 수 있는 군을 생성할 수 있다면(이는 아벨군 중에서 골라 특별한 방법으로 조합을 할 수 있음을 뜻한다.) 대수학적 방정식의 해가 존재할 것이고 그렇지 않다면 해는 없다고 보면 된다.

은 5차 이상의 다항식에 대해서 일반적으로는 분수와 제곱근의 조합으로 표현을 할 수 있는 대수학적 해가 없다는 것을 증명한 것이다.

이 문제는 250년 전 페라리와 그의 동료들이 3차와 4차 방정식을 풀어낸 이후로 풀리지 않고 있던 숙제였다.

이 외에도 아벨-루피니 정리로 알려진

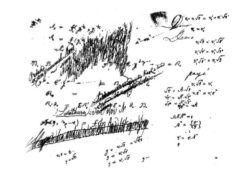

노르웨이 수학자인 아벨이 수기로 써 놓은 노트.

푸리에는 미라처럼
온몸을 붕대로 감고
있기를 좋아했다.

푸리에

수학자이자 물리학자인 장바티스트 푸리에(1768~1830)는 푸리에 급수로
유명하며, 매우 남다른 경력의 소유자이기도 했다.

열렬한 혁명주의자이기도 했던 그는 나폴
레옹 보나파르트의 과학 보좌관으로 뽑혀
1798년 이집트 원정군에 합류했고, 그 후
자신의 의지와는 무관하게 이제르주 주지
사로 근무하였다. 하지만 푸리에는 파리의
에콜 폴리테크니크으로 돌아가서 수학 강
의를 하기를 더 원했다.

이집트 원정 이후 그는 그곳의 뜨거운 날
씨에 매료되었고, 특별한 치유력을 다시 경
험하기 위해 그것에 더욱 집착하게 되었다.
파리로 돌아와서도 그는 건강을 위해 난방
을 뜨겁게 하고 미라처럼 온몸을 붕대로 칭
칭 감고 지냈다. 그는 1830년 심장 질환으
로 사망했다.

사실 그는 또 다른 발견으로 더 주목 받아야 했다. 그는 우주에서의 위치를 기준으로 봤을 때 지구가 적정 온도라고 생각되는 온도보다 훨씬 더 따뜻하다는 것을 계산해 냈다. 그리고 그 이유는 지구 대기의 단열 작용이 열을 밖으로 잃어버리는 것을 막아주기 때문이라고 결론을 내렸다.

소쉬르의 실험에서 둥지형으로 겹겹이 쌓은 유리구를 가열했을 때 안쪽 층에 위치한 유리구의 온도가 바깥쪽 층에 위치한 유리구의 온도보다 높다는 것을 발견했다. 이러한 연구로 인해 탄생한 용어가 바로 온실 효과이다.

푸리에 급수

비록 푸리에가 정확하게 정답을 맞춘 것은 아니지만, 거의 정답에 근접했던 것은 사실이다. 그는 아무리 복잡하고 어려워 보이는 함수라도 모든 함수들은 사인과 코사인 함수의 합으로 표현할 수 있다고 믿었다.

다만 한 가지 놓친 것이 있었다. 그의 가정이 성립하려면 함수와 x축 사이에 생긴 공간의 면적을 구할 수 있는 함수여야 한다는 점이다. 하지만 이것이 불가능한 특이 함수들도 있다.

나폴레옹은 1798년 푸리에를 이집트와 시리아의 정벌 동안 과학 보좌관으로 임명했다.

푸리에는 그의 책 《고체의 열 전달에 관한 연구(1807)》와 그 후에 발간된 《열 분석 이론(1822)》에서 형식에 얽매이지 않고 그의 이론을 보여주었다.

열이 어떻게 고체 내에서 전달되고 분포하는가에 관한 문제는 당시 매우 뜨거운 주제였다.

당신이 경험할 가능성이 있는 함수 중 변수가 하나인 함수는 적어도 특정 영역에 있어서는 다음과 같은 모양의 무한 합으로 나타낼 수 있다.

$$a_0 + a_1 \sin(kx) + a_2 \sin(2kx) + \ldots$$
$$+b_1 \cos(kx) + b_2 \cos(2kx) + \ldots$$

여기서 a와 b는 값이 정해져 있는 상수이고 k는 원하는 영역에서 원래 함수와 일치하도록 하기 위해 넣어주는 상수이다.

이것은 새로운 아이디어는 아니었다. 사실 이것은 에피사이클과 연결되어 있는데, 에피사이클은 천구에서 관찰되는 행성들의 겉보기 움직임을 설명하기 위해 도입된 개념이었다.

푸리에는 그가 좋아하던 열 방정식을 사인 함수와 코사인 함수를 이용하여 풀려고 시도하였으나 이런 시도는 완전히 새로운 아이디어는 아니었다. 이미 그 전부터 열원이 사인 함수나 코사인 함수의 파형으로 변하면 매질 내로 전달된 열의 분포 역시 같은 파형이라는 것이 잘 알려져 있었다.

열 방정식은 편미분 방정식이다. 대학에서 수학을 전공하는 우수한 학생들을 제외하고는 이 단어를 들으면 등골이 오싹해질지도 모르겠다. 편미분 방정식은 그 해를 구하기가 어렵기로 악명 높으며, 수학계에서 가장 유명한 다음과 같은 말이 탄생하게 된 배경이 되기도 했다. 존 폰 노이만은 그의 학생들에게 다음과 같이 말했다. "젊은이들이여. 수학은 뭘 이해하는 것이 아니다. 그냥 그것에 익숙해질 뿐이다."

한 가지 다행인 것은 그것이 선형 방정식이라는 점이다. 이는 방정식을 이루고 있는 구성 요소들이 과도하게 복잡하지 않다는 것을 의미한다. 이 주제에 대해 더 알고 싶다면 좀 더 깊은 기술적 정의들을 찾아보기 바란다. 선형 방정식은 한 가지 매우 바람직한 특성을 가지고 있다. 선형 방정식에서 두 개의 해를 찾을 수 있다면 이것들을 여러 개 더함으로써 3번째 해도 찾을 수 있다. 이것을 일컬어 해의 선형 조합이라고 부른다.

노이만이 한 학생에게 수학의 모든 것은 우리의
이해를 위해 존재하는 것은 아니라고 조언했다.

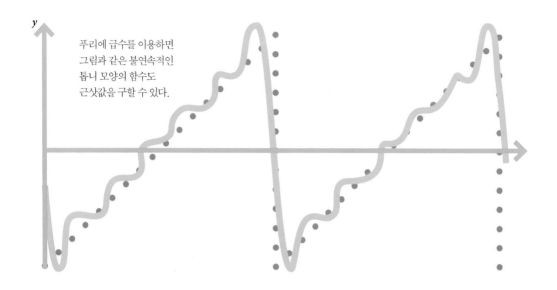

푸리에 급수를 이용하면 그림과 같은 불연속적인 톱니 모양의 함수도 근삿값을 구할 수 있다.

푸리에가 깨달은 것은 다음과 같다. "우리가 다루는 함수가 어떤 것이든 이것을 사인과 코사인의 합으로만 분리할 수 있다면 각각에 대해 해를 구할 수 있다. 열 방정식은 선형이기 때문에 모든 해를 다 더할 경우 정확한 답을 얻을 수 있을 것이다!" 그 결과는 여러분들이 잘 알고 있다. 매우 성공적인 접근법이었다!

사인과 코사인 함수는 전체 사이클을 대상으로 곱하거나 적분해야 할 때 놀라울 만큼 잘 계산된다. 푸리에는 이러한 사실을 십분 활용하여 상수 a와 b의 값을 구함으로써 각 파형의 진폭을 계산할 수 있게 되었다.

그림에서 빨간 점으로 표시된 톱니 모양의 함수 역시 푸리에 급수를 이용하면 근삿값을 구할 수 있다. 그림에는 사인 함수의 처음 몇 개 항만 넣어서 계산한 결과를 보여주고 있다. 파도 모양의 이 함수는 사인 함수 모양과는 전혀 다르고 심지어 연속적이지 않은 뾰족한 톱니 모양에 갈수록 점점 더 가까워진다. 연속 함수는 그 속에 어떤 공백도 존재하지 않는다. 이에 대한 공식적인 정의는 쉽게 찾아볼 수 있을 것이다.

푸리에 급수의 특이한 점 중 하나는 불연속점 근처로 접근할수록 근삿값이 부정확해진다는 것이다. 수학적 대상을 의인화

미국의 과학자
조사이어 깁스
(1839~1903)는 푸리에
급수의 기이한 특성에
대해 연구하였다.

하면 안 된다는 것을 알지만, 이 구간에서 함수가 매우 혼란스러워하며 약간 다리가 후들거리는 것처럼 보이는 것은 어쩔 수 없다.

이런 '파형의 이상 진동현상'을 깁스 현상이라고 하며, 란초스 시그마 펙터라는 영리하긴 하지만 우아하지는 않은 수정 기법을 통해 상당히 줄일 수 있다.

음악과 수학 – 파동

푸리에 연구로 인해 다른 주파수의 사인과 코사인파를 조합하여
특정한 음을 재생할 수 있게 되었다.

음악을 수학적으로 만들어낼 수 있게 됨에 따라
디지털적으로 녹음할 수 있게 되었다.

피아노에서 중간쯤의 C 건반음의 경우 각각 다른 주파수의 사인파와 코사인파를 무한대로 섞어서 더하면 그 음을 재현할 수 있다. 가장 큰 진폭을 가진 파동만 선택해도 꽤 괜찮은 근사치의 음을 얻을 수 있다.

이것은 C음에만 해당하는 것은 아니다. 코드도 재현할 수 있을 뿐만 아니라 전체 밴드나 오케스트라로도 확장할 수 있다. 비엔나 필하모닉 전체가 특정한 순간에 내는 소리를 사인파와 코사인파의 합으로 재현할 수 있다는 의미다. 핑크 플로이드의 〈Dark Side of the Moon〉 또는 매니언의 〈Symphony for Twelve Vacuum Cleaners〉도 마찬가지다.

왜 이런 일이 중요한가? 이것은 소리를 디지털적으로 보존할 수 있게 되었기 때문이다. 어떤 복잡한 소리라도 그 주파수를 샘플링한 후 푸리에 급수를 이용하여 음파의 진폭을 조정하여 음을 만들게 되면 그 음을 다른 시간과 장소에서 재생할 수 있다. 이것이 음악 녹음의 핵심이다.

음악을 디지털적으로 보관하는 것을
가능하도록 해준 알고리즘은
1960년대에 개발되었다.

노이즈를 샘플링하는 주기를 늘리고 더 많은 진폭을 파악해 두면 원음에 더 가깝게 근접할 수 있다.

그러나 비엔나 필하모닉의 원음을 재생하는 데 있어 부딪히는 한계는 대부분 녹음에 있지 않고 재생하는 사운드 시스템에 있다.

함수의 근삿값을 계산하는 알고리즘인 '고속 푸리에 변환'이 이 기술의 중요한 핵심이다. 물론 이 아이디어는 푸리에 시절에도 이미 알려져 있었다.

음악을 디지털적으로 보관하고 더 나아가서 보관된 음악을 다시 재생하는 데 필요한 알고리즘은 1960년대 중반에 개발되었다.

다색 노이즈

백색 소음에 대해 들어본 적이 있을 것이다. 이것은 쉬~ 하는 것과 같은 소리로, 기술적으로 더 정확한 정의가 있지만 보통은 이렇게 부른다. 기술적으로 정의하자면 푸리에 변환 시 진폭에 해당하는 음량(파워)이 모든 주파수에서 동일한 음을 가리키는 말이다. 하지만 백색이 유일한 색깔은 아니다.

분홍색 소음도 있다. 이것은 음량이 주파수에 반비례하는 음을 부르는 말이다. 빛의 경우 이러한 성질을 가지고 있으면 분홍색으로 보이기 때문에 그 개념을 차용하여 분홍색 소음이라 부른다.

그 다음이 적색 소음이다. 로버트 브라운

브라운 소음은 로버트 브라운의 이름을 따서 명명되었다.

(1773～1858) 이후로는 브라운 소음이라고 불리고 있어 종종 혼란을 주고 있다. 음량이 주파수의 제곱에 반비례할 경우 붙여지는 이름이다. 적색 소음의 경우 주파수대가 낮은 영역에서 훨씬 더 음량이 큰 특성을 가지고 있다.

마지막으로 회색 소음이 있다. 이것은 분홍 소음을 조절하여 모든 주파수에서 음량이 동일하게 들리도록 바꿔준 것이다. 뇌와 귀가 함께 작동하는 방식 때문에 특정 음이 우리 귀에는 훨씬 크게 들리게 되기 때문이다.

음악과 수학 – 음계

오도권(Circle of Fifths)은 수학자들에게는 흥미로운 음악 기법이다. 먼저 음을 하나 정하자. 아까 C음으로 시작했으므로 계속 이 음을 쓰도록 하겠다. 여기서 완벽 오도(7반음)를 올라가면 G음이 된다. 다시 다섯 음 올라가면 D음이 된다. 계속해보자. 이것을 반복할 때 순서대로 오는 음은 A, E, B, F#, C#, G#, Eb, Bb, F이고, 다시 C로 돌아온다. 모든 음을 거친 후 몇 옥타브 후에 다시 시작했던 처음 음으로 돌아오게 되는 방식이다.

정말 그럴까? 여기에는 약간 사소한 문제가 있다. 음 높이를 하나씩 올릴 때마다 실제로 음의 주파수가 50%씩 커진다. 이것을 같은 음으로 돌아올 때까지 12번 반복하면 주파수는 다음과 같은 크기로 커지게 된다.

$$1.5^{12} \approx 129.75$$

하지만 옥타브의 정의상 한 옥타브 올라갈 때 주파수는 두 배가 되어야 한다. 두 배라는 것은 그 비율이 정수임을 의미하므로 2의 배수가 되어야만 한다!

실제로 7옥타브 올라갈 경우 주파수는 $2^7 = 128$배가 된다. 이런 이유로 완전 오도 (Perfect Fifths) 기법을 사용하면 근사치 범위에서 가까워지긴 하지만 이름이 의미하듯 완벽하지는 않다.

이런 문제를 해결하기 위해 완전 오도를 3:2 주파수 비율보다 아주 작게 조절한다. 실제로는 1.489:1이 되는 것이다.

모든 음악인들은 자기도 모르는 사이에 상당히 복잡한 수학을 실제로 응용하여 사용하고 있다.

CHAPTER 7

지수와 로그

현인과 체스판 이야기는 여러 가지 형태로 전해진다.
물론 그 어떤 것도 사실일 가능성은 없다.

체스판은 언제나 수학자들에게
매력적인 연구 대상이었다.

현인과 체스판

현인은 그가 발명한 체스판에 대해 시연을 막 마쳤다.
페르시아 왕은 체스 게임에 흥미를 보였다.

왕은 체스판을 보고 무한한 경우의 수, 치밀한 전략, 엘로 평점 시스템의 발전 가능성을 알아챘다. 왕은 박수를 치며 외쳤다. "신묘한 게임이로다! 상으로 얼마를 주면 되겠느냐?"

현인은 의미심장한 미소를 지었다. 눈치 빠른 왕이었다면 순간적으로 그의 눈에 나타난 간교함을 읽었을 것이었다. 하지만 왕은 부모로부터 왕위를 계승 받아 왕이 됐을 뿐, 뛰어난 눈치는 없었다.

"폐하, 저는 욕심 없는 사람입니다. 그저 쌀 몇 알이면 충분합니다! 체스판의 첫 번째 칸에 쌀 1알, 두 번째 칸에는 쌀 2알, 세

번째 칸에는 쌀 4알, 이런 식으로 체스 칸마다 두 배씩 쌀알을 놓아주시면 됩니다. 이렇게만 주시면 어떤 사람이든 만족할 만한 상이 될 것입니다."

왕은 매우 기뻐했다. 이렇게 훌륭한 게임을 개발했는데 고작 쌀 몇 알이라니? 왕과 악수를 나누고 현인은 나갔다.

"폐하, 드릴 말씀이 있습니다." 왕의 하인 중 한 명이 왕을 찾아왔다. "저기 서 있는 스티브라는 하인이 폐하에게 쌀에 대해 말씀드려 달라고 저에게 부탁했습니다."

체스는 1500년 전쯤 중국 혹은 인도에서 만들어져 페르시아(지금의 이란)를 통해 서서히 서방세계로 전파되었다.

"그래, 그런데 별로 안 좋은 소식인가 보군?" 왕은 생각보다 좀 더 눈치가 빨랐던 것 같다.

"그렇습니다, 폐하. 스티브가 현인이 요구한 쌀이 얼마인지 정확히 계산했습니다. 그의 말에 의하면 쌀알 500경(京) 개가 필요하다 합니다."

"말도 안 돼, 내가 그 자리에 있었다고."

"폐하, '경'은 숫자의 크기를 나타내는 단위로 1억의 1억 배에 해당하는 숫자입니다. 저기 서 있는 스티브가 순전히 이번 일을 위해서 만들어냈습니다."

"엄청나구나."

"그렇습니다. 밥 한 공기에 있는 쌀알은 약 5,000개입니다. 즉 500경이면 백만 명의 인구가 5백만 년 동안 먹고 살 수 있는 양입니다."

"대단하군. 어서 가서 현인을 데리고 오거라."

현인이 돌아오자 왕은 그를 참수하고 치아는 뽑아서 체스판의 말로 만들 것을 명령했다. 그 당시에도 잘난 척하는 사람은 모두 싫어했던 모양이다.

실제로 체스 칸에 쌀알을 놓으려면 어마어마하게 큰 체스판이 필요했을 것이다.

존 네이피어

인생에서 크게 바라는 점은 없다. 그저 가족들과 함께 건강하게 살고, 똑똑한 제자 몇 명과 흥미로운 수학 문제를 가지고 놀 수 있으면 좋겠다.

위대한 머치스턴이라는 별명을 지닌 존 네이피어(1550~1617)는 메르센처럼 수학자라기보다는 신학자에 가까웠다. 하지만 그는 16세기 수학의 발전에 세 가지 커다란 족적을 남겼다. 수동식 계산기인 '네이피어의 막대'와 십진법 표기를 만들고 로그 함수를 고안한 것은 모두 그의 업적이다.

네이피어 막대는 시간표가 표시된 여러 개의 막대기로 구성되어 있고 잘만 사용하면 구구단을 외우지 않아도 곱셈을 할 수 있는 도구이다. 좀 더 노력하면 나눗셈이나 제곱근 계산도 가능했다. 원리는 전통적인 계산 방식과 크게 다르지 않으나 이를 이용하면 계산 실수가 다소 줄어드는 장점이 있다.

로그함수는 그가 완전히 독자적으로 창안한 것이었다. 보통 연산은 숫자를 세는 것부터 시작하여 덧셈과 뺄셈, 곱셈과 나눗셈, 지수와 제곱근 순으로 심화된다. 예를 들어

스코틀랜드 에든버러에 위치한 성 커스버트 교회의 네이피어 기념상.

2의 10제곱근을 구하는 것을 생각해보자. 어떤 숫자를 10으로 나누는 계산에 비해 훨씬 더 어렵고 복잡한 과정임에 틀림없다. 큰 두 수를 서로 나누는 것도 뺄셈에 비하면 훨씬 어려운 계산이다.

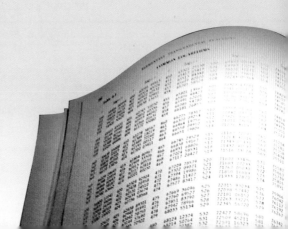

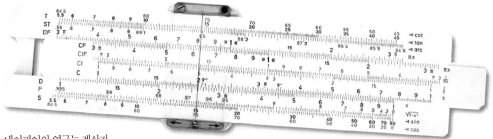

네이피어의 연구는 계산자
발명으로 이어졌다.

그래서 로그함수가 만들어졌다. 네이피어는 방정식 $N = 10^7(1 - 10^{-7})^L$의 해를 임의의 숫자 N에 대해 구하여 표를 만들고, 지수 법칙을 이용하여 지수나 근이 포함된 방정식을 훨씬 계산이 쉬운 곱셈이나 나눗셈으로 바꾸도록 했다. 이를 이용하면 매우 복잡한 곱셈이나 나눗셈 문제를 훨씬 쉬운 덧셈이나 뺄셈으로 바꿀 수 있다. 물론 이 과정을 여러 번 반복할 수도 있다. 로그를 두 번 취하면 제곱근 문제는 뺄셈 문제로 전환할 수 있는 것이다!

로그함수는 매우 유용하고 정확했지만 네이피어가 고른 로그함수의 밑수는 다소 불편했다. 임의의 상수로부터 로그값을 구한 뒤 이 모든 값을 주의 깊고 깔끔하게 정리해야 하기 때문이다.

계산기가 발명되기 전까지 로그함수는 아주 중요했다. 1622년 윌리엄 오트레드는 네이피어의 성과를 바탕으로 계산자를 발명했다.

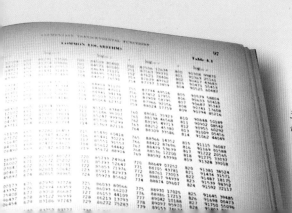

로그표는 계산을 훨씬 쉽게
할 수 있도록 도와주었다.

레온하르트 오일러

수학계에서 모든 것의 이름은 두 번째로 발견한 사람의 이름으로 정해진다는 농담이 있다. 그렇지 않았다면 모든 발견은 레온하르트 오일러(1707~1783)의 이름으로 명명됐을 것이다.

위키피디아에 소개된 오일러의 이름으로 명명된 발견 목록을 보면 100가지가 넘는다. 그는 타의 추종을 불허할 만큼 다방면에서 뛰어난 인물이었다. 1775년 한 해에만 필사자의 도움을 얻어 50여 편이 넘는 논문을 냈다. 오일러가 수학계에서 행한 연구 업적들을 모으면 거의 80권에 육박하는 분량이다.

유럽의 유명한 수학자 중 한 명이었던 요한 베르누이는 어린 시절 그의 가정교사였다. 베르누이는 아들을 성직자로 만들려 했던 오일러의 아버지를 설득하여 그 생각을 바꾸었다.

20살 때 그는 파리 아카데미 수학 경시대회에 출전했고 그 대회에서 배에서 돛대의 최적 위치를 결정하는 문제를 풀었다. 그는 증명을 위한 가정을 세운 뒤 그것이

오일러의 업적 중 하나는 우리에게 익숙한 수학적 표기법을 마련한 것이다.

가장 최선의 가정인지에 대한 검증 없이 증명을 진행했다. 결국 그는 대회에서 2등에 만족해야만 했다.

미적분학, 기하학, 대수학, 삼각함수, 정수론, 물리학을 비롯하여 그가 창안한 위상기하학 분야의 업적까지 굳이 내세우지 않더라도, 오일러가 고안한 수학적 표기법들을 이용하지 않고는 수학을 다룰 수 없을 정도로 그의 영향력은 대단하다. 함숫값을 나타내는 $f(x)$, 사인, 코사인, 탄젠트 함수, Σ, i(−1의 제곱근) 등은 모두 오일러가 만든 표

기법들이다.

그는 웨일스 출신의 윌리엄 존스가 1706년 처음 사용한 π라는 표기법을 널리 전파시켰으며, 오일러가 창안한 가장 유명한 표기법으로는 e가 있다. 무리수 e는 2.718281828459045 근처의 수로 아래처럼 무한대 합으로도 정의된다.

$$\frac{1}{0!} + \frac{1}{1!} + \frac{1}{2!} + \frac{1}{3!} + \dots =$$
$$1 + 1 = \frac{1}{2} + \frac{1}{6} + \dots$$

e는 $y = e^x$ 곡선상 임의의 점에서의 기울기가 그 점에서의 y값과 동일하다는 특징이 있다. e는 자연, 과학, 경제 영역에서 끊임없이 나타나는 값으로 로그의 밑수로서 가장 자연스럽다. 밑수가 e인 로그를 자연 로그라고도 한다.

오일러의 업적을 일일이 다 소개하면 이 책보다 훨씬 두꺼워질 것이다. 간략하게 두 가지만 더 소개하면 다음과 같다. 하나는 위상수학(topology)을 창시한 것이다. 여기서 top-은 '정점'을, -logy는 '학문'을 의미한다. 그리고 또 다른 하나는 복잡한 도형의 꼭짓점, 모서리, 면, 부피 간의 관계를 알아낸 것이다.

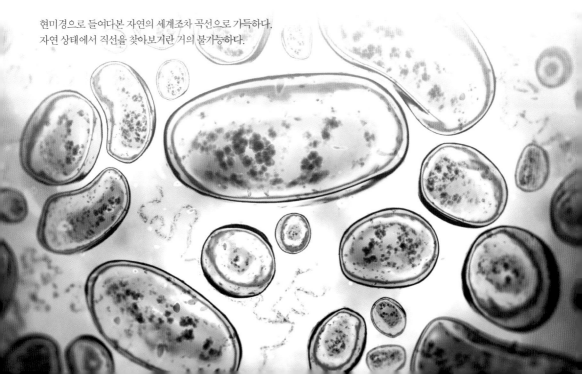

현미경으로 들여다본 자연의 세계조차 곡선으로 가득하다. 자연 상태에서 직선을 찾아보기란 거의 불가능하다.

쾨니히스베르크의 다리

오늘날 러시아의 칼리닌그라드에 해당하는 프로이센의 도시 쾨니히스베르크는 프레겔 강을 가로질러 건설되었다.

과거 이 도시에는 일곱 개의 다리가 두 강둑과 두 개의 섬을 연결하고 있었고 주민들은 각 다리를 정확히 한 번만 건너서 모든 곳을 통과하려는 시도를 하며 놀았다고 한다. 지금부터는 문제를 단순화하기 위해 강둑을 섬으로 간주한다.

오일러는 섬을 점으로, 다리는 원호 모양으로 표시하여 그림을 그렸다. 그는 이 그림으로 어디에서 출발하든 다리를 한 번씩만 건너 모든 곳을 통과하기란 불가능하다는 것을 증명했다. 시작점과 도착점에 무관하게 한 섬에 도착하면 떠날 때는 항상 다른 다리를 통해 떠나야 한다. 따라서 섬과 섬을 연결하는 다리는 항상 짝수 개여야 한다. 일반적으로 오일러 경로는 최대 두 개의 '홀수점'이 있을 때만 가능하다. 하지만 쾨니히스베르크에는 네 개의 홀수점이 있었고, 따라서 다리를 한 번씩만 통과하여 모든 섬을 방문하기란 애초에 불가능했다.

이처럼 지형과 관련된 문제를 하나의 그림으로 간단하게 형상화한 것은 혁명적이었다. 이러한 시도는 후에 그래프 이론과 도형의 본질에 대해 연구하는 위상수학의 탄생으로 이어졌다.

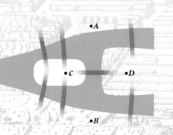
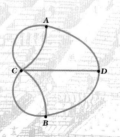

오일러는 그림처럼 쾨니히스베르크의 지도를 강둑 A와 B, 섬 C와 D로 이루어진 것으로 간주했다. 다리를 한 번씩만 건너서 각 지점을 다 방문하기는 불가능하다.

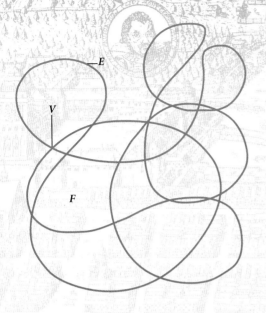

아니라 3차원으로 확대해도 적용 가능하다. 2차원에서는 도형의 면과 선이 필요했으나 3차원 낙서에서는 면과 면 사이에 형성된 부피가 몇 개 존재하는지도 알아야 한다.

이러한 오일러 특성은 위상 불변성의 좋은 예이다. 위상수학은 특정한 모양에만 적용되는 것이 아닌 일반적인 도형에 공통적으로 적용되는 원칙을 다룬다.

오일러의 보석

곡선이 부드럽게 휘어지도록 그려보라. 이제 선들끼리 서로 교차하는 점들이 몇 개 있는지 세고 그 횟수를 V라고 하자. 이제 교차하는 점 사이를 잇고 있는 선을 원호라고 하자. 원호의 수를 세어 보고, 그 숫자를 E라고 하자. 이번에는 선들이 교차하면서 만들어낸 면적들의 수를 세어 보고, 그 수를 F라 하자.

답은 $F = E - V + 1$과 같다. 원칙주의자들은 곡선의 바깥쪽 영역도 면적으로 포함하려 하겠지만 그 경우, 식에서 1 대신 2를 쓰면 된다. 이 공식은 2차원 낙서뿐만

이름	모양	꼭짓점 V	모서리 E	면 F	$EC:$ $V-E+F$
사면체		4	6	4	2
육면체		8	12	6	2
팔면체		6	12	8	2
십이면체		20	12	12	2
이십면체		12	30	20	2

벤포드 법칙

어떤 사람에게 엄청나게 큰 도시부터 아주 작은 마을에 이르기까지 100곳 정도의 목록을 주고 각각의 인구가 얼마나 될지 추측하여 인구 조사표를 작성하게 한다.

도시에 대한 정보가 전혀 없어도 작성된 인구 조사표를 놓고 어떤 것이 실제 값이고 어떤 것이 추정된 값인지 알아내는 것은 그리 힘들지 않다. 인간은 숫자를 무작위적으로 만들어내는 데 매우 서투르다는 점을 이용하면 쉽다. 사람들은 보통 어떤 패턴을 피하려는 경향이 있어 특히 패턴이 있는 숫자를 생성하는 것은 더 힘들다. 동전 던지기의 경

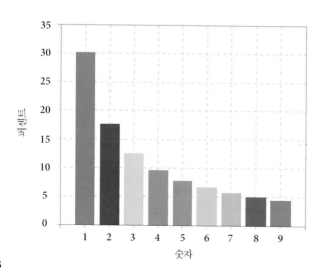

시작하는 숫자별 비율을 표시한 벤포드 법칙 그래프.

우, 실제 나온 결과와 종이에 대충 적은 결과를 가려내는 것 역시 쉽다. 본능적으로 우리는 앞이나 뒤가 두 번 혹은 세 번 이상 연속으로 나오는 것을 피하기 때문이다. 벤포드 법칙은 이런 패턴의 일종인 첫 번째 숫자에 관한 것으로 이런 패턴을 가짜로 만들어내는 것은 매우 힘들다.

가짜 인구 조사표에 기록된 인구수는 다소 차이는 있겠지만 1로 시작하는 것이 10개, 2로 시작하는 것도 10개 정도이며 계속해서 숫자별로 10개 안팎이 되도록 배분되어 있을 것이다. 하지만 실제 인구조사 결과를 보면 1로 시작하는 인구수는 약 30개이고 9로 시작하는 것은 약 5개이다.

이것은 비단 인구조사에 국한된 현상은 아니다. 100개의 강의 길이를 재도 마찬가지이다. 길이의 단위가 무엇이든 양상은 동일하다. 또한 회계 장부에 입력된 100개 항목에 대해 조사해도 마찬가지이다. 크기 차이가 10의 지수승으로 차이 나는 일련의 숫자들에 있어서도 동일하다.

이 모든 통계에서 30% 정도의 항목들은 숫자 1로 시작하고 18% 정도는 숫자 2로 시작하며 숫자 9로 시작하는 것은 4.6% 정도의 분포를 보인다. 숫자 n으로 시작하는 수의 비율은 아래와 같다.

$$\log_{10}((n + 1)/n)$$

왜 이런 분포가 나오는지 이유는 알 수 없다. 하지만 숫자가 두 배가 될 때를 생각해보라. 5, 6, 7, 8, 9로 시작하는 숫자를 두 배 하면 그 결과로 나온 숫자는 1로 시작한다. 따라서 이러한 숫자들이 나오는 빈도는 1에 비하면 상당히 적어질 것이라 추측할 수 있다.

어떤 숫자를 두 배 하여 9로 시작하는 숫자가 되려면 4와 5 사이에서 5에 가까운 숫자여야 한다. 따라서 1에 비하면 9로 시작하는 숫자는 적을 수밖에 없는 게 아닐까?

벤포드 법칙은 특히 선거 결과가 조작되었거나 국가의 회계에 수정된 흔적이 있을 때 이것을 적발하는 데 유용하다. 1930년대 벤포드가 이러한 법칙을 논문으로 발표했을 때 그조차도 최초 발견자는 아니었다. 사이먼 뉴컴은 자신이 로그표를 사용할 때 '1' 섹션을 '9' 섹션보다 훨씬 더 많이 사용한다는 것을 깨달았다. 그는 그 이유를 법칙으로 만들어 제안했고 후에 벤포드의 법칙으로 불리게 됐다.

CHAPTER 8

이상한 나라의 앨리스와 수학

누군가 더블린의 한 다리에 낙서하듯이 방정식을 새기고,
우주의 모양이 근본적으로 바뀌며,
작은 소녀는 토끼굴로 굴러 떨어진다.

사원수의 발견

1843년 10월 16일 윌리엄 해밀턴과 그의 아내는
더블린의 로열 운하를 따라 걷고 있다가 그 자리에 갑자기 멈춰 섰다.

그는 마음 같아서는 "유레카!"라고 외치며 뛰어다니고 싶었을 것이다. 하지만 그 대신 지각 있는 사람으로서 할 만한 행동을 했다. 그는 호주머니에서 주머니칼을 꺼내 자신과 가장 가까이 있던 브로엄 브리지에 그가 방금 생각해낸 방정식을 새기기 시작했다. 이 다리는 지금은 브룸 브리지로 불리고 있다.

그 당시 해밀턴은 아일랜드의 왕실 천문학자로서 한장 복소수를 3차원으로 확장하는 방법을 찾고 있었다. 하지만 별 다른 진전 없이 시간만 가고 있었다. 가장 멋진 아이디어는 전혀 관련 없는 일에 몰두하고 있을 때 떠오른다는 사실을 직접 경험한 적이 있는가?

산책을 하던 해밀턴에게 이런 일이 실제로 일어났다. 그가 고민하던 것이 3차원에서는 가능하지 않다는 것을 깨닫자 그 순간 큰 진전이 이루어졌다. 그의 고민이 4차원에서는 가능한 일이었기 때문이다.

그가 다리에 새긴 공식은 아래와 같다.

$$i^2 = j^2 = k^2 = ijk = -1$$

해밀턴은 공간을 3차원으로 표현하기 위해 사원수(quarternions)라고 부르는 세 개의 허수(i, j, k)를 사용하였고, 시간을 실수로 표현하였다. 하지만 단순히 3차원을 넘어서는 것만으로는 부족했다. 해밀턴은 이 값들 간에 교환성도 포기해야 했다.

구구단을 외울 때 7×4와 4×7의 결과값이 같다는 것을 알면 많은 노력을 줄일 수 있다. 실수의 경우 두 수를 곱할 때 곱셈 순서와 결과는 무관하다. 덧셈도 마찬가지다. $x + y$는 $y + x$와 항상 같다.

하지만 해밀턴의 사원수를 곱할 때는 이와 같은 원리가 적용되지 않는다. $ij = k$이지만 $ji = -k$가 되기 때문이다. 두 사원수의 곱셈 순서를 바꾸면 결과값의 부호가 바뀌게 된다.

Here as he walked by
on the 16th of October 1843
Sir William Rowan Hamilton
in a flash of genius discovered
the fundamental formula for
quaternion multiplication
$$i^2 = j^2 = k^2 = ijk = -1$$
& cut it on a stone of this bridge

해밀턴이 깨달음을 얻고 그의 식을 다리에 새겼던 순간을
기념하기 위해 더블린의 브룸 브리지에 만든 명판.

해밀턴은 모든 이들이 이전까지는 당연하다고 생각하던 이 두 가지 가정을 포기함으로써 그가 고민하던 문제를 해결했다. 따라서 나는 그가 다리를 조금 훼손한 것쯤은 용서해주고 싶다.

에이먼 데벌레라 수상은 해밀턴이 발견한 놀라운 깨달음을 기념하기 위해 1958년 브룸 브리지에 명판을 새겼다.

하지만 모든 사람들이 그를 수학계의 영웅이라고 생각하지는 않았다.

사원수의 응용

벡터 표기법으로 사용되고 있는 **i, j, k** 이면에 사원수의 개념이 있다. 우리에게 익숙한 3차원 공간상에서는 (x, y, z)로 표시되는 3개의 좌표를 이용하여 모든 점을 표시할 수 있다.

벡터 표기법에서는 같은 좌표를 $xi + yj + zk$라고 쓸 수 있다. 두 벡터에 대한 사원수 곱셈 계산의 경우 매우 유용하게 응용할 수 있다.

　두 벡터를 단순히 사원수로 간주하고 곱하면 또 다른 사원수를 얻게 되는데, 여기에는 실수도 포함되어 있다. 해밀턴은 특별한 이유 없이 이 실수를 '시간'이라고 불렀다.

　예를 들면 $(2i + 3j + 4k)(3i - 2j - 4k)$를 계산하면 그 결과는 $16 - 4i + 20j - 13k$가 된다. 여기서 16은 '시간'이고 이는 벡터의 스칼라 곱에 음수 부호를 붙인 것이다. 개념적 의미는 벡터의 길이와 그 사이의 각도를 결합한 값이 된다. 위의 결과값 중 $-4i + 20j - 13k$는 벡터곱에 해당하는 값이고 특성은 벡터이다. 이것은 벡터의 길이, 그 사이의 각도, 그리고 매우 편리하게 사용되는 원래 벡터와 직각을 이루고 있는 벡터의 결합이다.

　물리학의 많은 수식들은 스칼라나 벡터

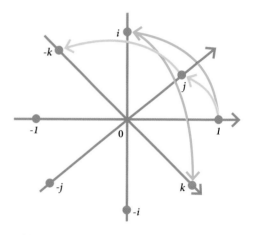

사원수 단위의 곱은 도식적으로는 4차원에서 90° 회전하는 것으로 나타낼 수 있다.

곱으로 간단히 표현할 수 있는데, 그럴 경우 대수적인 방법으로 쉽게 계산할 수 있다는 큰 장점이 있다.

　그중 가장 중요한 장점은 임의의 축을 중심으로 벡터를 자유롭게 회전할 수 있다는 점이다. 공간상의 어떤 점 (a, b, c)와 (x, y, z)를 통과하는 축을 중심으로 각도 t만큼 회전할 때 변화된 점의 위치를 계산하려면 다음과 같은 사원수 곱을 구하면 된다.

$$(\cos(t) + \sin(t)[x\mathbf{i} + y\mathbf{j} + z\mathbf{k}]) \cdot (a\mathbf{i} + b\mathbf{j} + c\mathbf{k}) \cdot (\cos(t) - \sin(t)[x\mathbf{i} + y\mathbf{j} + z\mathbf{k}])$$

언뜻 보기에는 매우 복잡한 듯싶다. 하지만 기존에 쓰던 방식인 계산이 편리한 지점까지 원하는 각도로 축을 회전시킨 후 다시 돌아오는 것보다는 훨씬 쉬운 방법이다.

이런 식의 벡터 회전은 훨씬 계산하기 쉬울 뿐만 아니라 부드러운 회전이 가능하면서도 동시에 짐벌락이라고 부르는 기술적인 문제를 피하는 데 매우 유용한 방법이다.

특히 부드러운 회전이 필요한 컴퓨터 게임용 애니메이션을 제작할 때 강점을 보인다. 하지만 루이스 캐럴의 무의미 시 〈재버

캐럴의 작품 《거울 나라의 앨리스》에서 앨리스는 거울에 비쳐진 상으로 쓰인 반전 책을 발견한다. 그녀는 거울을 들고 페이지를 넘기다 무의미 시 〈재버워키〉가 적힌 페이지를 펼치게 된다. 이 행동을 수학적으로 보면 어떤 축을 중심으로 거울상을 형성하는 것이다.

워키(Jabberwocky)〉에 등장하는 미끈거리는 괴물이 자유자재로 회전하는 동작을 따라가려면 아직 멀었다.

독일의 수학자
카를 가우스.

비유클리드 기하학

2,500여 년 동안 많은 사람들이 유클리드의 책 《원론》을
모든 기하학 지식의 근원으로 여겼었다.

유클리드의 이론에 의심을 품는다는 것은
신성 모독에 버금가는 일이었다. 하지만 한
가지 예외가 되는 질문이 있었는데, 유클리
드가 제안한 훨씬 더 정교한 가정에서도 평
행선 공준이 적용된다는 것을 증명할 수 있
느냐는 것이었다. 평행선 공준이란 다음 설
명과 같다.

　　두 직선이 다른 한 직선과 만나 이루는

동측내각의 합이 180°보다 작다면, 이 두
직선을 무한히 연장할 때 동측내각의 합
이 180°보다 작은 쪽에서 두 직선이 만나
게 된다.

　유클리드는 이 공준을 증명하는 데 많은
시간을 보냈다. 마찬가지로 많은 수학자들이
2,500년간 이 사실을 증명하려 애썼지만 결
국은 모두 실패했다. 19세기 들어 몇몇 수학

자들이 다음과 같은 생각을 하기 시작했다.

"만약 직접적으로 증명하는 대신 그 반대 상황을 가정하고 증명해보면 어떨까? 만약 전혀 불가능한 것으로 결론 난다면 처음 세운 가설에 모순이 있는 것이고, 그렇다면 그 가설이 틀렸다고 할 수 있지 않을까?"

야노시 보여이도 그중 한 명이었다. 그는 평행선 공준을 다른 공준으로 대체하면서도 논리적으로 문제가 없는 도형이 존재 가능한지 증명하기 위해 노력했다.

보여이의 증명 과정에서 모든 선이 결국 한 곳에서 만나는 사영 기하학 구조를 보게 되거나, 정해진 점을 통과하는 여러 개의 선들이 절대 만나지 않는 쌍곡 기하학 구조를 보게 된다. 보여이의 업적은 실로 혁명적이었다.

보이여의 아버지도 훌륭한 업적을 이룩한 수학자였는데, 가우스에게 아들의 발견에 대해 자랑스럽게 편지를 썼다. 가우스는 다음과 같은 답장을 바로 보냈다. "정말 훌륭한 발견입니다. 하지만 이것을 먼저 생각한 것은 저라고 말씀 드리고 싶습니다. 사실 저는 몇 년 동안 이것에 대해 생각을 하고 있었습니다." 실제로 그것을 먼저 발견한 것은 가우스가 맞다. 다만 발표하지 않았을 뿐이다.

낙담한 보여이는 그가 발견한 내용을 10

년여 동안 발표하지 않았다. 한편 니콜라이 로바쳅스키도 거의 같은 사실을 발견하였다. 톰 레러의 노래에서 알 수 있듯이 다음과 같이 말했다.

"내가 먼저 발표했다는 것을 그가 알았을 때 드니프로페트로프스크에서 내 이름은 손가락질 받았다."

로바쳅스키의 이름이 손가락질 받은 것은 드니프로페트로프스크에서뿐만이 아니었다. 옥스포드의 한 가정교사도 이 최신 기하학을 별로 좋아하지 않았다.

캐럴은 쌍곡 기하학을 매우 마음에 들어 하지 않았다.

비유클리드 기하학의 응용

수학은 문제가 있으면 어떻게든 해답을 찾기 위해 노력한다.

괴짜 집단인 순수 수학자들은 당장 눈앞에 보이는 응용 분야가 없더라도 열정적으로 연구한다. 오히려 많은 경우 그들의 연구가 영원히 순수하고 추상적인 영역으로 남길 희망한다. 그들의 열정에 존경을 보낸다.

'쓸데없는' 발견으로 생각되었던 것이 알고 보니 매우 중요하다고 판명된 완벽한 예가 바로 비유클리드 기하학이다. 타원 곡선도 비슷한 예이다. 과학이 놓치고 있는 비유클리드 기하학 도형이 적어도 두 가지가 있

쌍곡 기하학에서는 삼각형의 내각의 합이 180°보다 작다.

음이 밝혀졌다. 그중 하나는 바로 우리 코 앞에 있는 것이었다.

지구의 표면에서 일어나는 모든 현상은 사영 기하학을 이용하여 설명할 수 있다. 서로 정반대 쪽에 위치한 두 점과 어떤 두 지점을 연결하는 원호를 정의한다면, 본격적으로 구에서 기하학을 다룰 수 있는 기본은 마련된 것이다. 여기서 구 위에 존재하는 삼각형의 내각의 합은 180°가 넘는다.

먼저 북극에서 시작하는 삼각형을 상상해보자. 여기서부터 정남향으로 런던을 통과하는 0° 자오선을 따라 기니만의 적도선까지 내려갔다가, 인도양 부근에 위치한 90°E 지점까지 간 후, 다시 북극점으로 돌아오는 큰 삼각형을 그려보자. 이 삼각형은 세 개의 직각으로 이루어져 있다!

비유클리드 기하학의 또 다른 예는 우리 주변에서 일어나는 일이 아니므로 우리로서는 매우 이해하기 힘들다. 유클리드 기하학은 작은 물체에 대해서는 매우 잘 맞지만, 아인슈타인이 보여주었듯이 우주적 스케일에

지구상에서의 삼각형은
내각의 합이 180°가 넘는다.

서는 무거운 물체 주변에서 시공간이 기이하
게 휘어지는 현상이 나타난다. 이럴 경우 유
클리드 기하학은 더 이상 적용할 수 없고, 유

사 리만 복합 모델을 적용하는 편이 자연스
러울 것이다. 이게 뭘 뜻하는지 나는 잘 모른
다. 물론 여러분도 알 필요 없다.

푸앵카레 디스크 모델

쌍곡 기하학을 시각적으로 다루는 데 가장 훌륭한 방법이 바로 푸앵카레 디스크 모델이다. 이 모델에서 점은 당연히 점으로 표시되지만 선은 원의 원호로 표시된다.

푸앵카레 쌍곡 디스크에서는 원의 원호가 선의 개념으로 사용되고 이것은 디스크의 가장자리와 직각으로 만난다.

쌍곡 기하학 공간에서는 삼각형의 내각의 합이 180°보다 작다. 또한 한 점을 통과하는 여러 개의 선들이 각각에 대해 평행한 것이 쌍곡 기하학 공간에서는 가능하다. 즉 이 선들이 서로 교차하지 않게 되는 것이다. 반면 평행선 공준 법칙이 적용되는 유클리드 기하학에서는 평행한 선이 단 하나만 존재해야 한다.

네덜란드의 예술가 에셔는 그의 서클 리미트 시리즈 나무 조각품에서 쌍곡 기하학 공간에서의 삼각형 모델을 훌륭하게 사용한 바 있다. 1936년 알함브라 궁전을 방문했을 때 본 모자이크 세공에 매료된 에셔는 캐나다의 수학자 콕서터에게 편지를 써서 그가 쌍곡 평면을 표현하는 작품을 만들고 있음을 알렸다.

그의 작품 서클 리미트 I은 디스크에 잘 꾸며진 물고기를 배치한 것이었고 서클 리미트 II는 여러 개의 십자가를 표현했다. 이 작품 후에 에셔는 본인이 훨씬 더 많은 것을 해낼 수 있음을 깨달았고, 그 후 발표된 서클 리미트 III에서는 다양한 색채의 물고기들이 평면을 가로질러 헤엄치고 있는 것을 표현했다.

개인적으로 내가 제일 좋아하는 작품은 서클 리미트 시리즈의 가장 마지막 작품인 서클 리미트 IV로, 천사와 악마가 번갈아 배치되어 있다.

에셔는 스페인 그라나다에 위치한 알함브라 궁전의 기하학적 장식에서 영감을 받았다.

찰스 도지슨 목사는 루이스 캐럴이라는 필명으로 더 잘 알려져 있다.

찰스 도지슨

찰스 도지슨(1832~1898)은 옥스퍼드의 크라이스트 처치 칼리지의 수학교수였다. 그는 특히 기하학, 논리학, 선형 대수학과 오락용 수학에 조예가 깊었다.

수학교수를 풍자하는 만화를 그리고 싶다면 도지슨을 모델로 삼으면 크게 잘못될 일은 없을 것이다. 밤에 기가 막힌 생각이 떠오를 때, 촛불을 켜기 위해 일어날 것인지 아니면 그 아이디어를 잊을지도 모르지만 다시 잠을 잘 것인지를 선택하는 것은 항상 어려운 일이었다. 그래서 그는 어두운 곳에서 필기할 수 있게 도와주는 틀인 닉토그래프를 발명했다.

또한 그는 최다 득표자만이 당선되는 선거 시스템에 실망하여 선거 결과를 공정하게 판정하는 방법도 고안했다. 그의 제안은 테니스 토너먼트 방식처럼 상대를 완전히 나가 떨어지게 만드는 선거 방식보다는 훨썬 더 나은 방법이었다. 그는 사진 분야에 있어서도 선구자였다. 뿐만 아니라 프로그래밍 언어도 만들고 게임과 퍼즐도 발명했다. 심지어 양면 테이프도 발명했다.

하지만 놀랍게도 그가 널리 알려진 것은 그의 수학적 업적이나 발명 때문이 아니다. 그는 다름 아닌 그의 문학 작품으로 유명해졌다. 그의 작품은 그의 이름을 변형하여 만든 필명 Lewis Carroll로 출간되었다. Lewis는 Lutwidge가, Carroll은 Charles가 변형된 형태이다.

루이스 캐럴로서 그는 그가 살았던 시대뿐만 아니라 지금까지도 전해지는 가장 유명한 동화를 썼다. 《이상한 나라의 앨리스》와 《거울 나라의 앨리스》에 나오는 문구와 등장 인물들은 영어에서 관용구처럼 사용되었다. 'falling down a rabbit-hole'은 '말도 안 되는 상황에 빠졌다'라는 뜻으로, 'portmanteau words'는 두 개의 다른 단어를 묶어 하나로 만든다는 뜻으로 통용되었다.

《이상한 나라의 앨리스》는 단지 기이하고 환상적이기만 한 작품은 아니다. 사실은 수학적 반항의 정신을 담은 소설이었다. 도지슨이 견딜 수 없어 하는 것이 두 가지 있는데, 하나는 비유클리드 기하학이고 다른

하나는 사원수였다. 그는 이런 것들이 얼마나 말이 안 되는지를 보여주고자 앨리스를 모험을 보냈다.

《이상한 나라의 앨리스》 외에도 캐럴은 몇 편의 장문시(스나크 사냥과 판타스마고리아), 대화록(유클리드와 현대의 맞수들, 거북이가 아킬레우스에게 한 말) 그리고 동화(실비와 브루노)를 썼다. 하지만 어느 하나도 앨리스만큼 성공하진 못했다.

도지슨은 65세의 나이에 폐렴으로 사망했고 영국 길퍼드에 묻혔다.

많은 분야에 관심을 가지고 있던 도지슨은 그중 사진 분야에 있어서는 선구자적인 역할을 했다. 이 사진은 그가 23세에 찍은 자화상이다.

닉토그래프

세인트 앤드류 대학의 수학과에 전해져 오는 이야기에 따르면
박사과정을 밟던 알란 후드 교수가 어느 날 밤 자다가 갑자기 벌떡 일어나는 바람에
잠 자고 있던 아내를 깜짝 놀라게 했다고 한다. 그는 "그걸 몰랐군! 그래서 그게 2π인
거야!"라고 외친 후 다시 잠에 곯아떨어졌다.

후드 부인이 아침에 일어나서 그런 일이 있었음을 기억시켜주자 그는 고개를 흔들었다. 그는 그 일을 기억 못할 뿐만 아니라 꿈속에서 깨닫게 된 것이 무엇인지도 알 수 없었다. 안타깝게도 어떤 것이 2π였는지 알 길이 없었던 것이다.

그 때 후드 교수의 침실에 닉토그래프만 있었어도 그는 그의 이름을 딴 위대한 발견을 과학사에 남겼을 것이다.

닉토그래프는 판지에 6mm 크기의 정사각형을 2열로 8개의 구멍을 낸 것이다. 이것을 틀로 이용하면 불을 켜지 않아도 어둠 속에서 필기할 수 있다.

도지슨이 살던 시절만 하더라도 밤에 일어나 불을 켠다는 것은 대단한 노력이 필요한 일이었다. 그 당시는 필기 어플이 있는 스마트폰은 고사하고 전화기조차 없었던 시절이었다.

도지슨은 정사각형의 모서리를 따라 그

릴 수 있는 선과 점을 조합하여 약식 알파벳을 만들었다. 그는 26개의 약식 알파벳 중 23개는 원래 알파벳과 비슷함을 매우 자랑

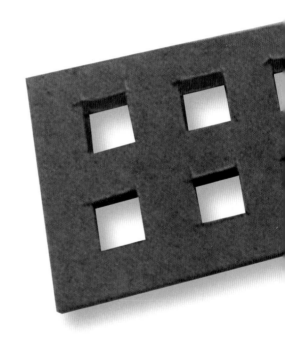

스러워했다. 그의 약식 알파벳은 모두 왼쪽 구석에 큰 점이 있고, 문장 부호는 오른쪽 구석에 찍혀 있다.

알랜 타넨바움은 북미 루이스 캐럴 학회의 회원으로서 도지슨의 알파벳을 사용한 《이상한 나라의 앨리스》를 출간했다. 그도 지적했듯이 이 책을 읽기 위해서는 불을 켜야 할 것이다.

16개의 구멍이 있는 닉토그래프로 한 번에 16개의 글자를 쓸 수 있다. 이와 비교하면 트위터는 엄청난 장문을 쓰는 SNS라 할 수 있다.

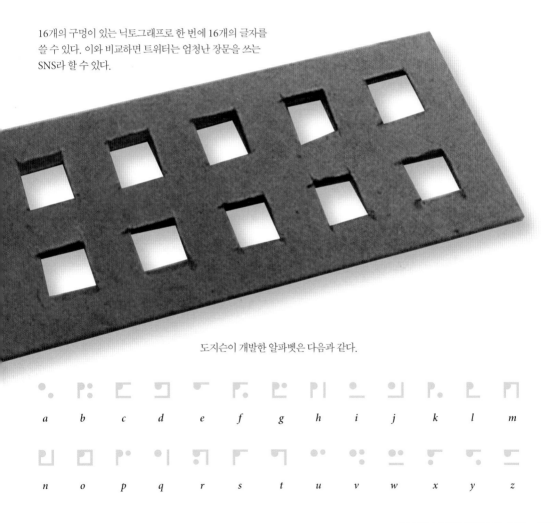

도지슨이 개발한 알파벳은 다음과 같다.

a	b	c	d	e	f	g	h	i	j	k	l	m

n	o	p	q	r	s	t	u	v	w	x	y	z

도지슨 선거제도

도지슨이 제안한 선거제도는 설명하기는 쉽지만
실제로 실행에 옮기기는 매우 어렵다.

선거에 있어서 가장 이상적인 제도는 모든 후보자와 1대1로 싸워 이길 수 있는 사람을 뽑는 것이다. 그러한 '콘도크레트 후보(Condocret candidate)'가 공정한 선거제도에서 당선되는 것이 당연할 것이다. 하지만 영국의 의회 선거나 미국 및 기타 지역에서 사용하고 있는 다수대표제(The First Past The Post, FPTP)에서는 콘도크레트 후보가 반드시 당선된다는 보장이 없다.

게다가 콘도크레트 후보가 항상 존재하는 것도 아니다. 이를 설명하기 위해 주먹당, 가위당, 보당이 선거를 벌인다고 생각해보자. 주먹당을 지지하는 20명의 유권자는 가위당보다는 주먹당을 선호하지만, 보당보다는 가위당을 선호한다. 가위당을 지지하는 25명의 유권자는 보당보다는 가위당을, 주먹당보다는 보당을 선호한다. 보당을 지지하는 30명의 유권자는 바위당보다는 보당을, 가위당보다는 바위당을 선호한다.

전체적으로 보면 50명의 유권자가 가위당보다는 바위당을 선호하고 25명의 유권자는 그 반대다. 그 결과 보당은 바위당을

55-20으로 이기게 된다. 마찬가지로 한 당은 다른 당을 이기지만 나머지 당에게는 지게 된다. 따라서 이 경우 콘도크레트 후보는 없다. 도지슨의 방법에 의하면 당선되어야 할 후보자는 콘도크레트 후보가 되기 위해 마음을 바꿔야 하는 유권자의 숫자가 가장 적은 사람이다.

계산이 용이하도록 내가 임의로 특정 숫자를 고른 경우에 대해 살펴보자. 가위당을 지지하는 사람들 중 18명이 보당 대신 바위당을 지지하는 것으로 바꿀 경우 바위당이 콘도크레트 후보가 된다. 보당을 지지하는 사람들 중 13명이 바위당 대신 가위당을 지지하면 가위당이 콘도크레트 후보가 된다.

하지만 바위당은 8명만 가위당 대신 보당을 선택하게 되면 보당이 콘도크레트 후보가 되어, 다수대표제로 하든 도지슨 선거제로 하든 승리하게 된다. 하지만 일반적으로 어떤 후보가 승리하기 위해 몇 명의 유권자가 마음을 바꿔야 하는지 계산하는 것은 매우 어려운 문제다.

바르톨디, 토비, 트릭의 논문에 따르면 도지슨 선거 문제는 해결 불가능한 수준의 난제다. 후보자의 숫자가 많아질수록 필요한 계산 횟수도 극도로 늘어난다. 20명의 후보가 경쟁하는 선거의 경우 성능 좋은 컴퓨터라도 문제를 푸는 데 몇 년은 걸린다.

저자들이 잘 설명해 놓았듯 도지슨 방식에 의해 당선자가 결정될 때쯤이면 새로운 선거가 열릴 것이다.

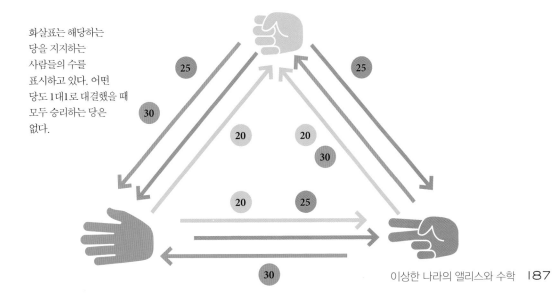

화살표는 해당하는 당을 지지하는 사람들의 수를 표시하고 있다. 어떤 당도 1대1로 대결했을 때 모두 승리하는 당은 없다.

수동-공격적 저항 소설로서의
이상한 나라의 앨리스

비유클리드 기하학의 한 분야로서 보여이가 창안한 사영 기하학은
어떤 관점에서 보느냐에 따라 엄청난 오류를 내포하고 있거나
혹은 매우 흥미로운 특징을 가지고 있다.

도지슨과 함께 성장한 표준 유클리드 기하학에서는 물체의 위치를 변경시켜도 그 크기가 변하지 않는다.

　도지슨을 포함한 모든 사람들에게 그것은 매우 당연한 일이었다. 사영 기하학에서 물체를 움직이면 겉보기 크기가 변하게 된다. 유클리드 기하학에만 익숙해져 있던 사람들에게 이러한 사실은 엄청난 혼란을 주었다.

　당신이 수학교수이고 그동안 배운 것이 유클리드 기하학밖에 없다면, 이는 실질적으로 위협이 되는 사건이다. 기반이 탄탄했다고 생각하고 믿었던 것들이 갑자기 송두리째 흔들리기 때문이다.

　대부분의 사람은 그 당시 발간되던 논문집에 등장한 새로운 이론에 대해 극렬하게 반대했던 도지슨처럼 행동할 것이다. 그럴 경우 당신과는 전혀 다른 이론을 따르고 그것이 훨씬 합리적이라고 생각하는 사람들에게 반박당하게 된다.

사영 기하학에서 그러하듯
앨리스도 움직일 때마다
크기가 변한다.

원근법은 사영 기하학의 한 종류이다. 이것은 우리가
3차원 공간을 바라보고 있는 듯한 느낌을 준다.
원근법상 높은 곳에 있는 것은 더 큰 것으로 느끼나
실제로 두 그림의 크기는 같다.

이 경우를 이상한 나라로 간 앨리스의 상황에 비유해도 좋다. 실제 앨리스에게 일어났던 일이기 때문이다. 앨리스는 계속해서 크기가 변하고 현실에 대한 그녀의 관점을 받아들이길 거부하는 짜증나는 괴물들과 계속해서 말다툼을 벌이게 된다.

지금까지는 정황 증거밖에는 없지만 포기하지 말고 나를 따라 오라. 정말 중요한 것은 사원수이기 때문이다.

선형대수학에 조예가 깊었던 도지슨은 행렬에 대해 해박한 지식을 가지고 있었다. 행렬은 숫자 배열 방법의 일종으로, 이를 이용하면 점을 표현하는 것은 물론이고 어떤 차원에서든 자유자재로 변환이 가능하다. 도지슨 압축은 행렬의 행렬식을 구하는 방법으로서 도지슨의 또 다른 업적 중 하나이다. 행렬을 이용하여 할 수 있는 일 중의 하나는 임의의 축을 중심으로 점을 회전하는 것이지만 이는 매우 번거롭다. 보통은 5에서 7번의 행렬 연산을 거쳐야 하나 매트릭스 연산에는 27번의 개별 연산이 필요하다.

반면 사원수는 일반적으로는 30번의 계산으로 이 작업을 해낼 수 있다. 이런 이유로 사원수는 도지슨에게 심각한 위협을 가하는 눈엣가시 같은 존재가 되었다.

해밀턴 문제를 기억해보자. 단지 3개의 허수만 가지고 원 주위를 순환할 수 있을까? 그는 여기에 '시간' 상수를 더함으로써 그의 식이 제대로 작동하게 만들었다.

소설 속 미치광이 모자장수의 티 모임에는 4명이 참여하도록 되어 있었다. 미치광이 모자장수, 3월의 토끼, 겨울잠쥐는 무사히 도착했다. 하지만 마지막 손님인 시간은 초대한 주인과 사이가 틀어져 결국 나타나지 않았다. 나머지 티 모임 멤버들은 깨끗한 접시를 가져오기 위해 테이블을 중심으로 원을 그리며 움직였다.

사원수는 서로 환치될 수 없다는 것도 기억해야 한다. *ij*와 *ji*의 계산 결과는 서로 다르다. 소설 속 티 모임 부분 중 내가 가장 좋아하는 문장은 다음과 같다.

"그렇다면 네가 하고 싶은 이야기가 뭐였는지 말해봐." 3월의 토끼가 말했다.

"말했어." 앨리스가 다급히 대답했다. "적어도, 적어도 내가 말했던 건 진심이었어. 그건 같은 거야."

"전혀 같지 않아!" 모자장수가 말했다. "너는 지금 '내가 먹는 것을 본다'라는 것이 '내가 보는 것을 먹는다'와 같다고 말하는 거야!"

3월의 토끼가 다시 말했다. "너는 '난 내가 가진 것을 좋아해'와 '난 내가 좋아하는 것을 가졌어'가 같다고 말하는 거야!'"

자면서 말하는 것처럼 보이는 겨울잠쥐도 덧붙였다 "너는 지금 '난 잠을 잘 때 숨 쉰다'와 '난 숨 쉴 때 잠 잔다'도 같다고 말하는 거야!"

캐럴은 미치광이 모자장수를 통해 사원수에 대한 부정적인 시각을 표현했다.

앨리스의 세계에서는 모든 것이 환치 가능했다. 하지만 모자장수의 티 모임에서는 사원수의 세계에서처럼 배열하는 순서에 따라 결과가 달라진다.

유클리드와 현대의 맞수들

유클리드가 기하학의 처음이자 끝이라는 점을 동화라는 형식을 빌어 전달하고자 했던 도지슨의 의도와 달리 사람들은 비유클리드 기하학에 대해 연구하는 것을 멈추지 않았다. 심지어는 경악스럽게도 다른 교과서를 사용하여 비유클리드 기하학을 가르치기까지 했다.

1878년 도지슨이 출간한《유클리드와 현대의 맞수들》이란 책에서는 그의 책상을 거쳐갔던 13종의 다른 기하학 책들에 대한 그의 의견이 대화 형식으로 서술되어 있다.

그의 책은 서론에는 '짧은'이라고 표현했지만 실제로는 300페이지에 이를 정도로

모자장수의 티 모임에 '시간'이 불참함으로써
손님들은 원을 그리며 돌아야 했다.

방대한 대화를 담고 있다. 그의 책이 유클리드 편을 들고 있는 것은 지금까지 살펴본 바에 의하면 그리 놀라운 일은 아니다.

등장인물 중 한 명이 유클리드의 유령이라는 사실만으로도 많은 수학자들은 그가 이미 결론을 정해 놓은 것에 대해 못마땅해 했다. 책의 2막 전체는 평행선 공준을 방어하는 데 총력을 기울이고 있어 그가 얼마나 유클리드 기하학에 대한 확신에 차 있었는지 알 수 있다.

루이스 캐럴이 심혈을 기울여 쓴《유클리드와 현대적 맞수들》은 나조차 이해하기 힘든 난해한 책이다. 하지만 한 가지 확실하게 이야기할 수 있는 것은 이 책이 대중 문화 속에서 확실히 자리 잡았다는 점이다. 2001년 위키피디아가 출범했을 때, 돋보기로 그의 책을 확대한 그림이 새로 탄생한 온라인 백과사전의 로고로 사용된 사실이 이를 뒷받침해 준다.

유클리드에 대한 캐럴의 집착을 담은 문구를 이용한 위키피디아의 첫 로고.

헝클어진 이야기

내가 소중하게 여기는 물건 중 하나가 '루이스 캐럴 전집'이다. 학생 때 부모님이 나에게 선물로 주신 것이다.

이상한 나라의 앨리스를 탐독한 후에는《실비와 브루노》를 읽다가 중도에 포기하고《헝클어진 이야기》를 읽기 시작했다. 이 책은 수학계의 바보 같은 이야기들을 폭로한 책으로, 나는 책에서 캐럴이 매듭이라고 부른 퍼즐을 풀지 못했다. 사실 나는 그게 무슨 말인지 잘 이해하지 못했지만 전체적인 아이디어는 높게 샀다.

그 책에는 당황한 기사, 사나운 고모들, 기괴한 가족도에 대한 이야기들이 실려 있다. 캐럴은 어린 시절 잼 속에 약을 숨기듯이 이야기 속에 독창적인 퍼즐을 숨겨 놓고, 이 책이 처음 실린 잡지《먼슬리 패킷》의 독자들에게 답을 구해볼 것을 제안했다.

캐럴은 그가 낸 매듭에 대한 독자들의
답을 읽고 수준을 매겼다.

그 후 그는 독자들로부터 온 해답들을 분
석하고 해답의 완성도에 따라 분류했다. 10
개의 시리즈 중 마지막인 'The Change of

Day'는 아무도 풀 수 없었다.
캐럴은 이런 사실이 매우 혼란스러웠다
고 고백했다.

CHAPTER 9
무한대, 논증불능 그리고 컴퓨터

무한대에도 종류가 무한히 많다는 것이 밝혀지면서 수학의 피라미드가 완전히 허물어졌다. 이 과정에 등장한 기계는 거의 모든 종류의 일을 처리해 낼 수 있는 것이었다.

무한대의 종류는 무한히 많다.

게오르크 칸토어

엄마가 아들에게 물었다.
"가장 큰 숫자는 무엇이니?"
아들이 잠시 생각하더니 답했다.
"1조요!" 엄마가 말했다.
"하지만 1조 1이란 숫자도 있잖아?"
아들은 잠시 풀이 죽어 있었지만 곧
기운을 차리고 말했다. "그래도 정답에
아주 가까웠잖아요!"

수는 무한히 존재한다. 수의 끝에 다다랐
다고 생각하는 순간 그것에 1을 더할 수 있
다. 0과 1 사이에도 무한한 숫자가 존재한
다. $\frac{1}{2}$, $\frac{3}{4}$, $\frac{9}{17}$와 같은 분수와 $\frac{1}{\pi}$, $\sqrt{(1/2)}$, $\frac{3}{e}$
와 같은 무리수도 있다. 아래처럼 챔퍼나
운 수도 존재하며 이 외에도 셀 수 없이
많다.

0.123456789101112131415…

19세기 후반 독일의 수학자 게오
르크 칸토어(1845~1918)가 제기

칸토어는 놀라운 답이 숨어 있는
괴상한 질문들을 던졌다.

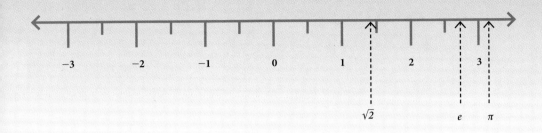

옛날 친구들이 이것저것 표시해 놓은 실수 라인. 그런데 정말 0과 1 사이에 존재하는
점의 숫자가 우리가 셀 수 있는 숫자만큼 많을까?

한 수학적 논점은 그 당시 격렬한 반향을 불러 일으켰다. "0과 1 사이에 있는 점만큼이나 많은 정수가 존재할까?" 그가 발견한 답은 우리가 직관적으로 알고 있던 것과는 완전히 반대였다. 그는 크기가 다른 무한대가 존재한다는 결론을 냈다. 예를 들면 0에서 1 사이에 존재하는 무한대 실수의 개수는 1에서 무한대 사이에 존재하는 정수의 개수보다 많다는 것과 같은 이야기이다.

위대한 수학자 앙리 푸앵카레는 칸토어의 주장을 수학계에 퍼진 '죽음의 역병'에 비유했다. 칸토어의 옛 스승인 크로네커는 칸토어의 주장에 대해서 특별히 반박하지는 않았다. 대신 그는 칸토어를 '젊은 세대를 타락시키는 사람'이자 '과학계의 사기꾼'이라고 했다. 꽤 영향력이 있었던 그는 베를린에서 칸토어가 일할 수 없도록 사실상 블랙리스트에 그의 이름을 올렸다. 루드비히 비트겐슈타인은 칸토어의 이론을 '뚱딴지' 같고 '전혀 말도 안 되는' 주장이라고 했다. 하지만 왜 그 이론이 틀렸는지에 대해서는 설명한 바 없었다.

독설에 가까운 비난 때문이었을까, 칸토어는 심각한 우울증에 시달려 1884년 요양

"수학에서는 훌륭한 질문이 문제의 해답보다 더 가치 있다."
— 칸토어

원에 입원했다. 그 후 연구를 할 만큼 회복은 되었으나 초창기 수준의 업적을 내지는 못했다.

그의 생애 마지막 20년은 고통의 나날들이었다. 그 기간 동안 그의 아들 루돌프가 갑자기 돌연사했으며 그의 연구가 컨퍼런스에서 다른 사람들에 의해 폄하되기도 했다. 그는 스코틀랜드 세인트 루이스 대학에서 열린 컨퍼런스에 버트런드 러셀을 만날 수 있다는 희망을 품고 참석했으나 러셀은 오지 않았다. 그 후 1차 세계대전이 발발했고 그는 부족한 영양 상태로 인해 고통받았다. 그의 70주년 생일을 기념하여 공식적으로 개최되기로 했던 행사가 취소되는 모욕적인 일도 있었다. 1918년, 그는 요양원에서 생을 마감했다.

축구 팀처럼 유한한 집단의 경우, 수를 헤아리는 것은 쉽다.

무한대의 향기

그렇다면 두 무한대의 크기가 다르다는 것은 어떻게 알 수 있을까? 이 질문에 답하려면 대상의 크기가 같은 크기인지 판단할 수 있어야 한다. 가장 쉬운 방법은 각각의 숫자들을 센 후 하나씩 짝을 짓는 것이다.

좋은 답변이다. 하지만 이 방법은 유한한 범위를 다룰 때나 적용 가능하다. 만약 다루고자 하는 대상이 정수나 분수, 실수처럼 무한한 경우라면 어떻게 할 것인가?

이 질문에 대해 가장 먼저 합리적인 답을 제시한 사람이 바로 칸토어이다. 칸토어는 두 집단에 속한 수를 하나씩 서로 짝지었을 때 정확히 일대일로 대응한다면, 두 집단의 크기 혹은 집단원의 수가 같다고 했다. 이 경우 이를 일대일 대응이라고 부른다.

예를 들어 2, 4, 6, 8, 10, …과 같은 짝수 집단을 생각해보자. 정수 전체 집단은 홀수와 짝수가 번갈아 존재하기 때문에, 정수 전체 크기의 반은 홀수이고 반은 짝수이다. 따라서 정수 전체 집단과 비교했을 때, 짝수 집단은 정수 집단 크기의 절반이라고 생각할 수 있다. 하지만 결론적으로 정수 전체의 숫자와 짝수 전체의 숫자는 같다. 짝수 집단에 속한 숫자들은 정수 집단에 속하는 숫자

부족한 건강 상태 때문에 칸토어는 주기적으로
고즈넉한 하르츠 산을 찾아 요양했다.

들의 절반과 짝을 지을 수 있기 때문이다. 이처럼 한 집단에 속한 숫자들이 다른 집단에 속한 숫자들과 정확히 일대일로 짝지을 수 있으면 두 집단원의 크기는 같다고 말할 수 있다.

더 이해하기 힘든 것은 분수 집단의 크기와 정수 집단의 크기가 같다는 것이다. 가능한 모든 분수들은 어떤 일정한 법칙으로 정렬할 수 있다. 예를 들어 분모와 분자를 더해서 1이 되는 경우($^0/_1$), 2가 되는 경우($^1/_1$, $^0/_2$), 3이 되는 경우($^2/_1$, $^1/_2$, $^0/_3$)와 같은 식이다. 이런 식으로 정렬하면 모든 분수를 목록에 올릴 수 있게 된다. 중복되는 경우($^0/_1$, $^0/_2$, $^0/_3$은 0으로 같은 수임)를 허용하더라도 정수 전체와 분수는 일대일 대응이 가능하게 된다.

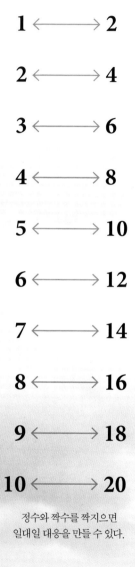

정수와 짝수를 짝지으면
일대일 대응을 만들 수 있다.

다음은 현대적 집합론에서 사용하는 표기법의 일부이다.

$\mathbb{N}$ = 자연수 집합

$\mathbb{Q}$ = 유리수 집합

$\mathbb{R}$ = 실수 집합

$\mathbb{Z}$ = 정수 집합

- 한 집합이 다른 집합의 부분 집합일 경우 ⊂로 나타낸다.
  $$\mathbf{N} \subset \mathbf{Z} \subset \mathbf{Q} \subset \mathbf{R}$$

- ｛ ｝는 한 집합에 속한 원소들을 표시한다.
  $$\mathbf{A} = \{\mathbf{3}, \mathbf{7}, \mathbf{9}, \mathbf{14}\}$$

- 집합에 속한 원소들의 개수를 표현하는 기호는 ∥ 또는 #이다.
  $\mathbf{A} = \{\mathbf{3}, \mathbf{7}, \mathbf{9}, \mathbf{14}\}$이면 $|\mathbf{A}| = 4$ 또는 $\#\mathbf{A} = 4$

- 무한 집합의 집합의 크기는 $\aleph$으로 표현된다.
  $$|\mathbf{N}| = \aleph_0 \quad |\mathbf{R}| = 2^{\aleph_0}$$

힐베르트 그랜드 호텔

독일의 수학자 다비트 힐베르트는 칸토어의 무한대 개념을 힐베르트 그랜드 호텔에 비유해 증명했다. 여기, 1부터 시작해서 규칙적이고 표준적이며 헤아릴 수 있는 숫자들이 방 번호로 표시된 무한대의 방이 있는 호텔이 있다. 모든 방들은 방 번호만 다르고 다른 조건은 동일하다. 어느 날 호텔의 모든 방들이 손님으로 가득 차게 되었다.

호텔 리셉션의 벨이 울리고 피곤해 보이는 여행자가 서 있다.

그녀가 물었다. "오늘 밤 묵을 방이 있습니까?"

직원은 매우 미안한 표정을 지으며 말했다.

"부인, 정말 죄송하지만 오늘 저희 호텔의 무한대 방들이 다 찼습니다."

여행객은 지친 듯한 미소를 지으며 말했다.

"그게 제가 여기 온 이유입니다! 저는 수학자입니다. 당신은 저에게 방을 마련해 줄 수 있습니다.

1번 방에 있는 손님을 2번 방으로 옮기고, 2번 방에 있는 손님을 3번 방으로 옮기세요. n번 방에 있는 손님은 $n+1$번 방으로 가면 됩니다."

직원이 말했다. "알겠습니다. 모든 손님을 그 다음 방으로 옮기면, 당신은 1번 방을 쓰고 다른 손님들도 여전히 방을 쓸 수 있군요. 아주 훌륭해요. 무한대의 방에 투숙하고 있는 손님들도 기꺼이 다음 방으로 옮겨줄 겁니다."

직원은 방을 옮기라는 작업 지시를 내린 후 의자에 등을 기댔다. 잠시 후 벨이 다시 울렸다.

"무엇을 도와드릴까요?"

"안녕하세요. 저는 여행 가이드입니다. 저희 버스에 무한대로 많은 손님들이 타고 있습니다. 그리고 버스에 탄 사람들 모두 오늘 밤 지낼 방이 필요합니다."

"정말 죄송합니다. 무한대의 방이 오늘은 다 차있습니다. 아, 혹시 당신도 수학자인가요?"

여행 가이드가 말했다. "맞습니다. 아주 간단한 방법이 있습니다. 1번 방에 있는 손님을 2번 방으로 옮기세요. 2번 방에 있던 손님은 4번 방으로 옮기고 3번 방에 있던 손님은 6번 방으로 옮기세요. 요약하면 n번 방에 있는 손님은 $2n$번 방으로 가면 됩니다."

리셉션 직원이 고개를 끄덕였다. "그러면 모든 짝수 번호의 방에 누군가 투숙해 있게 되고 홀수 방은 비게 되겠군요."

"맞습니다! 그리고 비어 있는 홀수 방은 무한대 있으므로 모든 여행객들에게 방이 배정될 수 있습니다."

"정말 놀랍군요! 저희 손님들 모두 흔쾌히 방을 옮겨줄 겁니다."

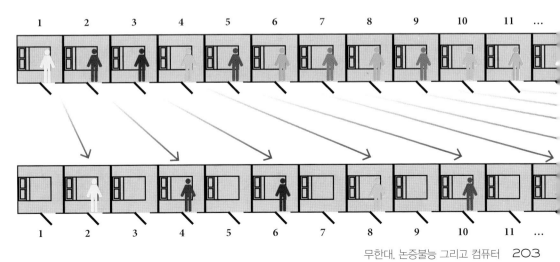

힐베르트 그랜드 호텔에 있는 무한대의 객실들이 모두 찰 수도 있다. 하지만 n객실에 있는 손님을 $2n$ 객실로 옮김으로써 무한대로 많은 또 다른 단체 손님들을 받을 수 있다.

무한대 기호는 3차원 뫼비우스 띠에서
아이디어를 얻은 것이다. 뫼비우스 띠 위를
걸어가서 원래 출발했던 지점으로
돌아오려면 전체 면을 다 거쳐야 한다.

칸토어의 주장에서 논란이 되었던 부분은 실수를 대상으로 실수와 정수가 일대일로 대응됨을 증명할 수 없다는 것이다. 그의 대각선 논법에 따르면 당신이 어떤 논리를 사용하더라도 결국 실패할 수밖에 없다. 셀 수 있는 무한대인 정수 집합과 셀 수 없는 무한대인 실수 집합은 집합의 크기가 서로 다르다. 칸토어는 무한대에도 무한히 많은 종류가 있음을 증명했다. 그는 실수 집합의 크기와 정수 집합의 크기 사이에 어떤 무한대가 있을지 의문을 가졌고 답을 찾기까지 50년이 걸렸다. 그리고 그 답은 어떤 방법으로도 증명이 '불가능하다'였다.

칸토어의 대각선 논법

정수 집합의 원소들보다 실수 집합의 원소들이 더 많다는 것을 증명하기 위하여 칸토어는 정수와 실수를 서로 짝지어 세울 수 있다고 가정했고, 앞에 소개된 정수와 짝수를 짝지어 줄 세우는 방법을 사용하였다. 0에서 1 사이에 존재하는 실수들은 정수와 일대일로 짝지어 줄을 세울 수 있다.

각 실수의 소수점 아래 숫자는 영원히 이어져서 …으로 표시한다. 목록에서 굵게 표시된 숫자를 가지고 실수를 만들기 위해 첫 번째 숫자는 목록의 소수 첫 번째 자리, 두 번째 숫자는 목록의 소수 두 번째 자리에서 가져 온다. 같은 방법을 반복하면 아래의 수가 나온다.

$$0.25625\cdots$$

이번에는 각 자릿수가 이것과 다른 실수를 만든다. 5는 1로 바꾸고 다른 숫자들은 다 5로 바꾸면 아래의 수가 나온다.

$$0.51551...$$

$1 \leftrightarrow 0.2\mathbf{4}356\ldots$

$2 \leftrightarrow 0.1\mathbf{5}479\ldots$

$3 \leftrightarrow 0.35\mathbf{6}58\ldots.$

$4 \leftrightarrow 0.875\mathbf{2}4\ldots$

$5 \leftrightarrow 0.7846\mathbf{5}\ldots$

이 숫자는 목록에 있었던 첫 번째 숫자의 소수 첫째 자리와 비교해도, 두 번째 숫자의 소수 둘째 자리와 비교해도 다르다. n번째 숫자의 소수 n째 자리와도 다르다. 따라서 이 숫자는 원래의 목록에는 등장하지 않는 숫자이다. 즉 정수의 숫자보다는 실수의 숫자가 훨씬 많고 이 실수들은 셀 수 없다는 사실을 알 수 있다.

다비트 힐베르트

다비트 힐베르트(1862~1943)의 사진을 보면 그의 깔끔하고
뾰족한 턱수염 혹은 음산한 느낌을 주는 동그란 안경이 인상적일 것이다.

혹은 그의 멋진 모자가 눈에 띌 수도 있다.
길거리에서 아무에게나 사진 속의 인물이
누군지 물어본다면, '사악한 심리학자'나 '수
학 교수'라는 답을 듣게 될지도 모른다.

힐베르트도 크리스티안 골드바흐, 임마
누엘 칸트, 위상기하학의 탄생지인 쾨니히

스베르크(현재 칼리닌그라드 지역)에서 태어
났다. 그는 여기서 1895년까지 연구하다 그
당시 수학 발전의 중심지인 괴팅겐으로 떠
났다.

그의 제자와 동료로는 아인슈타인의 상
대성 이론의 기초가 된 수학적 이론들의 토

힐베르트는 칸토어의 이론을
대중화시켰고 자신이
창안한 23개의 문제를
제시했다.

대를 닮은 헤르만 민코프스키, 마지막 수학적 보편 구제론자였던 헤르만 바일, 집합론을 정립시켰던 에른스트 체르멜로, 그리고 존 폰 노이만이 있다.

그는 힐베르트 호텔 이야기로 칸토어의 이론을 대중화시킨 공로 외에도 23문제로 유명하다. 1900년 8월 8일 파리에서 개최된 국제 수학자 회의에서 힐베르트는 그 당시 수학계에서 가장 중요한 난제 10개를 제시했고, 후에 13문제를 추가했다.

어떤 문제들은 뒤에서 다루게 될 2번 문제 "산술의 공리들이 무모순임을 증명하라."처럼 간단하게 표현된 문제도 있다. 하지만 다른 문제들의 경우 좀 더 기술적인 용어를 써서 표현해야 한다. 12번 문제는 "유리수체의 아벨 확장에 대해 적용되는 크로네커-베버 정리를 임의의 수체에 대해 일반화하라."인데, 전문가의 도움이 필요하다.

23개의 문제 중 많은 문제들이 지난 100여 년 동안 풀렸다. 하지만 리만 가설과 같은 문제들은 여전히 미해결 상태이다. 그동안 문제들을 풀기 위해 많은 연구들이 있었고 이를 계기로 새로운 수학 분야의 탄생으

1933년 독일에서 일어난 대규모 숙청 당시 나치가 책을 태우고 있다.

로 이어지기도 했다.

1930년 힐베르트가 은퇴한 뒤 머지않아 나치는 괴팅겐의 수학과를 숙청했고 바일, 에미 뇌터, 에드문트 란다우를 포함한 많은 사람들이 대학에서 쫓겨났다. 교육부 장관이 힐베르트에게 괴팅겐의 수학과가 어떠냐고 질문했을 때, 그는 더 이상 유대인이 없게 된 괴팅겐에는 참된 수학자가 없다고 대답했다고 한다.

한 학생이 수학과를 중퇴하고 시인이 되었다고 말하자 그는 이렇게 답했다.

"잘됐군. 어차피 그는 수학자가 되기에는 상상력이 너무 부족했어."

— 힐베르트

이발사는 누가 면도해주나?

1902년 고트로브 프레게(1848~1925)는 그동안 집필하던 책《산술의 기초》를 마무리하여 자부심을 느꼈다.

이 책에서 그는 몇 개의 논리적 공리로부터 출발하여 모든 연산법칙을 증명해내는 데 성공했다. 그는 사비를 들여 책을 출간하려고 했으나 버트런드 러셀로부터 온 편지 한 통을 읽고 중단했다. "당신의 이론에는 모순이 있습니다." 편지의 내용은 충격적이었다.

수학자들에게는 오래된 전통이 있다. 그들이 만든 이론의 한계를 시험해보기 위해 모순되는 가정을 적용해보는 것이었다. 그중 첫 번째 사례가 에피메니데스가 "크레타 사람들은 모두 거짓말쟁이다."라고 말한 것이다. 이 말은 매우 역설적이다. 에피메니데스도 크레타 섬 출신이므로 스스로를 거짓말쟁이라고 한 것과 같기 때문이다. 그의 말이 사실이라면 크레타 섬 출신인 그는 거짓말쟁이고, 거짓이라면 크레타 사람들이 거짓말을 잘한다는 것을 증명한 것과 같다. 더 간결하게 표현하자면 "이 명제는 거짓이다."라거나 "다음 명제는 참이고, 이전 명제는 거짓이다."라고 말하는 것은 즉각적으로 논리적인 문제를 발생시킨다.

러셀은 프레게의 술어 논리가 스스로를 설명할 수 없는 논리구조로 되어있다는 기본적인 논리 모순을 발견했다. 그리고 스스로에게 설명이 가능한 논리구조인지 질문했다. 한쪽이 설명 가능하다면 다른 쪽은

독일의 수학자이자 철학자인 프레게.

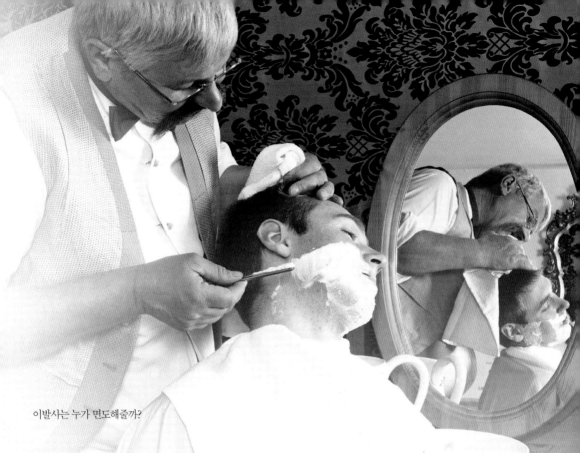

이발사는 누가 면도해줄까?

설명이 불가능하게 되는 구조는 아닌지 물었다. 다음 이야기는 러셀의 역설을 좀 더 쉽게 전달하는 데 도움이 될 것이다. 한 마을의 이발사가 마을의 모든 남자를 면도해주므로 마을의 모든 남자는 스스로 면도하지 않는다. 그렇다면 이발사는 누가 면도해주는가?

이러한 논리적 문제점이 집합론에 있다는 것을 인지한 사람은 러셀이 처음은 아니었다. 그보다 1년 전쯤 체르멜로도 같은 문제점을 발견했다. 하지만 그는 이 사실을 발표하지 않았다.

한편 프레게는 급하게 그의 책에 부록을 덧붙였다. 부록에서 그는 이러한 역설을 인정하고 문제를 해결하기 위한 과정을 실었다. 하지만 전체 논리구조에는 여전히 심각한 결점이 있었고, 러셀과 그의 스승 알프레드 화이트헤드는 이 문제를 해결해보려고 노력했다.

원자폭탄에 반대하는 시위를 하고 있는 러셀과
그의 아내 에디트.

버트런드 러셀

나는 커서 버트런드 러셀(1872~1970)처럼 되고 싶었다.
물론 담배를 피우는 것은 제외하고 말이다.

그는 어릴 때부터 개인 과외 교사와 가정 교
사에게 교육받았다. 어릴 때 이미 몇 개 국
어에 통달하였으나, 그가 가장 좋아했던 것

은 수학이었다. 사춘기를 겪으며 우울해 하
던 십대 시절, 수학에 대해 더 많이 알고자
하는 열망이 자살에 대한 생각을 누그러뜨

렸다고 한다.

그는 비교적 젊은 시절부터 세계적으로 유명한 수학자이자 논리학자였다. 그는 그의 저서 《수학원리》를 통해 논리적 토대로부터 수학을 쌓아 올리려 시도했으나 결국 실패했다.

그는 악명 높은 정치 선동가이기도 했는데, 여성의 참정권 획득과 1차 세계대전에 반대하는 운동을 벌이기도 했다. 1916년에는 양심적 병역 거부자를 옹호하는 글을 썼다가 선고 받은 벌금을 내지 않아 그의 책들이 경매에 넘어 가는 일이 일어나기도 했다. 결국 그의 친구들이 이 책들을 다시 매입하여 그에게 돌려주었다. 그는 특히 '케임브리지 경찰서에서 압수'라는 스탬프가 찍힌 책 《킹 제임스 성경》을 가장 자랑스러워 했다.

그는 후에 미국의 1차 세계대전 참전에 반대하는 시위를 한 죄목으로 감옥에 투옥되었다. 하지만 투옥된 경험도 그가 평화주의자가 되는 것을 막지 못했다. 그는 나치, 스탈린주의에 반대하는 운동을 펼쳤다. 뿐만 아니라 동성애 금지법에 반대하는 운동을 벌이기도 했고, 베트남 전쟁에도 반대했다. 그중 가장 눈에 띈 것은 핵무기를 반대하는 운동이었다.

그는 또한 노벨 문학상을 수상하기도 했다. 메리트 훈장을 수어 받을 당시, 감옥에 있는 그에게 메달을 걸어줘야 해서 왕이 당황했다는 이야기도 전해진다. 수학의 기초를 다진 탁월한 업적을 기려 왕립 학회가 수여하는 실베스터 메달과 런던 수학 학회가

애니 케니와 크리스타벨 팽크허스트처럼 러셀은 여성의 인권을 위해 앞장섰다.

수여하는 드모르간 메달도 받았다. 그는 어떤 규칙도 없는 학교를 세웠으나 학생들에게 심각한 도덕적 영향을 준다는 이유로 뉴욕에서 교수직에서 물러나야 했다. 또한 그는 매우 쉽게 읽히면서도 정교한 구성의 작품을 쓰는 몇 안 되는 작가 중의 한 명이었다.

"중국인들이 서호(西湖) 주변에 나를 기리기 위한 사당을 세우겠다는 이야기를 전해 들었다. 하지만 이런 일이 일어나지 않아 조금은 애석하다. 만약 사당을 세웠다면 나는 신과 다름없으니 무신론자인 나에게는 매우 멋진 일이었을 것 같다."

러셀은 케임브리지 트리니티
대학에서 수학을 연구했다.

수학원리

프레게의 이론에서 문제가 있음을 발견한 러셀과 화이트헤드는 몇 개의 기본 공리와 규칙으로부터 출발하여 수학적 구조 전체를 다시 세움으로써 그것을 바로잡기 위해 노력했다. 하지만 프레게의 이론에 구멍을 냈던 역설적 집합 이론에는 손을 대지 않았다. 러셀과 화이트헤드는 자가 참조적 수학적 명제를 피하기 위해 분류 계층 구조를 이용하여 문제에 접근했지만 결국 실패로 끝났다.

1차 세계대전이 준비되던 기간에 세 권으로 이루어진 책인 《수학원리》를 출간한 일은 기념비적인 일이었다. 이 책은 수학의 모든 분야를 다 다루지는 못하고 실수 영역까지만 다루었지만 전문가들은 이 책에 실린 체계를 이용하면 더 진보된 아이디어를 낼 수 있다는 데 동의했다. 단지 매우 많은 시간이 필요하고 이를 감수하고 선뜻 나서는 사람이 없다는 것이 문제였다. 심지어 러셀과 화이트헤드마저 세 권 이후로 이 프로젝트를 중단하는 바람에 이어서 펴내기로 계획했던 기하학 분야의 책은 영원히 출간되지 못했다.

이 작업을 하는 데 얼마나 시간이 소요되는지를 보여주기 위해 모든 수학자들이 《수학원리》에 대해 익히 알고 있는 사실을 이야기하도록 하겠다. 1차 편집본의 1권 379쪽에서 저자는 다음과 같이 이야기하고 있다. "이러한 가정으로부터 연산적 합이 정의된다면, 1 + 1 = 2가 성립한다." 이에 대한 완벽한 증명은 2권 86쪽에 이르러서도 끝나지 않았다.

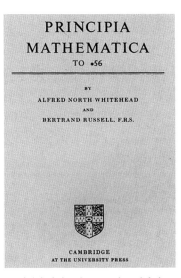

PRINCIPIA
MATHEMATICA
TO .56

BY
ALFRED NORTH WHITEHEAD
AND
BERTRAND RUSSELL, F.R.S.

CAMBRIDGE
AT THE UNIVERSITY PRESS

러셀과 화이트헤드는 수많은 시간이 소요되기에 이 위대한 수학적 연구를 포기했다.

수학을 파괴한 괴델

당신이 어떤 수학적 체계를 완성했다면
다음과 같은 단순한 세 가지 특성을 갖추었을 것이다.

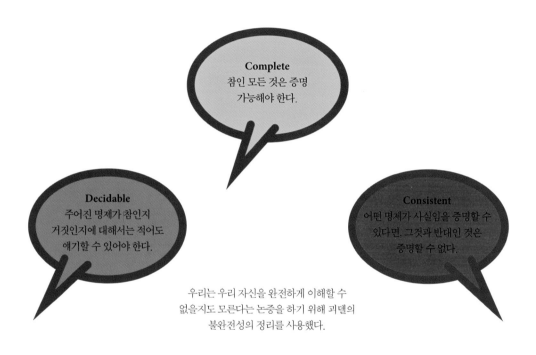

Complete
참인 모든 것은 증명
가능해야 한다.

Decidable
주어진 명제가 참인지
거짓인지에 대해서는 적어도
얘기할 수 있어야 한다.

Consistent
어떤 명제가 사실임을 증명할 수
있다면, 그것과 반대인 것은
증명할 수 없다.

우리는 우리 자신을 완전하게 이해할 수
없을지도 모른다는 논증을 하기 위해 괴델의
불완전성의 정리를 사용했다.

이것이 바로 《수학원리》를 저술할 때 러셀과 화이트헤드가 가진 생각이었다. 이런 생각은 다른 사람들도 했었다. 주세페 페아노는 1890년대 자연수에 대해 연산하기 위해 필요한 다섯 가지 공리를 확립했고, 에른스트 체르멜로(1871~1953)와 아브라함 프렝켈(1891~1965)은 1908년 집합론에 대한 기초를 다졌다.

하지만 이런 생각은 모두 산산조각 났다. 생각해낼 수 있는 가능한 모든 수학적 체계도 마찬가지였다. 쿠르트 괴델(1906~1978)은 1931년에 "공식적 체계 속에서 참인 모

프렝켈은 독일에서
태어난 이스라엘의
수학자이다.

체르멜로는 독일의
논리학자이자
수학자이다.

괴델은 호주 출신의 미국인으로 논리학자, 수학자,
철학자였다.

든 명제들은 매우 크고 복잡한 정수로 코드
화할 수 있다."라는 논리를 통해 이를 증명
했다.

　참인 또 다른 명제는 이 숫자들에 일정한

규칙을 적용함으로써 원래 있던 참인 명제
로부터 생성시킬 수 있다. 물론 이때는 크고
복잡한 규칙을 적용해야 한다. 괴델은 "이
명제는 이 시스템 안에서는 증명이 불가능
하다."를 코드화하면 어떤 일이 일어날지 질
문했다. 문제는 온통 에피메니데스의 역설

로 가득 차게 된다. 만약 이 명제가 옳다면 그것은 증명될 수 없고 따라서 시스템도 완벽하지 않을 것이다.

반면 이 명제가 거짓이라면 증명 가능하다. 따라서 그것은 참인 동시에 거짓이기도 하다. 이것은 곧 시스템이 Consistent하지 않다는 것을 뜻한다. 남겨진 유일한 방법은 명제가 undecidable하다고 이야기하는 것이다. 이것은 전형적인 에피메니데스 역설과는 미묘한 차이가 있다. '거짓'이라고 이야기하지 않고 '증명할 수 없다'라고 이야기하는 것이다. 타르스키는 이러한 대체가 꼭 필요함을 증명했다.

이러한 명제를 증명 없이 공리로 받아들인다면 시스템에서 자유롭게 이 논리를 사용할 수 있게 된다. 하지만 시스템 전체를 파괴할 명제가 나타나게 될 것이다.

이것은 매우 특별한 종류의 증명법이다. 어떤 공식 시스템도 completeness, consistency, decidability 세 개 중 하나라도 만족시키지 못하면 파괴된다. 수학은 여기서 합리적인 선택을 한다. decidability를 포기한 것이다. 즉 증명될 수도 없고 부정될 수도 없는 명제의 존재를 받아들인 것이다.

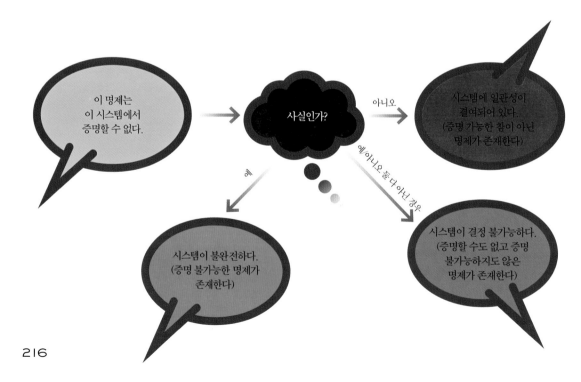

이 명제는 이 시스템에서 증명할 수 없다.

사실인가?

예

아니오

예/아니오 둘 다 아닌 경우

시스템이 불완전하다. (증명 불가능한 명제가 존재한다)

시스템에 일관성이 결여되어 있다. (증명 가능한 참이 아닌 명제가 존재한다)

시스템이 결정 불가능하다. (증명할 수도 없고 증명 불가능하지도 않은 명제가 존재한다)

코언은 1966년
선택 공리에 대한
연구를 인정받아
필즈 상을 받았다.

그 한 예가 '연속체 가설'이다. 이것은 자연수 전체의 집합과 실수 전체 집합 사이의 크기를 갖는 무한 집합이 존재한다는 명제이다. 또 한 가지 예는 '선택 공리'이다. 이것은 공집합이 아닌 임의의 집합 중 서로 공통되는 원소가 없는 집합들의 경우, 각 집합의 원소들이 정확히 하나씩 들어있는 집합이 적어도 하나 이상은 존재한다는 것

이다. 선택 공리는 괴델의 이론처럼 최종적으로는 undecidable하다는 것이 1960년대 폴 코언에 의해 증명되었다.

"논리학의 최대 승리는 스스로가 옳은지에 대해 질문을 던질 수 있게 되었다는 것이다."

– 우나무노

쿠르트 괴델

에바리스트 갈루아는 수학 역사상 가장 로맨틱한 죽음을 맞이했고
오스트리아의 수학자 쿠르트 괴델은 가장 비극적인 죽음을 맞이했다.

브룬(현재 체코의 브르노)에서 태어난 괴델은 비엔나에서 수학을 공부했다. 그는 모리츠 슐리크(1882~1936)가 주최한 러셀의 '수학 철학 입문' 세미나에 참석했다가 수학 논리학에 빠져들었다. 세미나에서 힐베르트의 강의로부터 영감을 얻은 그는 형식 시스템의 완벽성에 대한 연구를 시작했다. 그의 박

슐리크는 괴델이 수학 논리학에 빠져들게 되었던 바로 그 세미나를 개최했다. 후에 그는 그의 이전 제자에게 살해당했다.

사 학위 논문은 비교적 간단한 수학 논리인 일차 술어 해석이 완전함을 증명하는 것으로, a) 시스템에서 표현할 수 있는 모든 것과 b) 참인 것은 그 규칙을 사용하여 증명했다.

그 후 그는 《수학원리》를 철저하게 분석했다. 그 결과 책에 실린 이론이 잘못되었다는 것을 지적하고, 그 이유도 설명했을 뿐만 아니라 어떤 시스템도 동시에 complete, consistent, decidable 조건을 만족시킬 수는 없다는 것을 증명했다.

2차 세계대전이 발발하기 전에 슐리크는 암살당했고 괴델의 건강 상태도 급격히 악화되어 편집증으로 병원에 입원하게 되었다. 하지만 독일 군대는 그가 군 복무에 문제 없다고 판단했다. 괴델은 군 복무 중에 시베리아 횡단 열차를 타고 탈출하여 프린스턴 고등 연구소에 합류했다. 그는 이미 1930년대 이곳을 여러 번 방문하여 아인슈타인과 친구였다.

시민권 인터뷰에서 그는 미국 헌법에 오류가 있다는 그의 생각을 말했고, 나치 스타

일의 독재가 미국으로 건너올 수 있겠느냐는 질문에 그들이 원하는 답인 '아니오' 대신 복잡한 논쟁을 했다. 다행히도 그에게 동정적이었던 판사가 질문의 주제를 좀 더 평이한 것으로 바꿔준 덕분에 그는 1947년에 무사히 시민권을 딸 수 있었다.

괴델은 줄리언 슈윙거와 함께 1951년 아인슈타인 상을 공동수상했다. 1974년에는 전국 과학상을 수상하기도 했다. 하지만 그가 앓던 편집증은 그의 발목을 잡고야 말았다. 그는 자신이 언젠가 독살당한다는 병적인 두려움을 가지고 있었고, 아내 아델이 만든 음식만 믿고 먹을 수 있었다. 1977년 아델이 병원에 입원하자 괴델은 음식을 먹을 수 없었고 결국 1978년에 사망했다.

괴델은 나치로부터 도망쳐서 프린스턴 고등 연구소로 갔다.

결정 문제에 대한
튜링의 답은
'아니오'로 간단했다.

튜링, 처치 그리고 결정 문제

힐베르트에게 23문제는 충분하지 않았다.
그는 계속해서 그의 '프로그램'에 문제들을 추가했고
급기야 2세기 전에 라이프니츠가 제시했던 문제까지 가져오기에 이르렀다.

결정 문제는 일차 논리 명제 형식을 취하는
알고리즘이 있는지를 물어보고, 그것이 참
인지 거짓인지를 알려준다. 가장 큰 문제는

알고리즘을 구성하는 요소를 결정하는 것
이다.

　1936년 람다 대수의 창시자 알론조 처치

와 튜링 기계를 만든 앨런 튜링은 각각 독립적으로 이 알고리즘의 형식을 만들었다. 처치의 알고리즘을 보았을 때 튜링은 자기 알고리즘과 동일하다는 것을 알았다. 여기서 양자 모두 결정 문제에 대한 대답이 '아니다'로 나왔다는 점이 중요하다.

그들은 괴델의 이론을 끌어들여 이런 결론에 이르렀다. 알고리즘의 모든 시스템은 괴델의 불완전성 정리가 적용될 수 있는 형식 체계를 취하고 있었다. 즉 이 알고리즘 역시 다른 종류의 형식 체계와 정확히 같은 방식으로 파괴될 수 있다는 것이다. 이렇게 되면 수학이 무너질 뿐만 아니라 당신의 컴퓨터도 운명할 것이다. 이럴 경우, 새로운 컴퓨터를 사도 별 도움이 되지 않을 것이다.

처치가 만든
람다 대수

$$\lambda$$

$$f^n = f \circ f \ldots \circ f.$$

n번

수	함수 정의	람다 식
0	$0\,f\,x = x$	$0 = \lambda f.\lambda x.x$
1	$1\,f\,x = f\,x$	$1 = \lambda f.\lambda x.f\,x$
2	$2\,f\,x = f\,(f\,x)$	$2 = \lambda f.\lambda x.f\,(f\,x)$
3	$3\,f\,x = f\,(f\,(f\,x))$	$3 = \lambda f.\lambda x.f\,(f\,(f\,x))$
...		
n	$n\,f\,x = f^n\,x$	$n = \lambda f.\lambda x.f^n\,x$

람다 대수는 idealised form을 통해 어떤 종류의 계산도 가능한 계산 방법을 제공해줘서 프로그래밍 이론의 핵심적인 부분을 차지하게 되었다. 또한 가장 최소 단위의 보편적 프로그래밍 언어로 여겨진다. 위의 표에서 함수 f가 인수 x에 첫 번째 열에 표시된 숫자만큼 적용되어 있다.

배비지, 러브레이스
그리고 차분기관

"컴퓨터를 창시한 컴퓨터의 아버지가 누구인가?"라는 질문에 대한 답은
파스칼, 라이프니츠, 자카드, 튜링, 호퍼 등이 될 수 있다.

찰스 배비지(1791~1871)는 컴퓨터
의 창시자라 말하기에 충분하
다. 이 책에서 다루는 수학
자들처럼 그도 독특한 면
이 많았다. 그는 거리에서
음악을 연주하는 것을 금
지하는 운동을 전개했고,
굴렁쇠에 말이 걸려 넘어진
다는 이유로 굴렁쇠 놀이를 반
대하기도 했다.

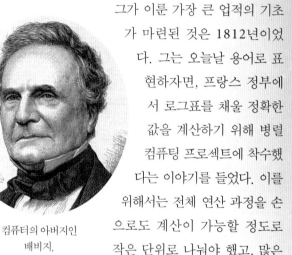

컴퓨터의 아버지인
배비지.

그는 다방면에서 업적을 남
겼다. 눈을 들여다 보는 검안경,
기차가 선로에 놓인 장애물을 치울 수 있도
록 해주는 배장기도 그의 발명품이다. 군사
기밀 때문에 1980년대가 되기까지 적용되
지는 못했지만 카시스키가 풀기 전에 먼저
비즈네르 암호도 풀었다. 또한 미적분학 분
야에서 라이프니츠의 표기 방법을 영국에
도입하는 데 공을 세웠으며, 영국 라그랑지
안 학교를 설립하기도 했다.

그가 이룬 가장 큰 업적의 기초
가 마련된 것은 1812년이었
다. 그는 오늘날 용어로 표
현하자면, 프랑스 정부에
서 로그표를 채울 정확한
값을 계산하기 위해 병렬
컴퓨팅 프로젝트에 착수했
다는 이야기를 들었다. 이를
위해서는 전체 연산 과정을 손
으로도 계산이 가능할 정도로
작은 단위로 나눠야 했고, 많은
사람들을 고용하여 계산하게 해
야 했다. 경영 감각이 뛰어났던 배비지는
생각했다. 왜 이렇게 많은 사람들이 필요할
까?

10년 후 배비지는 인간의 개입 없이 함숫
값을 계산하는 높이 2미터, 15톤에 달하는
증기로 움직이는 거대한 차분기관을 개발
하는 프로젝트에 착수했다. 배비지는 정부
에서 연구비를 지원받았으나 이 기계를 만

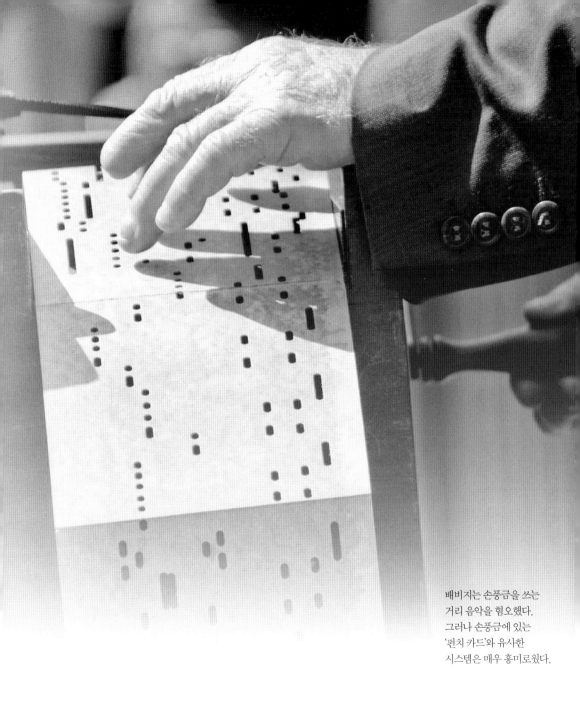

배비지는 손풍금을 쓰는
거리 음악을 혐오했다.
그러나 손풍금에 있는
'펀치 카드'와 유사한
시스템은 매우 흥미로웠다.

1990년대에 배비지 컴퓨터가 마침내 만들어졌다.

드는 데 사용하지 못했고 결국 기계는 완성되지 못했다. 그의 계획 자체는 매우 탄탄해서 1990년대 초 런던 과학 박물관에서 그가 세운 계획에 따라 실제로 작동하는 기계식 컴퓨터 모델을 완성했다.

하지만 이 차분기관은 컴퓨터라기보다는 파스칼이나 라이프니츠가 만든 기계식 계산기와 다를 바 없었다. 물론 매우 환상적인 기계지만 컴퓨터라 하기엔 부족했다.

배비지의 다음 프로젝트는 해석기관의 제작이었다. 해석기관은 단순히 덧셈을 하는 기계가 아니라 자카드식 문직기에서 영감을 얻어 개발한 기계로서 펀치 카드에 적힌 명령을 따라할 수 있는 능력이 있었다. 제어 흐름을 통해 루프를 실행하고 조건문과 서브루틴을 처리할 수 있었고, 메모리도 보유하고 있어서 메모리를 통해 값도 저장할 수 있었다. 하지만 그는 차분기관을 완성시키지 못해서 해석기관을 만들 연구비를 지원받지 못했다. 해석기관이 만들어졌다면 수학적으로는 현대적 컴퓨터와 비슷한 우수한 기계였을 것이다.

그러나 해석기관에 대한 연구 자체가 중단된 것은 아니었다. 1842년 루이지 메나브레는 프랑스어로 해석기관에 대한 설명문을 작성했다. 배비지의 조수였던 에이다 러브레이스(1815~1852)는 이 설명문을 번역하고 자세하게 주석을 달았다. 설명문 속에는 베르누이 수를 계산하기 위한 알고리즘도 포함되어 있었고 이것이 최초의 컴퓨터 프로그램이었다는 것에 많은 사람들이 동의한다. 컴퓨터 프로그램 언어 중 하나인 '에이다'는 러브레이스를 기념하여 붙인 것이다.

배비지의 조수였던 러브레이스는 최초의 컴퓨터 프로그래머라고 해도 무방할 것이다.

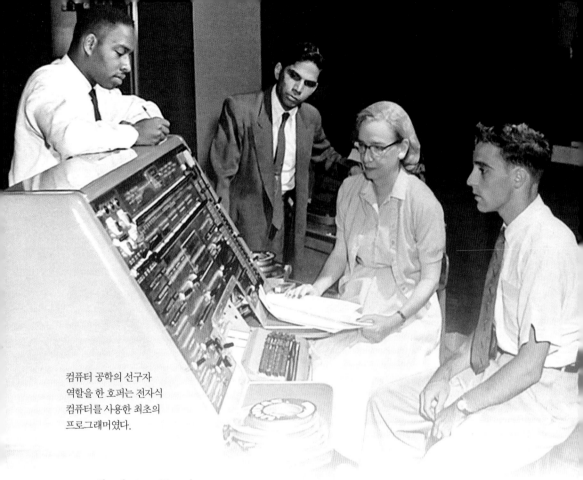

컴퓨터 공학의 선구자
역할을 한 호퍼는 전자식
컴퓨터를 사용한 최초의
프로그래머였다.

그레이스 호퍼

유튜브에서 그레이스 호퍼(1906~1992) 해군 소장이
방에 모인 사람들에게 30센티미터의 전기 케이블을 들고
나노세컨드에 대해 설명하는 영상을 볼 수 있다.

나노세컨드는 전기 신호가 빛의 속도로 30
센티미터의 전기선을 지날 때 걸리는 시간
이다. 그녀는 분명하고도 재치 있게 '남편,

아이들, 장군, 제독 같은 일반 사람들에게'
전기 신호가 전달되는 데 얼마나 시간이 걸
리는지 설명하고 있다. 그녀는 외형적으로

매우 가녀린 여성처럼 보이지만 함부로 대할 수 있는 호락호락한 상대가 아니었으며 굉장히 사람들을 통제하는 성격이었다.

그녀는 1944년 하버드 마크 I이라는 전자식 컴퓨터의 최초 프로그래머였고, "sin 20°의 계산을 하라." 같은 수준 높은 명령을 컴퓨터가 직접 실행할 수 있는 어떤 것으로 바꾸어주는 컴파일러라는 프로그램을 최초로 사용한 사람이기도 했다. 그리고 1950년대에 자연 언어처럼 읽히는 최초의 프로그래밍 언어인 코볼 개발에 깊이 참여했던 사람이었다.

그녀는 또한 컴퓨터 과학에 공학적인 용어들을 도입했던 사람이다. 1947년 9월 9일 컴퓨터의 로그북을 보면 하버드 마크 II 컴퓨터의 작동이 멈춘 것으로 기록되어 있다. 기술자 한 명이 컴퓨터 스위치 중 하나에 나방이 끼어 있었던 것이 문제가 됐다는

1947년 하버드 마크 II 컴퓨터에서 제거된 최초의 컴퓨터 버그.

것을 발견했고, 호퍼는 컴퓨터에서 벌레를 제거했다고 건조하게 표현되어 있다. 이때부터 프로그램에서 오류를 찾아내어 수정하는 작업을 '디버깅(debugging)'이라고 부른다.

나는 애플 컴퓨터의 수석 부사장이었던 제이 엘리엇이 호퍼에 관해 묘사한 말을 좋아한다. "그녀는 완전히 '해군'처럼 보인다. 하지만 막상 그녀를 알고 나면 그녀의 속에 해방되길 간절히 원하고 있는 '해적'을 발견하게 될 것이다."

"젊은이들이 나에게 말한다. '우리가 이걸 해낼 수 있을 거라고 생각하나요?'
나는 말한다. '한번 도전해 봐!' 그들이 모험하는 것을 잊지 않도록
나는 주기적으로 그들을 자극한다."

– 호퍼

CHAPTER 10
우리는 어떻게 쓰는가

탤리 마크에서 컴퓨터 코드에 이르기까지 수학적 언어는 어떻게 발전해 왔는가?

단순해 보이는 현재의 컴퓨터 코드는
간단하고 쉬운 기호로 나타내기까지
굉장히 오랜 시간이 걸렸다.

로마 숫자

로마군의 백부장이 술집으로 걸어 들어와 손가락 두 개를 세우고 말했다.
"맥주 다섯 잔이요."

로마 숫자는 솔직히 말해 숫자를 적는 데는 매우 형편없는 방법이다. 물론 거기에도 어떤 논리가 따른다. 같은 식의 논리가 당신 나라에서 화폐를 발행할 때 동전과 지폐의 액면을 결정하는 데 사용된다. 이 논리는 무작위적이고 때로는 좌절감까지 준다.

로마 숫자는 글자처럼 보인다. 하지만 탤리 마크와 그 속에 내재된 연상 패턴으로부터 충분히 시스템을 유추해낼 수 있으므로, 로마 숫자는 기호라고 보는 편이 타당할 것이다.

그게 무엇이든, 기호들은 특정 숫자와 관련되어 있다. I은 1, V는 5, X는 10, L은 50, C는 100, D는 500, 그리고 M은 1,000이다. 이런 단순한 기호들의 조합으로 숫자를 표현할 수 있으며, 로마 숫자에서는 가장 큰 숫자가 제일 먼저 온다.

1,751는 로마 숫자로 MDCCLI이다

1000 + 500 + 100 + 100 + 50 + 1

매우 형편없는 숫자 체계를 가지고 있던 로마는 알려진 대부분의 지역을 정복했고, 거대한 군대와 인상적인 도시를 건설했다.

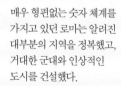

로마인들은 게으른 것은 아니었으나 같은 기호를 세 번 연속으로 쓰는 것을 반대했다. 대신 큰 기호 앞에 작은 기호를 붙여 그 숫자만큼 적음을 표시했다. IV는 5에서 1을 뺀 4를 의미하고, XC는 100에서 10을 뺀 90을 의미한다. 이런 방법은 1,999와 같은 숫자를 매우 편리하게 표현할 수 있게 해준다.

로마 숫자는 아직도 많은 시계에 표시되어 있다.

그렇지 않으면 MDCCCCLXXXXVIIII로 표현해야 할 것이다. 이것을 좀 더 합리적인 방법으로 표현하면 MIM이다. 로마 숫자를 더하고 빼는 것은 단순하다. 아라비아 숫자를 더하는 것과 크게 다르지 않다. 하지만 곱셈을 할 경우, 큰 문제에 부딪히게 된다.

당신이 현대적 표기법을 생각하거나 속임수를 쓰지 않고 VII와 IX를 곱할 수 있을지 자신이 없다. 만약 곱셈 문제를 풀어야 하는 로마인이라면 아마도 바빌로니아인들에게서 영감을 얻어 만든 주산이나 조약돌을 이용한 계산대를 이용할지도 모른다.

우연하게도 라틴어로 조약돌은 'calx'이다. 'calculation'의 기원은 덧셈을 하기 위해 돌을 이리저리 굴리는 데서 나왔다고 한다. 'Calx'는 'calcium'이라는 단어와 더 중요하게는 '미적분학(calculus)'의 어원이 되기도 했다.

나눗셈도 X나 V처럼 로마 숫자에 정확히 기호가 있는 숫자끼리 나누는 것을 제외하고는 어렵기는 마찬가지였다. 로마 숫자의 경우 분수도 가능하다. $1/12$는 점으로 표현된다. 라틴어로 $1/12$는 'uncia'이다. 'ounce'나 'inch'도 여기서 유래했다. 그리고 이것의 반은 S로 표현되었다. 이 숫자 체계는 유럽에서 천 년 넘게 지속되었고, 이를 바꾸려고 시도할 때마다 많은 저항에 부딪혔다.

주판

탤리 스틱을 제외하고 가장 처음 사용된 계산기는 주판이 아니었다. 물론 기본적인 아이디어는 주판과 비슷했다. 기원전 2500년 전 수메르인들은 덧셈과 뺄셈을 하기 위해 60진법상의 다양한 숫자들에 해당하는 것을 열로 배치한 표를 사용했다. 그로부터 조금 후에 이집트인들은 조약돌을 이용하여 숫자를 표현하기 시작했는데, 이것은 나중에 페르시아나 그리스에서도 사용되었다.

현재 우리가 알고 있는 가장 오래된 주판은 아마도 중국의 산판일 것이다. 산판은 알이 홈에 들어 있는 것이 아니라 막대에 꿰어져 있다. 아래 칸에 있는 5개의 알은 1개가

중국의 산판이 가장 오래된 주판이다.

막대에 꿰어진 구조의
주판을 이용하면 숙련자는
엄청난 속도로 계산할 수 있다.

1단위고, 위 칸에 있는 두 개의 알은 1개가 5단위에 해당한다. 10진법에서는 아래 칸에 4개의 알이 있고 위 칸에는 1개의 알만 있으면 된다.

물론 아래에 5알, 위에 2알이 있는 5-2 구조의 주판을 사용하면 16진법 계산도 가능하고 8진법 계산도 가능하다.

홈이 파져 있는 구조와 달리 막대에 꿰어져 있는 구조는 빠르고 다루기가 용이하다. 주판을 이용하면 사칙연산을 위한 빠른 알고리즘을 제공할 수 있을 뿐만 아니라 제곱과 세제곱근 계산도 가능하다.

러시아 주판은 와이어에 10개의 구슬이 꿰어져 있는 구조로 중국의 산판에 비해 훨

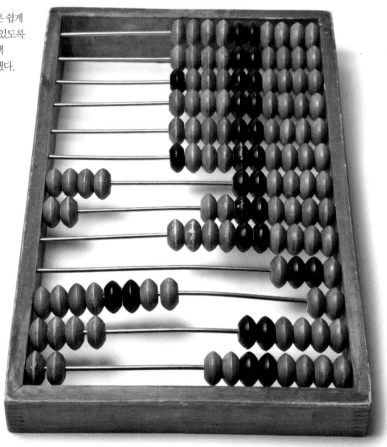

러시아 주판은 쉽게
수를 읽을 수 있도록
중간에 검은색
구슬을 사용했다.

씬 더 우리에게 친숙하다. 빠른 식별을 위해 각 와이어의 중간 정도에 있는 두 개의 구슬은 다른 것보다 색깔이 검기 때문에 굳이 세지 않아도 7과 8을 쉽게 구분할 수 있다.

천과 백만에 해당하는 와이어에 꿰어져 있는 마지막 구슬도 쉽게 읽을 수 있도록 하기 위해 다른 색을 띠고 있다. 십진법에서 천과 백만을 분리하기 위해 콤마를 사용하는 것과 같은 이치다.

주판은 연산 방법을 설명하기 위한 매우 훌륭한 도구이나 오늘날 대부분의 학교에서는 단순히 호기심의 대상일 뿐이다. 반면 아시아의 학교들은 주판을 암산능력을 훈련하기 위한 용도로 사용한다. 훈련을 하고 나면 어떤 학생들은 실제로 주판을 쓰지 않고 머릿속으로 주판알을 옮기는 상상만으로도 빛의 속도로 계산할 수 있다. 암산 주판 왕의 경우 2초 안에 15자리 숫자의 덧셈을 할 수 있다. 전자계산기를 사용하는 것보다 훨씬 빠른 속도이다. 하지만 주판이 매우 귀중한 물건으로 취급 받는 학교가 하나 있다. 만약 시각장애인이 숫자 계산을 해야 한다면 브라유 점자나 네메스 코드로 계산식을 쓰고 그 결과를 다시 읽어 들이는 것은 매우 힘들다.

앞이 보이지 않는 사람이 수학을 배우고 싶다면 두 가지 방법이 있다. 말을 하는 계산기 또는 주판을 사용하는 것이다. 이 두 가지 방법만이 당신이 원하는 것을 가르쳐 줄 것이다. 크랜머 주판은 시각장애인들이 사용할 수 있도록 특별히 디자인했고, 펠트 안감을 덧대어서 구슬이 실수로 움직이거나 미끄러져 자리를 이탈하지 않도록 설계했다.

이 크랜머 주판은 시각장애인이 쓸 수 있도록 개조되었다. 펠트 안감은 구슬이 미끄러지지 않도록 해주고, 수평 막대에 찍힌 점자는 사용자가 각각의 줄의 용도를 느낄 수 있도록 도와준다.

0으로 인한 혼란

존재하지 않는 어떤 것을 표현하는 숫자 0은 탄생 이후로 엄청난 혼란을 일으켰다.

탄생 시기를 놓고 봤을 때 0은 다른 숫자에 비해 매우 젊다. 인류가 숫자를 헤아리기 시작한 지 여러 세기가 지난 기원전 400년까지도 숫자 체계는 0의 존재 없이도 아무런 문제가 없었다.

0이 탄생하고 발생한 문제의 원인 중 하나는 완전히 다른 두 가지를 표현하는 데 0이 사용됐기 때문이다. 그중 하나는 물건이 존재하지 않음을 표현하는 것이고(0마리의

소를 가지고 있음), 다른 하나는 숫자 체계상 자릿수를 차지하는 것으로 85, 850, 805의 차이를 알 수 있게 하였다.

이 중 두 번째 기능은 바빌로니아 시대에 나타났다. 그 당시 바빌로니아에서는 805를 8"5로 표시했는데 따옴표 표시는 백과 일 자리 사이에 공간이 있음을 나타낸다. 당시 바빌로니아인들은 60진법 체계의 숫자를 사용했다. 따라서 이 표시는 3,600자리

우리는 0에 대해 매우 익숙해져 있다.
컴퓨터의 이진코드로 0과 1을 사용하고 있으며,
이제 0이 없는 세상은 상상할 수 없다.

0을 처음으로 사용했던 기록은 인도 마디아프라데시의
괄리오르에서 발견되었다.

와 1의 자리 사이에 0이 위치하고 있음을
표현한 것으로, 십진법과 기본적인 개념은
동일하다. 하지만 85와 850은 표기하는 방
법에 차이가 없었다. 따라서 문맥을 보고 파
악하는 수밖에 없었다.

숫자로서의 0은 130년경 이집트의 프톨
레마이오스에 의해 창안되었다. 그리스에
서도 0을 도입하여 사용했을 것이다. 0이
제대로 정착되어 사용되기 시작한 곳은 인
도였다. 수학자들은 숫자 사이에 공간이 있
음을 표현해야 하는 중요성은 알고 있었지
만 적절한 표기법을 찾지 못했다. 처음에는
점을 찍어 공간이 비어 있음을 표현했다.

처음으로 0을 숫자로 쓰기 시작한 것은
876년부터이다. 인도 마디아프라데시의 괄
리오르에 있는 정원은 187 × 270하스타의
크기로 하루에 50갈란드의 꽃을 생산할 수
있다고 기록되어 있다. 이 모든 숫자들은 오
늘날 우리가 사용하는 것과 거의 정확히 일
치한다.

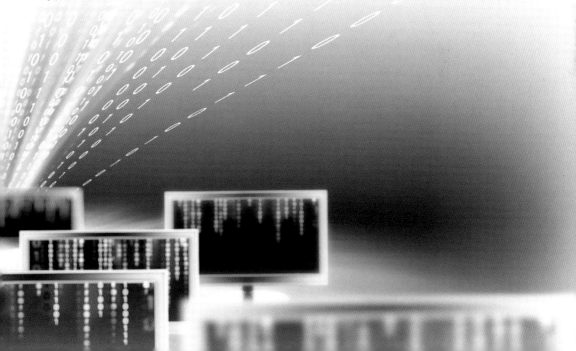

괄리오르에서 0을 사용한 기록이 나온 것은 실제로 사용될 수 있는 개념으로 0이 창안된 후 한참 지난 뒤였다. 7세기경 인도의 수학자이자 천문학자였던 브라마굽타는 연산에서 0을 사용하기 위한 기본 규칙을 제시했다. 0을 더하거나 빼더라도 아무것도 달라지지 않으며, 0에 어떤 수를 곱하거나

인도의 수학자 바스카라 2세는 오늘날 골굼바즈 사원이 있는 카르나타카의 비자푸르 지역에서 태어났다.

나누면 그 결과는 아무것도 남지 않는다는 것이었다.

그는 어떤 수를 0으로 나누는 것도 가능하다고 믿었고 그 결과 7/0과 같은 분수가 나

238

올 수 있었다. 500년 후 또 다른 인도의 수학자이자 천문학자인 바스카라 2세는 $n/0$은 무한대가 된다고 주장했지만 이 주장은 곧 다양한 종류의 역설에 부딪혔다.

오늘날의 수학자들은 천 년 동안이나 어떻게 0을 쓰지 않고 수학이 발전해 왔는지 이해할 수 없어 한다. 하지만 현실이었다. 0은 카르단 시대까지만 하더라도 흔하게 사용되지 않았고 르네상스 시대를 지나서야 제대로 자리잡았다. 수학의 중대한 발전이 0을 사용하고 나서 이루어졌다고 확신할 수는 없지만 그럼에도 불구하고 나는 그렇게 이야기하고 싶다.

그보다 더 같을 수는 없다

수학자들은 일반적으로 게으르다. 문제 풀 시간을 1시간 준다면 아마 그들은 문제를 풀기보다는 어떻게 하면 5분 안에 풀 수 있을지 그 방법을 찾는 데 55분을 쓸 것이다. 그리고 수학자들이 무언가를 적을 때는 매우 간결하게 적는다. 미사여구가 들어갈 틈이 없다.

다음의 2차 방정식에서 그 의미를 자세하게 살펴보자.

$$ax^2 + bx + c = 0$$

이면

$$x = \frac{-b \pm \sqrt{b^2 - 4ac}}{2a}$$

이 방정식의 의미를 풀어서 설명하자면, 원래 숫자의 제곱에 그것과 어떤 숫자를 곱한 값에 원래 숫자에 다른 숫자를 곱한 값을 더하고 이것에 세 번째 숫자를 더한 합이 0이 될 경우, 그 어떤 숫자를 계산해낼 수 있다는 뜻이다.

당신이 어떤 숫자를 구하기 위해 해야 할 일은 두 번째 숫자의 제곱에서 첫 번째와 세 번째 숫자의 곱에 4를 곱한 값을 빼고 그 결과에 제곱근을 취하는 것이다.

이 결과값을 두 번째 숫자의 음수에 더하거나 빼서 첫 번째 숫자의 2배로 나누게 되면, 해답을 얻게 된다.

실제로 수학 역사의 상당한 기간 동안 이렇게 풀어서 방정식을 표현했었다. 덧셈을 표현하는 +도 14세기가 되어서야 사용하기 시작했다. 이것은 니콜 오렘이 'and'라는 뜻을 가진 단어 'et'을 축약하는 과정에서 도입

오렘은 프랑스 루앙 대성당의
주임사제였다.

한 것으로 추측된다. 그 이전에는 'plus'와 'minus'를 뜻하는 p와 m을 사용하였다. 어떤 사람들은 m 위에 물결표(~)를 표시하여 그것이 단순한 알파벳이 아니라 마이너스를 뜻하는 것임을 표시하기도 하였다. 그 후 m은 없어지고 물결표만 남게 되었고, 세월이 지나면서 물결 무늬가 오늘날과 같은 −로 바뀌었다.

《기지의 숫돌》이란 책에서 웨일즈 출신의 로버트 레코드(1512~1558)는 게으름이 무엇인지 제대로 선보였다. 그는 이렇게 말했다.

"나는 계속해서 반복되는 'is equal to'라는 문구를 평행한 같은 길이의 두 개의 선으로 대체했다. 즉 =가 되는 것이다. 두 개의 물건이 이것보다 정확히 같은 경우는 없기 때문이다."

우연히도 책의 제목에 언어 유희적 측면이 있다. 대수학은 'cosslike practice'로 알려져 있고, 'cos'는 라틴어로 숫돌을 의미한다. 대수학이 생각을 연마하는 도구라는 것을 잘 표현한 것으로 보인다. 등호가 즉각 널리 사용되지는 않았다. 어떤 사람들은 ‖ 기호를 사용하기도 하였고, 다른 사람들은 라틴어로 'equal'에 해당하는 단어인 'æqualis'의 약자 'æ'를 사용하길 고집했다.

"모든 인간은 평등하다. 하지만 어떤 사람들은 다른 사람들보다 더 평등하다."

– 조지 오웰

레코드는 옥스퍼드의 올 소울스 대학의 정교수였다.

영국의 수학자 월리스(1616~1703)는
무한대를 의미하는 기호를
처음 제안했다.

1600년대까지는 수학 기호의 발전이 매우
더디었다. 250년 동안 새로 도입된 기호가
6개 남짓이었다. 이는 더하기, 빼기, 라디
칼, 괄호, 등호이다.

　1600년대 이후로는 새로운 수학 기호의
도입이 매우 활발해졌다. 이미 18세기 전에
다음과 같은 것들이 등장했다.

- 곱셈 부호, 윌리엄 오트레드가 생각해
  낸 비율을 뜻하는 기호 ∷, 그리고 sin
  과 cos과 같은 약어.

- 존 월리스가 창안한 무한대 기호 ∞
- 요한 란이 만든 나눗셈 기호 ÷
- π(원주를 뜻하는 그리스어의 첫 번째 글
  자)는 원의 지름과 둘레 사이의 비를
  나타낸다. 윌리엄 존스에 의해 제안되
  었으나 오일러가 사용하기 시작하기
  전까지는 널리 퍼지지 못했다.

　수학자들은 혼란을 방지하기 위해 변수
로 사용할 수 있는 알파벳은 되도록이면
기호로 쓰지 않도록 최대한 노력했다. 라

이프니츠가 알파벳 'd'를 미분을 뜻하는 기호로 사용하면서 이 원칙에서 약간 벗어나긴 했지만, 이 용도로 사용된 d는 변수로 사용되는 이탤릭체 d가 아니라 로만체로 사용되었다.

오일러도 알파벳 'e'를 기호로 쓰는 실수를 했다. 비슷한 경우로 'f'도 있지만 함수가 어떤 경우에는 변수로 사용될 수도 있으므로 그다지 큰 문제는 되지 않았다.

수학 기호는 7세기가 바뀌는 동안 우연한 계기로 만들어지고, 그것을 쓰는 사람들의 편이성과 취향에 따라 발전되었다. 이는 오늘날 통용되고 있는 기호들도 사실은 위태로운 무질서함 속에 놓여 있다는 것을 의미한다. 소수점으로 사용하자는 기호에 대해서도 전 세계적으로 합의가 이루어진 바 없다. 영어권에서는 점(.)으로, 다른 지역에서는 쉼표(,)로 표현되고 있다.

안타깝게도 영어 철자와 쿼티 키보드보다 훨씬 더 좋은 대안이 등장하더라도 현재 이것들이 너무 견고하게 자리잡고 있어 쉽게 바뀌기는 힘들 것이다.

느리고 불편한 쿼티 키보드는 우리가 워낙 이것에 익숙해져 있고 바꾸기를 싫어하기 때문에 여전히 건재하다.

폴란드 표기와 역 폴란드 표기

물론 정말 뛰어난 천재에게 전자계산기는 필요 없다.
암산만 해도 계산이 가능한데 굳이 왜 필요하겠는가?

하지만 기계의 도움을 받기 위해 고개를 숙
여야만 하는 많은 사람들에게 살 만한 가치
가 있는 계산기는 단지 한 종류이다. 역 폴
란드 표기(Reverse Polish Notation) 또는
RPN을 사용하는 계산기이다.

　다음의 식을 쓰기 위해 버튼을 엄청나게
혹사시키는 대신

$$\left(\frac{4\pi+7}{3}\right)^{\pi^2}$$

RPN 사용자들은 아래와 같이 치면 된다.

$$4\,\pi \times 7 + 3 \div \pi\, 2 \wedge \wedge$$

읽기 어려운가? 아마도 그럴 수 있다. 하지만 보라. 괄호를 사용하지 않고 있다!

얀 우카시에비치(1878~1956)는 영감을 얻어 1924년 소위 폴란드식 표기법을 도입했다.

각 함수가 몇 개의 피연산자를 취하는지 알면 폴란드식 표기법으로 '문장'을 정확히 정의할 수 있다. 이것이 'arity'이다. 예를 들면 +는 덧셈을 하려면 2개의 숫자가 필요하기 때문에 arity가 2이다. 사인과 같은 함수는 하나의 인수만 필요하므로 arity가 1이다.

폴란드와 역 폴란드의 유일한 차이는 RPN에서는 함수가 인수 전에 오지 않고 다음에 오는 것이다. 이렇게 쓰는 편이 훨씬 더 효율적이다.

폴란드 논리학자이자 철학자인 우카시에비치는
바르샤바 대학과 리비우 대학의 교수였다.
2차 세계대전 이후 그는 추방당하여
더블린에서 살았다.

역 폴란드 표기법의 원리

역 폴란드 표기법을 사용하기 위해서는 영어 문장을 읽듯이
수식을 왼쪽에서 오른쪽으로 읽어나가야 한다.

숫자의 경우 스택에 채우고 함수의 경우 스택 끝에 쌓여 있는 것들을 적당히 적용하면 된다.

$$4\pi \times 7 + 3 \div \pi2 \; {}^{\wedge\wedge}$$

이 예의 경우 먼저 4와 π를 스택에 채우는 것으로부터 시작한다. [2]

×는 가장 끝에 위치한 두 개를 서로 곱해서 그 결과로 대체하라는 뜻이다. 지금 현재 스택에는 4와 π밖에 채워져 있지 않다. 이 값은 약 12.6 정도이다. [3]

그 다음에는 7을 스택에 채운다. [4]

+ 기호는 스택에 쌓인 가장 끝에 있는 두 개를 서로 더한 후 그 결과로 대체하라는 뜻이다. 이 단계에서는 $4\pi + 7$까지 계산이 진행되고 이 값은 약 19.6이다. [5]

그 다음엔 3을 스택에 더하고 [6], 마지

$4\pi \times 7 + 3 \div \pi2 \, {}^{\wedge\wedge}$	$\times 7 + 3 \div \pi2 \, {}^{\wedge\wedge}$	$7 + 3 \div \pi2 \, {}^{\wedge\wedge}$	$+ 3 \div \pi2 \, {}^{\wedge\wedge}$	$3 \div \pi2 \, {}^{\wedge\wedge}$
	4		12.5663706	
	π	12.5663706	7	19.5663706
1	**2**	**3**	**4**	**5**

막 두 숫자를 서로 나누면 된다(약 6.5). **[7]**

다음은 스택에 π와 2를 더한다. 그러면 6.5, π, 2의 순서로 쌓인다. **[8]**

캐럿($\wedge$) 표시는 끝에서 두 번째 숫자에 마지막 숫자를 지수로 사용하여 계산하라는 뜻이다. 이 결과는 약 9.9가 되고 스택은 6.5, 9.9가 된다. **[9]**

마지막으로 끝에서 두 번째 숫자를 지수로 하고 마지막 숫자를 밑으로 하는 지수 계산을 한다. 그러면 최종 결과값은 110,000,000 정도가 된다. **[10]**

이것이 당신이 RPN을 이용할 때 통과하게 되는 일련의 과정이다. 앞에서 본 복잡한 분수와 괄호를 이용한 계산을 다 하더라도 결국 같은 값을 얻는다.

컴퓨터가 전통적 표기법보다 훨씬 이해하기 쉽고 분석하기 용이하다는 점 외에도 RPN이 가진 많은 장점 중 하나는 연산의 순서에 신경 쓸 필요가 없다는 것이다. 그냥 쓰여 있는 대로 연산을 하면 된다.

만약 내가 수학적 표기 방법을 다시 디자인한다면(솔직히 다시 만들 수도 있다.) 나는 틀림없이 역 폴란드 표기로부터 시작할 것이다.

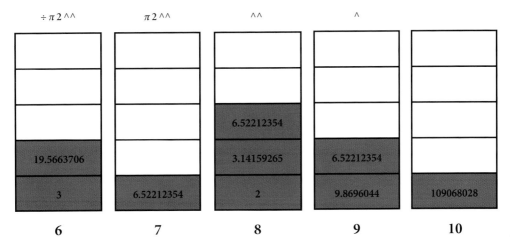

CHAPTER 11
스코틀랜드 카페

한 교수가 늦은 밤 크라쿠프 공원에서 벌어진 열띤 토론에 끼어들고,
가구를 보호할 뿐만 아니라 기록을 보존하기 위해 노트를 사고,
폴란드 TV에서는 살아있는 거위가 등장하고 낙타는 혼란스러워 하고 있었다.

슈타인하우스는 저녁에 공원을
산책하다 듣게 된 이야기에 깜짝 놀랐다.

리비우

리비우라는 도시는 슬로바키아와 폴란드의 국경 가까이 위치한
오늘날 우크라이나의 서쪽 지방이다.

20세기 이후 이곳은 여러 시대를 거치면서
폴란드의 도시 르보프라 불린다. 오스트리
아-헝가리 시대에는 렘베르크, 소련 시절에
는 리비우로 불렸으며, 라틴어로는 사자의
도시라는 뜻을 지닌 레오폴리스였다. 르보

프는 폴란드에서 세 번째로 큰 도시였으나
소련과 서유럽의 교차점에 위치하여 무역
의 중심으로서 매우 중요했고 문화와 학문
의 중심으로는 단연 으뜸인 도시였다.
　1608년에 설립된 르보프 대학은 유럽에

르보프 대학은 유럽에서 가장
오래된 대학 중 하나이다.

서 가장 오래된 대학 중 하나이다. 1901년에는 르보프 과학 학회가 만들어졌다. 설립 시 원래 이름은 폴란드 과학 지원 협회였다가 지금의 이름으로 바뀐 것은 1920년이다.

이 학회의 회원으로는 발진티푸스 백신을 처음으로 개발한 루돌프 베이글, 최초로 남극에서 겨울을 보낸 과학자 헨리크 악토브스키, 그리고 수학자 스테판 바나흐가 있다.

바나흐는 집 근처에 있는 카페에 들러 동료들과 수학에 대해 말하는 것을 습관처럼 해왔다. 수학자들이 테이블에 자꾸 증명 과정을 적어서 카페 주인이 화가 났는지, 아니면 테이블에 적어 놓은 것을 카페 측에서 닦아버려서 수학자들이 화가 났는지는 알 수 없다.

노트를 사기로 한 것이 누구의 아이디어인지는 분명하지 않다. 아마도 스코틀랜드 카페의 주요 인물 중 하나였던 바나흐를 남

폴란드 크라쿠프에 있는 수학자 바나흐의 기념 동상.

현재 스코틀랜드 카페 모습.

스코틀랜드 카페는 아직도 그 자리에 있다. 체스판과 커피포트는 오래 전에 사라졌고 대신 은행이 들어섰다. 하지만 지난 10여 년 동안 르보프에서 위대한 수학자를 찾고 싶다면 스코틀랜드 카페에 들러보면 됐었다. 오후 5시에서 7시 사이에 이 카페를 방문해서 가운데 테이블에서 서로를 향해 소리지르고 있는 사람들을 찾으면 된다.

그곳엔 틀림없이 위대한 수학자 휴고 슈타인하우스가 있었을 것이다. 논란의 여지가 있긴 하나 그는 함수 분석의 토대를 닦은 사람이다. 그리고 그의 제자 바나흐도 볼 수 있을 것이다. 그는 워낙 뛰어난 인물이어서 학계에서도 쉽게 무시할 수 없는 존재였다.

이외에도 맨해튼 프로젝트에 참여하게 된 스타니스와프 울람, 드럼 소리를 듣고 드럼의 형태를 유추할 수 있도록 해주는 스펙트럼 이론을 창안한 마크 칵, 창의적인 위상 수학자 카롤 보르수크, CAT 스캔을 개발한 스테판 카츠마츠, 슈타인하우스와 바나흐와

편으로 둔 루시아가 아닐까 싶다.

그들이 처음에 모이기 시작한 장소는 로마 카페였다. 그곳에서 그들은 체스를 두고 커피와 맥주를 마시며 그날의 수학 문제에 대해 논쟁을 벌였다. 수학자들은 여러 주제에서 의견을 달리 했다. 가구에 대한 것이었을 수도 있고 외상에 관한 것이었을 수도 있다. 어쨌든 그들은 얼마 지나지 않아 길 건너 스코틀랜드 카페로 갔다.

함께 케이크를 공평하게 나누는 방법을 제
안한 브로니스와프 내스터,《적분 이론》을
집필했던 스타니스와프 삭스, 동료 수학자
페르 엔플로를 폴란드 TV에 살아있는 거위
와 함께 출연시켰던 스타니스와프 마주르
를 만날 수 있다.

1930년 르보프에 모인 수학자들.

1) 흐비스텍, 2) 바나흐, 3) 로리아
4) 쿠라토프스키, 5) 카츠마츠, 6) 샤우더
7) 슈타르크, 8) 보르수크, 9) 마르케프스키
10) 울람, 11) 자와즈키, 12) 오토
13) 존, 14) 푸차리크, 15) 슈푸나르

스코틀랜드 북(BOOK)

바나흐 부인이 구입했던 노트에 있던 몇몇 문제와 마찬가지로
153번 문제에도 포상금이 걸려 있었다.
마주르는 그 문제를 푸는 사람에게 살아있는 거위를 주겠다고 약속했다.

대공황 시기의 폴란드에서 상금은 비싼 거위가 아니더라도 맥주 두 잔, 와인 한 병 등이면 충분했다. 하지만 난이도가 높은 최근의 문제를 풀었을 때에는 노이만이 제공한 캐비어 100g, 케임브리지의 도로시에서의 점심, 제네바의 퐁듀와 위스키 한 병이 상으로 주어졌다.

그 책은 카페에 있었고 어느 누구나 책을 보자고 할 수 있었다. 원칙적으로 수학자들이 많은 시간을 들여 토론한 후, 책의 왼쪽 페이지에 문제를 기록했다. 그리고 문제의 해답이 도출되면 오른쪽 페이지에 그 해답을 적었다. 크나스테르-쿠라토프스키-마주르키에비치 지도, 르베그 측도, 립시츠 조건을 비롯하여 몇 개의 문제는 꽤 명쾌하게 정리할 수 있었다.

예를 들어 38번 문제에서는 N명의 사람이 있고 각자 연락하는 사람을 무작위로 k명 고를 수 있다고 한다. 여기서 N이 충분히 클 경우, 각자의 연락망을 통해 모든 사람이 다 연결될 확률은 얼마일까? k가 적어도 2 이상일 경우 모든 사람들이 서로 연결될 수 있음이 밝혀졌다. 그러나 k가 1일 경우에는 불가능하다.

루지비츠가 출제한 59번 문제는 정사각형을 각각 크기가 다른 유한한 개수의 작

스코틀랜드 북의 일부.

일반적이지 않은 방법으로
사람들을 연결시키는 것이
스코틀랜드 북 38번
문제의 핵심이다.

59번 문제에 대한 해답 중
21개의 정사각형으로
나누는 방법.

은 정사각형으로 나누는 것이었다. 이 문제는 1940년 로널드 스프래그가 55개의 작은 정사각형으로 나누는 방법을 찾아내면서 그 해답이 풀렸다.

하지만 이 답은 더 많은 질문을 야기했다. 과연 이게 유일한 정답일까? 가장 작은 수의 정사각형으로 나눌 수 있는 경우는 몇 개인가? 그 해 말쯤 브룩스는 26개의 작은

정사각형으로 나눌 수 있는 방법을 발견했다. 하지만 이것도 가장 적은 숫자의 답은 아니었다. 1960년대에 들어서 듀이베스타인은 적어도 21개의 정사각형이 필요하다는 것을 증명했다. 하지만 21개의 정사각형으로 나누는 방법이 밝혀진 것은 1978년에 이르러서였다. 처음 문제가 출제된 지 거의 40년이 지난 시점이었다.

스테판 바나흐

1917년의 어느 저녁, 휴고 슈타인하우스 교수는 크라쿠프 공원을 산책하다
누군가 벤치에서 토론하는 것을 우연히 듣게 된다.

평범한 대화는 아니었다. 두 사람은 르베그 적분에 대해 매우 심도 있는 토론을 하고 있었다. 이 분야는 슈타인하우스조차 최근에야 접하게 되었던 생소한 분야였다. 두 사람 중 한 명은 스테판 바나흐(1892~1945)였다.

바나흐는 대학에서 요구하는 모든 시험을 거부했으나 박사학위를 취득했다. 그가 발표한 많은 논문과 아이디어는 교칙을 뛰어넘을 만큼 훌륭했던 것이다. 1920년대에 바나흐는 르보프 대학의 교수가 됐고 르보프 수학 대학을 설립하기까지 했다. 1941년

독일이 르보프 대학을 점령하자 그는 교수직에서 배제되었고, 1944년 소련군이 점령할 때까지 루돌프 베이글의 실험실에서 이에게 먹이 주는 일을 했다. 바나흐는 크라쿠프로 다시 돌아가려 했지만 이듬해 폐암으로 사망했다.

그는 20세기의 가장 영향력 있는 수학자로서 매우 많은 업적을 남겼다. 특히 벡터공간 이론인 바나흐 공간과 바나흐-타르스키 역설은 아주 유명하다. 그의 논문 〈선형 연산 이론〉은 함수 분석 분야의 실질적 토대를 제공한 연구로 평가된다.

2차 세계대전이 끝날 무렵,
폐허로 변한 바르샤바.

페르 엔플로와 거위

153번 문제

연속 함수 $f(x, y)$가 $0 \leq x, y \leq 1$ 그리고 숫자 $e > 0$인 영역에서 정의되어 있을 때, 다음과 같은 특성을 갖는 $a_1 \cdots a_n, b_1 \cdots b_n, c_1 \cdots c_n$과 같은 수가 존재하는가?

$$|f(x, y) - \sum_{k=1}^{n} c_k f(a_k, y) f(x, b_k)| < e$$

상금: 살아있는 거위

마주르, 1936년 11월 6일

함수 분석에 정통하지 않은 이상, 153번 문제를 폴란드어에서 영어로 번역한 것만으로는 큰 도움이 되지 않는다. 오늘날 이 문제는 "분해 가능한 바나흐 공간은 샤우데르 기저를 가질 수 있는가?"로 바뀌있다.

이 예는 함수 분석 문제에서 흔히 볼 수 있다. 9개의 단어로 문제를 표현할 수 있고 그중 2개는 고유 명사이며 나머지 7개는 꽤 일반적인 영어 단어이다. 하지만 당신이 바나흐 공간과 샤우데르 기저에 대한 지식이 없다면 이 문제를 이해하는 것은 불가능하다. 따라서 당신은 바나흐 공간에 대해 찾아 봐야 한다. 그것은 실수와 복소수 공간까지 포함하는 완전한 벡터 공간이다. 이제 당신이 찾아봐야 하는 것은 3개가 더 남았다.

스코틀랜드 북에 수록된 대부분의 문제와는 달리 153번 문제는 답을 찾기가 어렵다. 전해지는 이야기에 의하면, 바나흐는 스코틀랜드 북에 문제가 기록되기만 하면 책을 집으로 가져갔고, 다음 날 전체적인 증명 개요를 들고 카페로 왔다고 한다. 하지만 이 문제의 경우는 달랐다. 이 문제가 샤우데르 기저와 깊이 연관되어 있다는 것을 파악했음에도 불구하고 그 후 35년간 별다른 진전이 없었다.

그러던 중, 1955년 알렉산더 그로텐디크는 153번 문제가 함수 근사 문제와 동일하다는 것을 밝혀냈다. 그 후 문제는 "모든 바나흐 공간은 근사 특성을 가지는가?"로 표현하게 되었다.

질문에 대한 답은 '아니오'이다. 1972년 스웨덴 수학자 페르 엔플로는 샤우데르 기저와 근사 특성을 이용하지 않고도 바나흐 공간을 구성하는 데 성공했고, 두 문제를 해결함으로써 동시에 153번 문제도 풀 수 있게 되었다.

마주르는 36년이란 세월이 흘렀다고 해

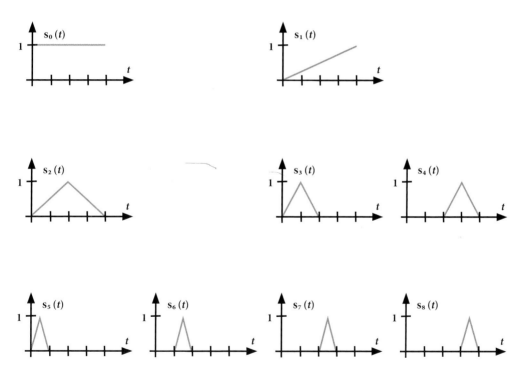

샤우데르 기저의 한 예. [0, 1]에서 연속적인 어떤 함수도 함수의 곱을
더함으로써 만들어낼 수 있고 이것은 무한대로 가능하다.
다음 라인은 8개의 좁은 피크, 그 다음은 16개와 같은 식이다.

두 수학자가 만나는 장면이 방영된 TV 쇼에서 살아있는 거위는 스타 대접을 받았다.

엔플로는 부상으로 거위를 받았을 뿐만 아니라 함수 분석에서 사용할 수 있는 새로운 기법을 개발했다.

서 처음 내걸었던 약속을 저버리는 사람은 아니었다. 그는 과거에 이 문제를 푸는 사람에게 포상금을 주겠다고 했었고, 결국 엔플로가 그 주인공이 되었다. 그 후 폴란드 TV는 한 수학자가 격식을 갖춘 행사장에서 다른 수학자에게 살아있는 거위를 전달하는 모습을 방송했다.

울람은 1939년 독일이 폴란드를 침공하기 2주 전에 그의 가족들과 함께 미국으로 떠났다.

스타니스와프 울람

스타니스와프 울람(1909~1984)은 르보프에서 태어났고 르보프 수학 학회의 회원이었다. 스코틀랜드 북에 수록된 200여 개의 문제 중 1/3 이상은 울람이 출제했다. 2차 세계 대전 이후 남아 있던 폴란드어 사본을 영어로 번역한 사람도 그였다. 울람은 1930년대에 폴란드에서 연구했을 뿐 아니라, 프린스턴 고등연구소에서 존 폰 노이만과도 연구하며 보냈다.

1943년에 울람은 극비 프로젝트였던 맨해튼 프로젝트에 참여해 달라는 초청을 받았다. 그는 도서관에서 그곳의 가이드북을 대출하여 읽어봤고, 그 프로젝트가 무엇을 위한 것인지 감을 잡을 수 있었다. 그 가이드북을 빌려봤던 물리학계의 저명한 교수들이 수수께끼처럼 사라졌단 사실을 알아냈기 때문이다.

1946년 그는 뇌염을 앓다 회복하는 동안 혼자서 하는 카드게임인 솔리테어를 즐겨했다. 그는 그 게임을 이길 확률이 얼마나 될지 궁금했다. 무수히 많은 게임을 통해 경험적으로 그는 그가 얼마나 자주 이기는지 추측할 수 있게 되었고, 통계학을 이용하여 그의 추측이 얼마나 정확한지도 계산할 수 있게 되었다. 이것이 바로 몬테카를로 시뮬레이션의 탄생 배경이다. 까다로운 문제에 대해 멋진 수학적 해를 찾아내는 대신, 무작위 조건에서 컴퓨터로 하여금 시뮬레이션을 하도록 하면 그 평균적인 결과값을 알아

낼 수 있다는 이론이다.

비록 로스앨러모스의 컴퓨팅 파워는 제한적이었으나 그의 연구팀들에게는 전통적인 방법으로 까다로운 문제의 해를 구하는 것보다 훨씬 효율적인 접근법이었다. 노이만과 메트로폴리스는 1947년 처음으로 이 방법을 중성자 확산 이론 연구에 사용하였다.

울람은 또한 울람 나선의 창시자이다.

어윈 골드슈타인 상병(앞쪽)이 에니악의 스위치를 설정하고 있다. 세계 최초의 이 전자식 컴퓨터는 2차 세계대전 때 사용된 수소폭탄을 개발하기 위한 계산에 응용되었다.

1963년 그는 숫자들을 가지고 낙서하다 숫자들을 나선형으로 배열한 후 소수에만 색칠해보았더니 놀랍게도 소수들이 대각선으로 정렬해있었다. 소수를 생성하는 데 필요한 어떤 공식이 있는 것은 아니었으나 $P = x^2 - x + 41$과 같은 간단한 식을 통해 생각보다 훨씬 자주 소수들이 나타난다는 것을 알게 되었다.

이러한 패턴은 울람이 최초로 발견한 것은 아니었다. 30여 년 전 로렌스 클라우버가 삼각형 그리드를 이용하여 비슷한 현상을 발견했고, 1956년 아서 클라크도 소수 나선에 대해 언급한 바 있다. 하지만 그들은 이것을 그림으로 표현하지는 않았다.

울람은 1984년 심장마비로 사망했다.

"믿음을 잃지 마라. 수학은 우리를 지켜주는 튼튼한 요새이다. 수학은 늘 그랬듯 어려운 역경을 딛고 해결해낸다."

– 울람

모든 숫자를 다 사용한 울람 나선.

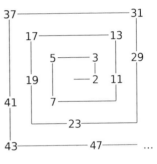

소수만 사용한 울람 나선.

울람 나선은 소수와 합성수에 나타난 패턴을 보여준다.

스코틀랜드 북의 결말

2차 세계대전이 불러온 사회적 혼란은 스코틀랜드 북에도 영향을 미쳤다. 책은 나치가 침공하자 사라졌다가, 1945년 바나흐가 사망한 후 그의 유품에서 발견되었다.

바나흐의 아들은 이 책을 슈타인하우스에게 보여주었고, 슈타인하우스는 이를 타자기로 친 후, 그 사본을 1950년대에 울람에게 전달하였다. 그 후 울람은 책을 가지고 로스앨러모스로 이주했다.

책을 열람하고자 하는 요청이 반복되자,

1979년 노스텍사스 대학에서 이 책을 논의하기 위한 컨퍼런스가 개최됐다. 이 즈음 책에 실려 있던 문제 중 3/4 정도는 이미 해답이 밝혀진 상태였다. 이를 계기로 새로운 스코틀랜드 북이 세계 곳곳에서 새롭게 등장하게 되었다.

나치가 침공하자 스코틀랜드 북을 축구 골대 밑에 묻어 안전하게 보관하자는 계획도 세워졌다. 다행히도 책은 땅에 묻히지 않고도 보존됐다.

오래 전부터 펍이나 카페는 논쟁을 벌이는 장소로 사용됐다.

매스잼

매월 두 번째 화요일 옥스퍼드에 위치한 'Jam Factory', 혹은 카디프에 있는 'Grape and Olive'를 비롯하여 세계 곳곳에 있는 10여 군데의 펍에 가면 전성기 때 스코틀랜드 카페에서 볼 수 있었던 것과 유사한 장면을 보게 될 것이다. 학생에서부터 은퇴한 교수에 이르기까지 일군의 흥분한 수학자들이 테이블에 모여 앉아 게임을 하고 퍼즐을 풀거나 수학 문제에 대해 토론을 하는데, 이러한 모임이 바로 매스잼(MathsJam)이다.

매스잼은 학술적인 단체는 아니다. 그러나 주로 대학가를 중심으로 뭉치며, 그곳에서는 수학에 관심이 있는 사람이면 누구나 환영 받는다.

대부분의 수학 모임들은 수학 실력을 빨리 키우거나, 중등교육 자격 검증시험에서 좋은 점수를 받는 등의 교육적인 목적을 내세운다. 반면 매스잼은 저녁에 펍에서 수학 그 자체를 위해 하는 모임이다.

아직까지는 문제를 내고 그 해답을 찾는 사람에게 살아있는 거위를 상금으로 준다는 사람은 없었다. 하지만 이는 시간 문제일 뿐 곧 나타날 것이다. 매스잼 모임에 대해 알고 싶다면 mathsjam.com을 방문해봐도 좋다.

바나흐–타르스키 역설

수학적 세계에 존재하는 공을 하나 골라 머릿속에 떠올리고 다섯 조각 정도로 잘라보자.
그리고 다시 합쳐보자. 처음과 정확히 같은 공이 두 개 생겼다!

"골프공이냐고? 그건 아니다!"

이것이 무에서 유를 창조해낼 수 있다는 바나흐-타르스키 역설이다. 공이 비어 있거나 크기가 다르다는 등 싸구려 속임수처럼 들릴 수도 있다. 하지만 선택 공리가 인정된다면 수학적으로 정당한 방법이다.

만약 골프공이 수학적 개체라면 이론적으로는 그것을 유한한 숫자의 조각으로 분해한 후 이것들을 다시 합쳐 쿠푸의 피라미드를 건설할 수도 있다. 그렇다면 금으로 된 공을 날카로운 칼로 자른 다음 다시 합치면 처음보다 더 많은 금을 얻을 수 있다는 말인가? 안타깝게도 불가능하다. 수학적 개체는 물리적 세계의 개체들보다 훨씬 미세한 조각으로 쪼개질 수 있다. 하지만 실제 세계에서는 원자 구조와 같은 세세한 것들이 개입하게 된다. 두 번째 큰 문제점은 당신이 수학적으로 쪼개어 만들어야 할 형상이 매우 기묘하다는 것이다. 심지어 그것들은 정의된 부피도 가지고 있지 않다.

선택 공리가 참이라고 가정한다면 바나흐-타르스

선택 공리에 의하면 공을 잘게 쪼갠 후 다시 붙여 두 개의 공을 만들 수 있다.

키 역설은 3차원 혹은 고차원에서도 성립하나 1차원이나 2차원에서는 성립하지 않는다. 특히 3차원에서의 회전은 2차원보다는 훨씬 더 복잡하다. 2차원에는 노이만 역설이 있다. 정사각형을 조각으로 분해한 후 면적이 변하지 않도록 변환한다. 그 후 이 조각들을 다시 모으면 첫 번째 정사각형과 같은 크기의 정사각형을 두 개 만들 수 있다는 것이다.

고등수학 분야에서 가장 유명한 유머가 있다. '바나흐-타르스키'의 철자를 바꾸면 '바나흐-타르스키-바나흐-타르스키'가 된다는 것을 알고 있는가?

선택 공리

앞에서 봤듯이 공을 잘게 조각으로 쪼갠 후 다시 붙였을 때
원래 시작했던 것의 두 배가 된다는 아이디어는 선택 공리를 기초로 한 것이다.
그렇다면 선택 공리란 무엇일까?

비어 있지 않은 두 개의 집합이 합쳐져서 생
성된 집합은 공집합이 아니라는 것은 상당
히 합리적인 생각이다. 당신에게 공이 들어
있는 자루가 많이 있다고 치자. 무한대의 자
루라고 해도 마찬가지이다. 각 자루에서 하
나씩 공을 꺼낼 수 있다.

　만약 자루의 숫자가 유한하거나 공을 구
별할 수 있는 수단이 있다면 아무 문제가 없
다. 하지만 여기서는 무한대의 자루와 모두
같은 공이 들어 있는 경우이다. 다른 종류의
집합 공리로는 이것을 해낼 수 있는 방법이
없다. 사실 쿠르트 괴델의 증명에 따르면 반
대 공리를 가정했을 때 다른 공리들과 부딪
히지 않는다. 즉 선택 공리를 받아들일 것인
가에 있어 선택의 자유가 있다는 것이다.

　오늘날 대부분의 집합 이론에서 이 공리
는 논란 없이 쓰인다. 하지만 두 개의 무한
집합의 크기(cardinality)를 연결했던 타르스
키의 최초 논문은 두 사람의 편집 위원으로
부터 거절당했다. 한 명은 프레셰였는데 타

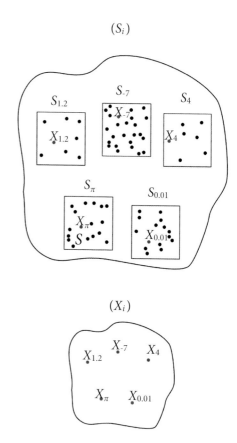

만약 어떤 집합 S_i에 들어 있는 원소가 서로 상호
배타적이라면 각 집합 S_i로부터 하나의 원소를 꺼내서
만든 X_i라는 집합이 존재해야 한다.

러셀은 선택 공리에 대해 고심할 때
무한대의 양말과 신발을 상상했다.

르스키가 연결하고자 했던 두 개의 집합이 참이므로 그 결과로 나타난 것을 새로운 결과로 볼 수 없다고 했다. 다른 한 사람은 르베그였다. 그는 타르스키가 연결하고자 했던 두 가지가 명백히 거짓이므로 그 결과는 의미가 없다고 했다.

"선택 공리는 무한대의 양말로부터 집합을 만들기 위해 필요했다. 하지만 무한대의 신발로부터는 아니었다."

– 러셀

CHAPTER 12
게임하기

한 사람은 최선의 결정을 내리는 방법을 찾고,
TV 게임 쇼의 출연자들은 죄수 게임에 참여한다.
컴퓨터는 즐기는 방법을 배우고,
컴퓨터 전문가는 일확천금을 노려 도박을 한다.
그리고 우리는 캐딜락을 받을 수 있는 길을 연다.

수학은 '거래를 합시다'와 같은 TV 쇼에서
1등 상품인 캐딜락 차를 받을 수 있는
최상의 전략을 짜는 데 도움을 줄 수 있다.

존 폰 노이만

앨런 튜링처럼 존 폰 노이만(1903~1957)도 이 책에서 다루고 있는 여러 분야에 완벽하게 어울리는 인물이다. 20세기 초반 등장한 거의 모든 중요한 과학 분야에 그의 흔적이 남아 있다.

양자역학은 어떤가? 그렇다. 그가 연산자 표기법을 도입했다. DNA는? 자가 복제가 입증되기도 전에 이 존재를 예견했다. 맨해튼 프로젝트는? 그는 거기에도 참여했다. 결정불능 문제에 대해서는? 매우 중요한 집합 공리를 도입한 사람이 그이다. 프랙탈 이론은? 그는 프랙탈 차원에 대해 다룰 수 있는 연속 기하학을 도입했다. 몬테카를로 시뮬레이션은? 이 분야에도 깊게 관여 했다. 측정 이론. 에르고딕 이론. 연산 이론.

격자 이론. 양자역학 논리. 수리 경제학. 선형 프로그래밍. 통계학. 유체역학. 컴퓨팅 분야 …….

많지 않은 나이에 이미 그는 앞에 열거한 많은 분야에서 대단한 업적을 남겼다. 이 중 많은 분야들은 한 번도 들어본 적이 없으며, 더 불편한 사실은 그가 남긴 큰 업적 중에 앞에서 열거한 연구 결과들은 명함도 내밀 수 없는 것들이란 점이다.

헝가리 출신인 노이만은 내릴 수 있는 가장 최선의 결정이 무엇인지에 대한 게임 이론을 창시했다. 1928년 모든 정보가 제공되는 상태에서 2인 게임에서의 최소 최대 공리(minimax theorem)를 증명했다. 이러한 게임에서 가장 좋은 전략은 가장 최악의 상황이 덜 치명적이게 만드는 것이다. 이후에 그는 이 이론을 확장시켜 정보들이 다 제공되지 않는 상황에서 진행되는 두 사람 이상이 참여하는 게임에도 적용될 수 있도록 했다.

노이만의 게임 이론을 적용한 유명한 예가 바로 냉전 시대였다. 그는 미국과 소련이 동시에 핵무기를 보유하고 있는 상황에서 핵무기를 사용하게 되는 유일한 경우는 보복 행동이 상대방을 영원히 제거할 수 있게 되는 때밖에 없다는 것을 깨달았다. 따라서 어느 한쪽도 먼저 전쟁을 시작하거나, 핵무기를 포기하게 되는 경우는 없다는 결론에 도달하게 되었다.

고등연구소 동료들과 함께 한 노이만(오른쪽 끝).

게임 이론이 평화를 지키는 데 도움될 수 있을까?

노이만은 이러한 정책을 가리켜 상호확증파괴(Mutually Assured Destruction, MAD)라고 불렀다. 여기에는 문제가 있었다. 사람이 전혀 실수하지 않고 화도 내지 않을 것을 가정한 것인데, 들리는 것만큼이나 미친 정책이라 하지 않을 수 없다. 미국과 소련이 격돌했던 냉전 시대 40여 년 동안 핵 전쟁의 지옥은 냉정한 판단이 아니라 단순히 운에 의해 피할 수 있었던 것이다.

노이만은 천재로 알려져 있다. 그의 기억력은 놀라운 정도였고 암산 능력은 탁월했으며, 빛의 속도와 같은 사고 속도는 타의 추종을 불허했다. 아이작 핼퍼린에 의하면 그를 쫓아가는 것은 세발 자전거를 타고 경주용 차를 쫓는 것과 같다고 했다.

죄수의 딜레마

영국의 TV 프로그램 중 속임수와 배신이 난무하고 먹느냐 먹히느냐의 싸움으로 유명한 '골든볼'이라는 게임 쇼가 있었다. 재스퍼 캐럿이라는 코미디언이 진행했는데, 그는 해외 무역에 대해 신랄한 비판을 하는 것으로도 유명했다.

몇 차례의 속임수 판이 지나가고 나면 두 명의 참가자만 남고 모두 탈락하게 된다. 일반적인 게임 쇼에서 그렇듯 두 명의 참가자는 거액의 상금을 놓고 싸우게 된다. 두 명의 참가자에게는 두 개의 골든볼이 주어진다. 하나에는 'split'이란 글자가, 다른 하나에는 'steal'이라는 글자가 새겨져 있다.

모두 'split' 공을 고르면 장밋빛의 행복한 결말을 맺는다. 상금을 반으로 나눠 가진 후 집으로 돌아가면 된다. 하지만 한 참가자가 'Steal' 공을, 다른 참가자가 'Split' 공을 고르면 'Steal' 공을 고른 참가자가 모든 상금을

골든볼 게임 쇼는 속임수와 그 속임수에 대한 속임수로 가득 차 있다. 게임 이론에서 다루는 문제를 바탕으로 한 쇼이다.

두 명의 죄수는 딜레마에
빠진다. 동료를 배신할 것인가,
말 것인가.

차지하게 되고, 'Split' 공을 고른 사람은 빈
손으로 돌아가야 한다. 만약 두 사람 모두
'Steal' 공을 고르면 모두 빈손으로 떠나야
한다.

 골든볼 프로그램은 수학과는 전혀 관련
없는 두 참가자가 서로가 얼마나 괜찮은 사
람인지 얘기하고, 자신이 상금을 독차지하
기 위해 기만적인 행동을 할 사람이 절대 아
니란 점을 설득하기 위해 노력하다가, 마지
막 순간에 배신하는 것을 지켜보는 재미가
있다. 최종 라운드는 유명한 게임 이론을 바
탕으로 했는데, 바로 1950년 메릴 플러드와

멜빈 드레서가 처음 제기했던 죄수의 딜레
마 문제이다.

 죄수의 딜레마가 적용되는 가장 전통적
인 상황은 두 명의 범죄자가 확실한 물증이
없는 상태에서 체포되었을 경우이다.

 두 죄수에게는 각자 선택할 기회가 주어
진다. 침묵을 지킬 수도 상대방에게 책임을
떠넘길 수도 있다. 두 명 모두 침묵을 지킬
경우 두 명 다 경미한 처벌만 받게 되어 교
도소에 2년 정도만 수감된다.

 하지만 죄수 중 한 명이 자백을 하고, 다
른 죄수는 침묵을 지키면 자백을 한 죄수는

풀러나고 침묵을 지킨 죄수는 매우 무거운 형량을 받게 된다. 반면 두 죄수가 동시에 서로를 비난하게 될 경우에는 모두에게 더 무거운 형량이 부과된다. 보통은 같이 침묵을 지킴으로써 서로 '협조'하거나 소위 친구를 비난함으로써 '배신'하게 되는 둘 중 하나의 선택을 하게 된다.

이것은 골든볼 게임과 유사하다. 가장 최선의 결과는 서로가 협조하는 경우이지만 두 경우 모두 간단하지 않은 경우의 수가 존재한다. 당신이 할 수 있는 최선의 방법은 상대를 배신하는 것이다. 다른 죄수가

협조하기로 했다면 당신은 친구를 배신함으로써 훨씬 가벼운 형을 받을 수 있기 때문이다.

두 사람이 서로 배신하는 경우 조금 더 무거운 형량을 받는 것에 그치지만 침묵을 지킬 경우에는 매우 무거운 형량을 받게 된다. 따라서 어떤 경우에도 친구를 배신하는 것이 더 나은 선택이 된다. 골든볼 게임에서 상대방이 배신하면 어떤 경우에도 당신에겐 아무것도 남지 않지만 당신이 배신한다면 그들의 얼굴에서 웃음기가 사라지는 것을 보게 될 것이다. 나라면 잭팟을 터뜨리는 쪽보다는 이 쪽을 더 선호하겠다.

이것을 계속 판이 되풀이되는 경우로 확대하면 완전히 다른 게임이 된다. 즉시 보복하거나 지난 판에 상대가 했던 전술을 그대로 쓰는 것이 단순한 배신보다는 훨씬 승률이 좋아진다. 이에 대해서 설명하려면 책 한 권은 써야 한다.

죄수의 딜레마는 단순히 TV 게임 쇼의 전략을 설명을 하기 위한 용도뿐만 아니라 스포츠에서의 도핑, 광고비의 예산, 무임승차, 핵무기 경쟁 등과 같은 다양한 상황에서 경쟁과 협력 중 어느 한쪽을 선택하는 데 시뮬레이션할 수 있다.

다른 공범자들은 배신하는데 본인만 침묵을 지키는 경우 가장 무거운 형을 선고받는다.

모두 협력하여 침묵을 지킬 때
가장 가벼운 형이 선고된다.
하지만 그런 위험을
감수할 수 있는가?

바둑에는 매우 많은
경우의 수가 존재한다.

어려운 게임 하기

3목두기는 9칸에 ○나 ×를 번갈아 그려서 연달아 3개를
먼저 그리는 사람이 승리하는 게임이다. 이 게임을 컴퓨터 프로그래밍하는 것은
그리 어렵지 않다. 컴퓨터는 순식간에 몇 안 되는 경우의 수를 헤아려
이길 수 있는 해답을 제시한다.

대칭적인 경우와 9칸이 다 채워지기 전에 끝나는 경우를 제외하더라도 3 × 3 칸에 ×와 ○를 채워 넣는 방법은 40만 개 미만이다. 님이나 나인 멘스 모리스와 같은 단순한 게임도 비슷하다. 두 게임 모두 가능한 모든 경우의 수가 적어도 컴퓨터 입장에서 본다면 많지 않다.

게임계에서 난이도가 높은 걸로 유명한 두 명의 거대한 거인이 있다. 그중 하나는 바둑으로 규칙상 10^{170}승의 가능한 경우의 수가 존재한다. 다른 하나는 체스로서 10^{50} 정도의 경우의 수가 있다. 이 숫자들을 비교

적 덜 복잡한 게임인 체커(10^{18})나 커넥트 4(10^{10})의 경우의 수와 비교하면 엄청 큰 격차가 존재함을 알 수 있다.

컴퓨터가 단순하지 않은 게임을 한 첫 번째 시도는 1950년대 말 아서 사무엘이 체커 게임을 프로그래밍함으로써 시작되었다. 가능한 모든 경우의 수를 게임이 끝날 때까지 놓아보는 방법에서 벗어나 각 경우의 수가 가지는 장점을 분석한 것이다. 그렇게 놓았을 때 결국 누가 더 많은 말을 가지고 있는가? 누가 더 많은 왕을 보유하는가? 누가 더 유리한 위치에 더 많은 말을 갖는가? 그

의 프로그램은 가능한 모든 경우의 수를 몇 수 앞까지 분석한 후 말이 움직일 다음 위치를 최대 최소 전략을 적용하여 결정했다. 이 프로그램은 아마추어 수준까지는 도달해 같은 수준의 인간에게는 까다롭지만 이길 수 있는 상대였다. 중반전의 경우에는 꽤 괜찮은 실력을 보여 주었으나, 처음과 끝에서는 부진했다.

내가 아는 한 체커는 그 해답이 밝혀진 게임 중 가장 복잡한 게임이다. 두 사람이 완벽한 게임을 한다면 그 결과는 무승부로 끝나게 된다.

이는 역사상 가장 뛰어난 체커 고수였던 마리온 틴슬리를 이긴 최초의 컴퓨터 프로그램인 치누크(Chinook)를 개발하기 위해 20여 년을 노력했던 팀이 있었기 때문에 가능했다. 치누크는 어떻게 계산하느냐에 따라 다르지만 틴슬리는 45년 경력을 통틀어 단 7번밖에 패배하지 않았는데, 그중 2번이 치누크에게 패한 것이다.

컴퓨터에 의해 완벽하게 파악된 게임 중에 비교적 복잡한 게임은 체커다.

컴퓨터가 체스를 완전히
정복할 수 있을지는
여전히 의문이다.

한편 체스가 완벽하게 풀리기까지는 아직 갈 길이 멀다. 1996년 체스 세계 챔피언이었던 가리 카스파로프에게 딥 블루가 아깝게 패했던 것을 지켜본 기억이 난다. 그 다음 해에는 딥 블루가 승리했다.

카스파로프는 딥 블루를 개발했던 IBM 팀을 속임수를 썼다고 비난했는데, 게임을 승리로 이끌었던 창의적인 딥 블루의 한 수는 프로그램 오류였을 가능성이 높다. 오늘날 체스 컴퓨터는 딥 블루보다 훨씬 더 빨라졌고 효율도 높아졌다. 하드웨어 사양이 그리 높지 않아도 인간은 체스에서 더 이상 이 실리콘 지배자의 적수가 되지 못한다.

바둑의 경우, 과거의 아주 뛰어났던 컴퓨터 프로그램도 인간을 상대하기가 어려웠다. 하지만 그 격차는 꾸준히 줄어들었고, 결국 2016년에 인공지능 프로그램인 알파고가 인간을 이겼다.

노르웨이인 칼슨은 13세에 체스
최고수의 자리에 올랐다.

엘로 평점 시스템

두 체스 선수의 상대적인 실력을 비교하는 표준적인 방법은 엘로 평점 시스템을 사용하는 것이다. 이론적으로 이 시스템은 어떤 종류의 스포츠에서든 선수나 팀을 비교하는 데 사용될 수 있다.

표준 정규분포가 예측 시스템의 정확도를 높여 주는 최선의 분포냐에 대해서는 논란이 있지만 이 예측 시스템은 표준 정규분포를 따르는 경우를 기준으로 적용된다. 전체 시합의 $\frac{2}{3}$에서 승리하는 경우 엘로 평점 시스템에서는 100점이 부여되고 전체 시합의 $\frac{3}{4}$에서 승리하는 경우 200점이 부여되도록 되어 있다.

기본적으로 복잡한 시스템이다. 매 게임, 실제로는 매달 말, 패배하는 선수의 점수가 승리하는 선수에게로 재분배된다. 당신보다 실력이 훨씬 낮은 상대를 이기면 획득하는 점수가 높지 않지만 최고수를 꺾으면 평점이 급등한다.

평균 수준의 체스 선수는 엘로 평점이 1,500점 전후이다. 이 글을 쓰고 있는 시점에서 세계 랭킹 1위는 노르웨이의 마그너스 칼슨이다. 현재까지 그가 기록한 평점은 2,900점으로 최고 기록이다.

반면 현재 가장 앞선 체스 컴퓨터 프로그램의 평점은 3,300점 근처이다. 이는 칼슨과 컴퓨터가 대결할 때 컴퓨터가 100 중 91에 해당하는 점수를 가져 갈 것이라는 뜻이다.

물론 현실적으로는 칼슨도 컴퓨터와의 대결에서 패하지 않기 위해 평소 구사하던 전략과는 다른 전략을 구사할 것이다.

현재 체스 세계 1위인 칼슨도 컴퓨터와의 대결에서는 패배할 것으로 예측되고 있다.

크리스 '예수' 퍼거슨

포커 세계가 암울하다고 하는 말은 결코 과장이 아니다. 포커의 정신적 고향인 미국 대부분의 주에서는 실질적으로 도박이 금지되어 있다. 그래서 포커하면 담배 연기가 자욱한 골방에서 사람들이 모여 도박을 하는 장면이 연상된다.

그 세계는 아마릴로 슬림이나 애니 듀크와 같은 사람들의 세계이다. 어려운 역경을 딛고 일어난 사람들의 세계, 불가사의한 언어와 미신으로 가득 찬 세계이다.

당신이 상상하듯 말끔한 얼굴의 컴퓨터 공학과 학생들이 세상을 바꿀 만한 변화를 일으키는 세계가 아닌 것이다. 하지만 이런 일을 1990년대 크리스 퍼거슨이 해내고 말았다.

게임 이론을 전공한 아버지를 둔 퍼거슨은 10살 때부터 포커 게임을 시작했고 다른 사람들의 게임 방식을 보면서 수학직 약점을 보완해 게임 이론을 포커에 적용했다. 결국 2000년에는 포커 월드 시리즈의 메인 경기에서 노련한 백전노장 클라우티어를 꺾고 우승을 차지했다.

퍼거슨 이전 시대의 포커는 거의 감과 배짱의 경기였다. 하지만 분명 수학이 관련되어 있었다. 카드 데크에 남아 있는 카드가 몇 장이냐에 따라 어떤 경기를 해야 할지 대

퍼거슨은 게임 이론을 적용해서 최고의 포커 전략을 만들어냈다.

수학은 포커 선수들에게 상대방보다
공격적으로 베팅을 하는 것이 경기를
이기기 위한 좋은 전략임을 가르쳐 준다.

략적인 확률을 계산할 수 있고, 상대가 게임을 하면서 어떤 행동을 했는지에 따라서 당신이 그 판을 이길 확률이 얼마나 될지 합리적으로 추론할 수 있다.

그로 인해 오랜 기간 동안 포커 게임은 다소 수동적으로 플레이되어 왔음이 드러났다. 이런 상황에서 퍼거슨은 '공격성'을 높임으로써 게임을 유리하게 끌어갔다. 이때 공격성은 신체적인 것이 아니다. 그는 챙이 넓은 모자를 쓰고 무표정한 얼굴로 앉아 있는 것으로 유명하다. 그의 공격성은 그가 거는 판돈의 크기로 표현된다.

다음에 "내가 확률론을 일상에서 생활하면서 어디에다 써먹겠어."라는 생각이 든다면 퍼거슨을 떠올려 보라. 그는 확률 이론을 카드 게임에 적용함으로써 8백만 달러의 상금을 획득했다. 확률론이 유용하다는 것을 알 수 있을 것이다.

거래를 합시다

처음에 시작할 때 문 뒤의 염소를 고를 확률은 2/3이다.

이 상황은 매우 유명한 확률 문제가 되었다. 고등학교 교과서의 확률 편에 실릴 정도이지만 1990년 잡지 《퍼레이드》의 칼럼니스트인 메릴린 사반트가 몬티 홀 문제라고 잡지에 게재하기 전까지는 그리 잘 알려지지 않았다. 그 암흑기에 만약 이 문제를 인터넷에 올렸다면 그 당시 잡지사의 우편함이 우편물로 넘쳐나듯 인터넷에서 난리가 났을 것이다.

미국 TV 게임 쇼 '거래를 합시다
(Let's Make A Deal)' 최종 라운드에서 진행자 몬티 홀은 출연자들에게 세 개의 문 중 하나를 열 수 있는 기회를 준다. 세 개의 문 중 한 군데에는 캐딜락 신차가, 나머지 두 군데에는 냄새 나는 늙은 염소가 있다. 이제 당신이 고를 차례이다.

어디에 차가 있는지 정확히 알고 있는 몬티 홀은 염소가 들어 있는 문을 하나 열어서 보여준 후, 원래 선택을 고수할지 아니면 열려 있지 않은 다른 문으로 바꿀지 다시 한 번 물어본다.

홀이 문을 열어 문 뒤의 염소를 보여주었을 때 처음 선택을 바꾸면 차를 고를 확률이 1/3에서 2/3로 2배 높아진다.

사반트가 이 문제에 대해 설명한 바에 의하면 일반적으로는 선택을 바꾸는 편이 낫다. 좀 더 자세하게 말하자면 다음과 같다. 처음 당신의 선택이 옳았다면 그 선택을 고수하면 차를 받을 수 있고, 처음 선택이 틀렸다면 선택을 바꾸어야 차를 받을 수 있다. 하지만 처음에는 당신이 틀릴 확률이 더 높기 때문에 그 선택을 그대로 고수하는 것보다는 선택을 바꾸는 것이 이길 확률을 높일 수 있다.

TV 게임 쇼에서 진행자인 홀은 전권을 부여받고
게임을 진행했다.

《퍼레이드》의 독자들은 이런 분석에 동
의하지 않았다. 잡지사는 박사라고 하는 사
람들에게서 온 1,000통의 편지를 포함해 거
의 10,000통에 달하는 편지를 받았다. 대부
분의 편지는 사반트가 거짓말과 오류를 전
파하는 무책임한 바보라고 주장하는 내용
이었다.

심지어 20세기 가장 위대한 수학자 중 한
명으로 평가 받던 폴 에르되시조차도 선택
을 바꾸는 편이 더 낫다는 주장을 받아들일
수 없다고 했다.

이후에는 원래 상황을 비틀어 놓고 이를
몬티 헬(Hell) 문제라고 불렀다. 진행자는

수학과 교수를 포함한 수천 명의 사람들이
사반트의 분석에 동의하지 않았다.
하지만 틀린 것은 그들이었다.

실제로 차가 어디 있는지 모르지만 그 외에 나머지 규칙은 동일하다. 이 경우 당신이 선택하지 않은 문을 열었을 때 그곳에 염소가 있었다면, 당신은 선택을 바꿔야 할까?

이 경우 정답은 '별 영향이 없다.'이다. 진행자가 열게 될 문은 염소가 있는 문에 국한되어 있지 않다는 점 정도가 차이이다. 문을 열었을 때 염소가 있다면 당신의 첫 번째 선택이 옳을 수도 있다는 다소 미약한 증거는 될 것이다. 만약 문을 열었을 때 염소가 거기 있다면 당신이 차를 뽑을 확률은 50%로 높아지기 때문이다. 지금 현재 시점에서는 어느 쪽을 선택하더라도 차를 뽑을 확률은 동일하다.

이보다 더 상황을 복잡하게 만들 수도 있다. 예를 들면 처음 선택을 바꿀지 진행자가 항상 물어보지 않는 것이다. 참가자가 올바른 선택을 했을 경우에만 선택을 바꿀 기회를 줄 수도 있고(이 경우 선택을 유지하는 것이 맞다) 혹은 참가자의 선택이 틀렸을 경우에만 바꿀 기회를 줄 수도 있다(이 경우 당연히 선택을 바꾸는 것이 맞다).

다른 모든 게임에서도 마찬가지겠지만 '거래를 합시다'에서 가장 좋은 전략은 정확히 어떤 규칙이 적용되느냐에 따라 달라진다.

CHAPTER 13
암호 해독

줄리어스 시저가 숨긴 메시지를 알 킨디가 해독해내자 암호는 더 복잡해졌고
천재는 죽을 만큼 더 힘들어졌다.

WHITING   WB 6773

Berlin to H Gr Kurland.

Date	B	0857	Freq	m.K	from P23	To Decode	Serial No
14/2/45	TE	0954	7691	14/2	To End	P1 To P23	KN/WB 6773

"TYPED"

N/A

--B++L--TAG.DER.UEBERNAHME.DES.RGTS++MN--.C++L--.SEIT.WANN

B)

ALS.RGTS++M--FUEHR++M--.IM.KAMPFEINSATZ++.VV--.OKH++X--PA.AG

.P.++/QXR.---.ABT++M--++K--Z++L--.I++M--A++M--.GEZ++M--.SCHN

1/4

IEWIND++N--.OBERST.U++M--.ABT++M--.CHEF.++Z--.SASASASASA...+

D. HUT 3
14/2
T.E. 0954
F. 7691
M.K. 14/2
L. Whiting
No. WB 6773

(1)

(2)
HUT 3
D. 14/2

"TYPED"

+Z--.--.HOKW.++.QPUWQ.QEMWM.QPPP.K--HZPH++X--FF++Q.QYMOUL.VV

10721 13/2 1000 (/ (16897)

T.E. 0954
F. 7691
M.K. 14/2
L. Whiting
No. WB 6773

--.AN.H++M--.GR++M--.KURLAND++X--STOHI++M.VV--.BETR++C+--.BET

"TYPED"

REUUNG++MA.QML--.GEN.D++M--.FREIW++M--.VERBAENDE.IN.++.QT--

15

BITTET.UM.MITTEILUNG++N--.WELCHE.NICHTOSTVOELKISCHENFREIW++A

--VERBAENDE++N--.GRUPPEN.U++M--.EINZELFREIW++MN--.DIE.NICHT.

고대의 암호 해독가

인간이 교신을 하기 시작한 이래 사람들은 항상
모든 것들이 비밀리에 이루어지길 원했다.

가장 단순한 방법이 있다. 전달할 메시지
를 외운 다음 방에서 비밀스럽게 전달하거
나 상대방의 몸 어딘가에 숨기는 것이다.
편지를 쓴 후, 비밀인 글자 아래에 바늘로
자국을 내는 방법도 있다. 디지털 사진 이
미지의 일부분의 색을 미세하게 조정하는
스테가노그래피라는 현대적인 기법도 있
다. 이 경우 인간의 눈으로는 식별할 수 없
으나 컴퓨터는 쉽게 찾아낼 수 있다.

이 모든 방법은 훌륭하긴 하지만 수학적
개념이 들어있지는 않다. 암호와 연관된
수학은 치환 암호 해독법으로부터 시작되
었다.

글자 치환 암호 해독법의 개념은 매우
간단하다. 각 알파벳을 고정된 다른 알파
벳으로 치환하는 것이다. 당신이 가지고
있는 문서의 모든 A를 V로 대체하고 모든
B를 P로 대체하는 식이다. 당신이 메시지
를 보내면 상대방은 암호 해독 지도를 펴
고 읽고, 암호화된 메시지를 같은 길이로
쪼갤 수도 있다.

고대 그리스인들은 기록 암호를 사용했다. 화병에는
학생이 태블릿과 비슷한 물건에 필기하고 있다.

핵심 용어

일반 문장:
암호화하고 싶은 메시지
암호 문장:
암호화된 메시지

글자 치환 암호 해독법의 가장 유명한 예는 아마도 시저 해독 혹은 이동 해독일 것이다. 시저 해독법은 각 알파벳을 정해진 숫자만큼 앞뒤로 밀어서 푸는 매우 간단한 해독법이다. 예를 들어 3단계를 건너뛰는 암호라면 A는 D를 의미하고 B는 E를, C는 F를 의미하는 식이 된다. 알파벳 끝 자리에 가서는 순환되므로 W는 Z를 의미하고 X는 A,

3단계 글자 치환 암호 해독

일반 문장 알파벳: ABCDEFGHIJKLMNOPQRSTUVWXYZ

암호 문장 알파벳: ZEBRASCDFGHIJKLMNOPQTUVWXY

1) 일반 문장

TAKE CARE HE IS WATCHING

2) 해독 문장

QZHA BZOA DA FP VZQBDFKC

3) 분할 문장

QZHAB ZOADA FPVZQ BDFKC

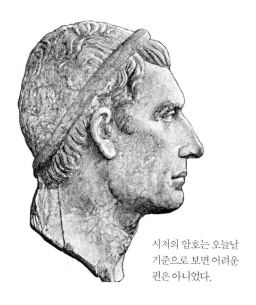

시저의 암호는 오늘날 기준으로 보면 어려운 편은 아니었다.

Y는 B, Z는 C를 의미한다.

에드거 앨런 포의 단편 〈황금벌레〉에서는 다른 해독법을 볼 수 있다. 소설의 주인공은 빈도 분석법이란 해독법을 사용하여 암호를 풀고 키드 선장이 숨겨놓은 보물을 찾게 된다.

글자 치환 해독법은 일단 해독하는 방법만 터득하게 되면 이후의 암호를 푸는 것이 매우 쉽다는 문제점이 있다. 시저의 경우, 그 당시 많은 사람들이 라틴어를 읽지 못했기 때문에 그 정도 난이도로 암호화해도 별 문제가 없는, 라틴어로만 써도 충분히 암호로 사용 가능하던 시대였다. 그 후, 시간이 흘러 비밀이 더 안전하게 유지되길 바라는 사람들을 위해 메시지를 숨겨주는 더 강력한 암호체계가 등장했다.

스크래블 혹은 Words With Friends와 같은 단어 게임을 해본 사람이라면 Q, Z, J, K가 E, T, A보다 훨씬 가치가 높다는 것을 이해할 것이다. 왜 더 가치가 높은 것일까? Q, Z, J, K 알파벳들이 들어간 단어가 적기

3칸 이동 시저 암호.

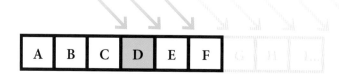

때문에 사용하기가 더 어려운 것이다. 일단 어떤 글자들이 더 자주 나타나고 어떤 글자들이 덜 쓰이게 되는지만 알아도 이것을 이용하여 해독법을 만들고 글자를 치환할 수 있다.

뉴욕 항에서 자기 배에 승선한 승객들을 키드 선장이 환영하고 있다. 〈황금벌레〉에 등장하는 보물 사냥꾼들은 암호 해독법인 빈도 분석법을 이용해서 그가 숨긴 보물을 찾으러 했다.

시저 암호와 글자 치환 암호의 해독법

영어, 스페인어, 프랑스어, 독일어 등 언어별로 각 알파벳 혹은 기호가 얼마나 자주 쓰이는지에 대해 조사되어 있다면 암호를 풀 준비가 잘 되었다는 뜻이다.

긴 영어 문장을 무작위로 골라서 그 안에 각 알파벳이 얼마나 자주 등장하는지를 확인하자. 가장 많이 등장하는 알파벳은 E로, 8번에 1번 꼴로 등장한다. 그 다음은 T로 11번에 1번 꼴의 빈도를 보이며, A(1/12), O(1/13), I(1/14), N(1/15) 순으로 빈도가 높다. 가장 빈도가 낮은 알파벳은 Q(1/1,050), Z(1/1,350), X와 J(1/700)이다.

이 현상은 글자 치환 암호를 이용하여 전달하고자 하는 메시지의 비밀을 유지하려는 측에서는 심각한 문제이다. 해독하려는 문장에 있는 각 알파벳의 수를 세기만 하면 진짜 메시지가 무엇인지 추론할 수 있기 때문이다. 예를 들면, 해독 대상 문장이 200 알파벳으로 구성되어 있고 그중 25개가 V라고 하면 V가 실제로는 E를 뜻하는 것이

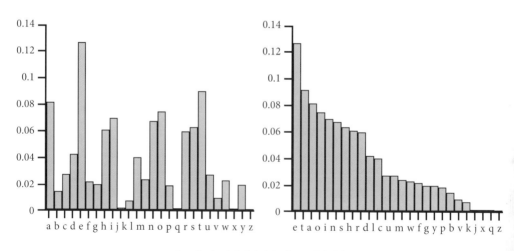

이 그래프는 알파벳의 사용 빈도를 나타냈다.

라고 가설을 세울 수 있다. 그 다음 모든 V를 E로 바꾼 후 모습을 드러내는 단어가 있는지 보는 것이다.

이 암호 체계는 다른 약점도 있다. 어떤 알파벳들은 두 개가 연이어 나타나는 경우가 많다. 영어에서는 EE와 LL이 매우 빈번하게 등장하지만 glowwarm과 같은 단어를 사용하지 않는다면 WW는 거의 나타나지 않는다. 특정 알파벳끼리 짝을 이뤄서 나타나는 경우도 있다. Q 뒤에는 U가 나오는 경우가 많아서 어떤 단어인지 추측할 수도 있다. 만약 T?E가 여러 곳에서 반복적으로 나타난다면 엿들으려는 대상이 TIE를 이야기 하지 않는 이상 ?에 해당하는 알파벳이 H일 것이라는 합리적인 추측이 가능하게 된다.

슬픈 일이지만 글자 치환 해독법은 이미 암호 해독의 세계에선 초보적 기법으로 취급된다. 이 해독법으로는 신문에 실린 퍼즐 정도나 풀 수 있을 뿐 제대로 된 암호를 해독하기는 어렵다.

빈도 분석법은 스크래블 게임에서 사용되는 알파벳마다 다른 점수가 표시되어 있는 이유를 설명해준다.

알 킨디

카르다노가 꼽은 중세시대를 빛낸 12명의 위대한 천재 중 한 명이
알 킨디(801~873)였다.

그는 260권의 책을 저술했다고 전해진다. 그중 32권은 기하학, 12권은 물리학 서적이지만 지금까지 전해지는 책은 몇 권 되지 않는다. 또한 그는 철학, 신학, 의학, 음악에서도 매우 영향력 있는 저자였고 그 당시 새롭게 유행하던 인도의 숫자 체계, 즉 아라비아 숫자에 대해 여러 권의 책을 집필했다. 이 숫자가 어떤 원리로 이루어졌는지와 함께 무한대라는 개념도 소개하며 매우 잘못된 아이디어라고 했다.

이라크의 고도 쿠파에서 주 총독의 자녀로 태어난 알 킨디는 나중에 바그다드에서 공부했고, 거기서 칼리프였던 알 마문의 후원을 받게 된다. 알 마문

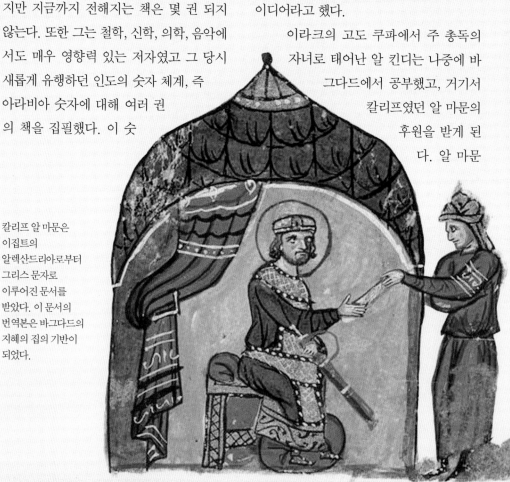

칼리프 알 마문은 이집트의 알렉산드리아로부터 그리스 문자로 이루어진 문서를 받았다. 이 문서의 번역본은 바그다드의 지혜의 집의 기반이 되었다.

은 바그다드에 위치한 '지혜의 집'이라는 오늘날의 대학과 같은 기관을 설립하는 절차를 밟고 있는 중이었다. 이 기관의 주요 역할은 그리스의 서적들을 아랍어로 번역하는 것이었다. 다른 훌륭한 과학자들과 마찬가지로 알 킨디는 기존에 존재하던 지식을 받아들이고 이것을 더욱 발전시키는 방법을 썼다.

안타깝게도 그 후 칼리프의 정책이 알 킨디에게 불리한 쪽으로 바뀌었다. 종교적인 문제였는지 혹은 학문적인 문제였는지는 알 수 없으나 그는 통치자의 눈 밖에 나게 되었고, 결국 외롭게 죽음을 맞이했다.

내가 그를 언급하는 주된 이유는 다음과 같다. 그는 빈도 분석법의 창시자로 널리 알려져 있다. 암호 해독은 당연하게도 일의 속성상 비밀리에 이루어지기 때문에 "이 사람이 이런 해독법을 창안한 사람이다."라고 얘기할 수 있는 경우는 극히 드물다.

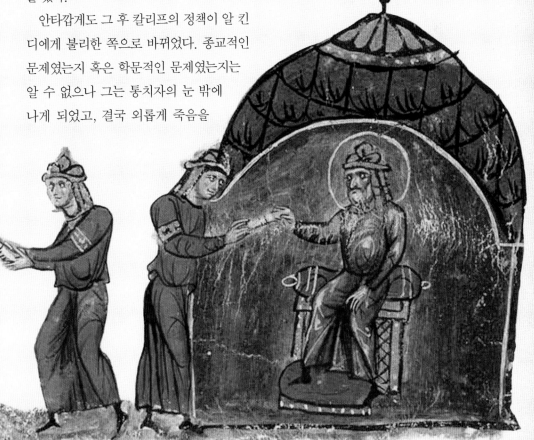

멀티 알파벳 해독

비밀을 지키고 싶어하는 사람들이 더 이상 자신들의 비밀이 유지되기 어렵다는 것을 깨닫자 그들은 비밀을 더 비밀스럽게 유지할 수 있는 방법을 찾기 위해 노력했다.

단순 글자 치환 해독법의 뒤를 이어 복식치환 알파벳을 이용한 멀티 알파벳 해독법이 등장했다. 이는 알 킨디가 9세기 무렵 창안한 해독법이라고 추측되나, 기록으로 남겨진 것 중 가장 이른 것은 1467년 이탈리아인 레온 알베르티의 것이었다. 알베르티 해독법은 글자 치환법을 고수하다가 대문자와 숫자까지 포함된 다른 기법으로 전환되었다.

그로부터 수십 년이 지난 1499년, 요하네스 트리테미우스는《스테가노그래피》를 집필했다. 이 책은 1606년이 되어서야 출간되었으나 불행히도 출간되자마자 판매가 금지되었다. 책의 내용은 표면적으로는 장거리 의사 소통에 영혼을 이용하는

알베르티는 시인, 예술가, 건축가, 성직자, 암호 해독가로 활동한 진정한 르네상스인이었다.

방법에 관한 것이었지만 암호화된 내용을 해독해보면 암호화 이론에 관한 것이었다. 가톨릭 교회는 1900년이 되어서야 이 책을 금서목록에서 제외시켰다. 그는 메시지를 암호화하기 위해 각 알파벳마다 글자 치환 방법을 바꾸는 암호화 방법을 사용했다. 첫 번째 알파벳을 한 칸 밀리는 시저 글자 치환을 했다면, 그 다음 알파벳은 두 칸 밀린 글자로 치환하는 식이다.

16세기에 이탈리아의 조반니 벨라소는 15세기의 트리테미우스와 알베르티의 암호들보다 더 좋은 암호화 아이디어를 가지고 있었다. 30년 후 이와 매우 유사한 아이디어가 프랑스의 블레제 드 비즈네르

알베르티는 각각 따로 움직이는 두 개의 동심원판으로
구성된 해독기에 대해 설명했다. 해독의 대상이 되는
메시지는 바깥쪽 동심원판의 글자에 해당하고 해독한
글자는 안쪽 동심원판에 해당한다. 안쪽 동심원판은
언제든 다른 위치로 회전이 가능하다.

에 의해 제안됐고, 통상적으로 이것을 비즈네르 암호라고 부른다.

무작위로 추출된 적은 수의 알파벳 조합을 사용하거나 트리테미우스와 같은 예측 가능한 조합을 사용하는 대신 벨라소는 키워드나 문구를 사용하기로 결정했다. 예를 들면 키(Key) 문구로 SECRETPROJECT를 선택했다면 제일 첫 번째 알파벳은 시저 글자 치환법에 따라 18칸이 밀려 암호화된다. A를 SECRETPROJECT의 첫 번째 글자인 S로 암호화하는 것이다. 두 번째 알파벳은 SECRETPROJECT의 두 번째 글자인 E로 암호화되면 A는 4칸이 밀려서 치환되고, 키 문구의 끝까지 가게 되면 다시 처음부터 이 과정을 되풀이하게 된다. SECRETPROJECT는 13개의 알파벳으로 이루어져 있다. 따라서 암호화할 메시지의 13번째 글자는 SECRETPROJECT의 마지막 알파벳인 T로 암호화되므로 19칸이 밀리게 된다. 그리고 암호화할 메시지의 14번째 글자는 다시 처음으로 돌아가 18칸이 밀리게 된다.

이것은 암호화 분야에서 대단한 발전이었다. 암호화의 핵심인 이 키 문구가 무엇인지 알기 전까지 해독은 어려울 것이다. 1863년 카지스키는 이 암호화 방법을 공표

독일의 수도원장 트리테미우스는 비밀 암호뿐만 아니라 신비주의에 심취해 있었다.

하였다. 이제 암호를 푸는 것이 완전히 불가능하게 되었다고 생각할 것이다. 하지만 에니그마가 등장했다.

원 문 : **ATTACK AT DAWN**
키 문구 : **SECRETPROJECT**
암 호 : **SXVIGDPKRJAP**

	A B C D E F G H I J K L M N O P Q R S T U V W X Y Z
A	A B C D E F G H I J K L M N O P Q R S T U V W X Y Z
B	B C D E F G H I J K L M N O P Q R S T U V W X Y Z A
C	C D E F G H I J K L M N O P Q R S T U V W X Y Z A B
D	D E F G H I J K L M N O P Q R S T U V W X Y Z A B C
E	E F G H I J K L M N O P Q R S T U V W X Y Z A B C D
F	F G H I J K L M N O P Q R S T U V W X Y Z A B C D E
G	G H I J K L M N O P Q R S T U V W X Y Z A B C D E F
H	H I J K L M N O P Q R S T U V W X Y Z A B C D E F G
I	I J K L M N O P Q R S T U V W X Y Z A B C D E F G H
J	J K L M N O P Q R S T U V W X Y Z A B C D E F G H I
K	K L M N O P Q R S T U V W X Y Z A B C D E F G H I J
L	L M N O P Q R S T U V W X Y Z A B C D E F G H I J K
M	M N O P Q R S T U V W X Y Z A B C D E F G H I J K L
N	N O P Q R S T U V W X Y Z A B C D E F G H I J K L M
O	O P Q R S T U V W X Y Z A B C D E F G H I J K L M N
P	P Q R S T U V W X Y Z A B C D E F G H I J K L M N O
Q	Q R S T U V W X Y Z A B C D E F G H I J K L M N O P
R	R S T U V W X Y Z A B C D E F G H I J K L M N O P Q
S	S T U V W X Y Z A B C D E F G H I J K L M N O P Q R
T	T U V W X Y Z A B C D E F G H I J K L M N O P Q R S
U	U V W X Y Z A B C D E F G H I J K L M N O P Q R S T
V	V W X Y Z A B C D E F G H I J K L M N O P Q R S T U
W	W X Y Z A B C D E F G H I J K L M N O P Q R S T U V
X	X Y Z A B C D E F G H I J K L M N O P Q R S T U V W
Y	Y Z A B C D E F G H I J K L M N O P Q R S T U V W X
Z	Z A B C D E F G H I J K L M N O P Q R S T U V W X Y

트리테미우스의 암호표에서 각 행은 이전 행에 비해 한 칸씩 왼쪽으로 이동을 하는 방식으로 만들어져 있다.

카지스키 검증

멀티 알파벳 암호 해독은 카지스키가 제시한 2단계 과정을 통해서 가능했다. 우선 암호문이 얼마나 긴지를 계산한 뒤, 암호를 그만큼의 길이를 가진 행으로 분할한다. 그리고 각 열을 빈도 분석법으로 해독한다.

두 번째 단계는 쉽다. 카지스키 해독법의 핵심은 암호문에 반복적으로 등장하는 알파벳 조합을 찾는 것이다. 이론적으로는 세 개 혹은 그보다 긴 알파벳 조합이다. 그런 다음 이 알파벳 조합들 간의 거리(알파벳 수)를 찾아낸다. 우연히 특이하게 반복되는 경우를 제외하고는 이 거리가 키 문구를 구성하는 알파벳 길이의 배수가 된다.

이 과정을 일일이 손으로 하면 매우 지루하지만 컴퓨터를 쓰는 것보다는 훨씬 간단하다. 중첩이라는 방법을 사용하면 훨씬 더 효율적으로 해낼 수 있다. 동일한 암호문 두 개를 나란히 놓고 한 글자 차이 나게 겹쳐본다. 다음에는 두 글자 차이 나게 겹쳐보는

카지스키는 독일군 보병 장교이자 암호 해독가였다.

식으로 이 과정을 반복한다. 각 경우에 고정된 문장과 겹친 문장에서 같은 알파벳이 동일 장소에서 얼마나 자주 반복되어 나타나는지를 세본다. 만약 어긋난 글자수가 키 문구 길이의 배수일 경우 겹치는 횟수가 급격하게 증가하게 된다.

KCDVR ZWEXC NSEDM JSSZX SFIVY FRZEC PDCZA SPCVR ZSIVG KOEFR ZSIKF WCIPU ZWTYO LOKVQ LVRKR
HDVRP SBUSC JSGCY USUSW KCDVR ZWEXC NSEDM JSSZX SFIVY FRZEC PDCZA SPCVR ZSIVG KOEFR ZSIKF

카지스키는 동일한 암호문 두 개를 나란히 놓고 서로 어긋나게 해 가면서 동일한 알파벳이 같은 장소에서 얼마나 자주 나타나는지를 살펴보았다. 어긋난 글자 수가 키 문구 알파벳 길이의 배수가 될 경우 이 횟수는 증가하게 된다.

암호 가로채기

암호 가로채기:

OSRGM DCXZQ WTFIR ZSZEA GBMVL ASETC

키워드:

SORRY

원문:

WEAPO LOGIS EFORT HEINC ONVEN IENCE

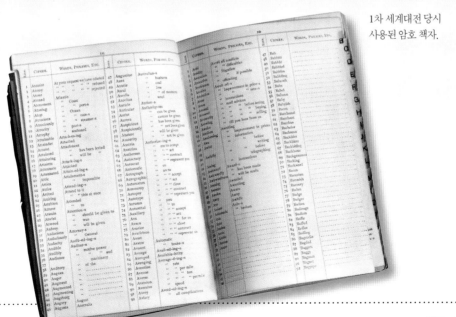

1차 세계대전 당시
사용된 암호 책자.

블레츨리 파크

2차 세계대전이 막바지로 접어들던 1945년 1월, 한 장소에서 9,000명의 사람들이 한 가지 프로젝트를 위해 일하고 있었다. 이 일과 직접 관련된 사람들을 제외하고는 1970년대 초까지 아무도 이 프로젝트가 무엇이고 어떤 중요한 의미가 있는지 몰랐다.

블레츨리 파크는 영국 정부의 코드 및 암호 해독 학교로 이곳엔 언어학자, 십자말 풀이 전문가, 공학자, 수학자와 함께 그 유명한 앨런 튜링과 같은 사람들이 있었다. 2차 세계대전을 일으킨 독일, 일본, 이탈리아 연합 국가의 암호는 보통의 경우 에니그마나 로렌츠와 같은 암호 해독기로 푸는 것이 현실적으로는 불가능했다.

에니그마는 스위치 보드에 연결된 여러 회전축에 키보드가 부착되어 있는 형태의 기계이다. 하나의 키를 누르면 키보드와 연결된 회전축에 전류가 흐르게 된다. 각 회전축은 각각 다른 글자 치환 암호 체계에 따라 움직이도록 되어 있다. 회전축을 지난 전류는 또 다른 암호 체계로 연결시켜주는 스위치 보드로 연결된 후 다시 회전축으로 돌아온다. 이 과정을 반복하면 결국 마지막에 암호화된 메시지가 나타난다. 에니그마의 핵심 원리는 하나의 글자가 암호화되고 나면 회전축이 돌면서 그 다음 글자에 대해서는 완전히 다른 암호 체계가 적용되는 것이다. 3축 에니그마는 키워드의 길이가 20,000자에 달하는 멀티 알파벳 암호화 기계이다. 따라서 20,000자 이하의 짧은 메시지를 암호

블레츨리 파크는 현재
밀턴 케이스에 있다.

독일의 에니그마
암호화 기계.

— 회전축(가려져 있음)
— 전구판
— 키보드
— 플러그보드

화하는 경우에는 카지스키 검증법이 더 이상
통하지 않게 된다. 가능한 키워드의 조합이 거
의 1.6×10^{20}에 달하기 때문이다. 이는 초당
400개의 다른 조합을 넣어서 맞는지 확인해도
모든 조합을 다 검증해보는 데 우주의 나이만
큼 시간이 걸린다는 의미이다.

　전쟁이 일어나기 전, 폴란드는 에니그마의
작동 원리를 이해하기 위해 연구했다. 마리안

레예프스키는 순열 이론을 이용하여 에니그마의 회전축끼리 어떻게 전선이 연결되어 있는지 밝혀 냈다. 이미 1세기 전에 이루어진 갈루아의 연구를 응용한 것이다. 또한 레예프스키는 에니그마를 잘못 사용하고 있는 부분도 지적했다. 에니그마는 한 가지 기본 설정으로 모든 메시지를 암호화하도록 되어 있어 조작자가 그날그날 마음에 내키는 대로 세 글자를 고르면 이를 암호화하여 기본 설정으로 사용하게 된다. 하지만 조작자가 이 키 글자들을 반복하여 사용하면 문제가 된다.

이런 사소한 실수를 이용하면 에니그마를 해독할 수 있다. 첫 번째 글자와 네 번째 글자가 서로 연결되어 있다는 사실을 알게 된 레예프스키는 이를 이용하여 일정한 패턴을 발견했다. 이런 패턴을 이용하면 가능한 회전축의 경우의 수를 엄청나게 줄일 수 있게 된다. 수백 퀸틸리언(퀸틸리언은100경에 해당함)에 달하는 경우의 수가 불과 10만 개 정도로 줄어들게 되는 것이다. 결국 몇 시간 안에 풀 수 있게 된다.

기계를 사용한다면 시간을 더욱 줄일 수 있다. 레예프스키는 에니그마를 시뮬레이션한 기계, 즉 해답을 찾을 때까지 가능한 모든 조합에 대해 검증해주는 봄베라는 암호 해독기를 발명했다. 튜링과 해롤드 킨은 이를 바탕으로 훨씬 더 정교하고 발전된 자신들만의 봄베를 블레츨리 파크에 설치했다. 지금도 블레츨리 파크 박물관에서 이 기계를 볼 수 있다.

로렌츠 암호는 에니그마보다 훨씬 더 해독하기 어렵다. 이 암호의 해독에는 행운이 많이 따랐다. 같은 세팅으로 작성된 암호문

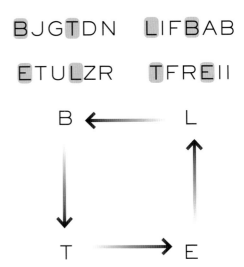

1938년 이전 독일군들이 쓰던 방식.
네 개의 에니그마 암호문에서 보이는
첫 번째 글자와 네 번째 글자 간의 순환 관계.

블레츨리 파크 박물관에 재현되어 있는 튜링과 킨이 개발했던 봄베. 각 회전 드럼은 에니그마의 회전축이 동작하는 모습을 모사하여 보여준다.

독일은 로렌츠 암호기를
1942년부터 사용했다.

이 약간만 수정이 된 채 다시 발송된 것을
입수한 것이었다. 물론 암호 해독 전문가 빌
투트가 4,000개에 달하는 암호 문자에서 시

작하여 로렌츠 암호의 전체 구조를 밝혀낸
공도 있었다.

그의 팀은 로렌츠 암호를 해독하는 기계

를 만들었다. 이 기계는 로렌츠 암호를 생성시키는 기계와는 전혀 관련이 없다. 그들이 로렌츠 암호화 기계를 단 한 번도 본 적이 없었기 때문이다. 이것은 2차 세계대전을 통틀어 가장 위대한 지적 승리였다고 할 수 있다. 이를 토대로 세계 최초라고 할 수 있을 프로그래밍이 가능한 컴퓨터인 콜로서스를 만들 수 있게 되었다. 암호를 해독하기 위해 필요한 설정을 찾아내기 위해서였다.

엄청난 지적 추론, 수학적 분석, 실패를 딛고 일어서는 불굴의 의지, 사람의 능력은 말할 것도 없고 여기에 기계적 능력이 더해져 영국군은 독일군 무선 송신을 가로채서 해독했다. 역사학자들은 이러한 비밀 활동으로 인해 전쟁이 적어도 2년은 단축되었다고 믿고 있다.

내가 가장 좋아하는 블레츨리 파크와 관련된 에피소드는 1970년대 기밀 문서가 해제가 된 때의 일이다. 남편이 아내를 앉혀놓고 말했다. "어보, 사실은 전쟁 기간 동안 블레츨리 파크에서 일했었소." 아내가 답한다. "저도 거기서 일했었어요!"

"블레츨리 파크에서 일하던 사람들은 '황금알을 낳지만 시끄럽게 울지 않는 거위'였다."

— 처칠

1944년 노르망디 상륙 작전의 D-Day는 암호 해독가들이 밝혀낸 정보를 근거로 정해졌다.

앨런 튜링

앨런 튜링(1914~1952)은 오늘날 우리가 누리고 있는 현대적 생활에
아주 중요한 영향을 끼쳤다.

2차 세계대전이 일어나기 전 그는 알론조 처치와 함께 그 당시 난제로 남아있던 '결정 문제'를 풀었다. 그 과정에서 최초의 컴퓨터가 될 기계의 사양을 결정하게 되었다. 오늘날 수많은 컴퓨터 언어가 존재하지만 이론적으로 그 모든 언어들은 튜링이 개발한 간단한 설정과 수학적으로 동일한 명령어로 변환 가능하다.

그는 2차 세계대전 동안 블레츨리 파크에서 에니그마와 로렌츠 암호를 풀기 위해 일했다. 그는 일하는 내내 컴퓨터가 인지능력이 있는지에 대해 골몰했고, 그 결과 오늘날 인공지능의 생각하는 능력을 검증하는 데 사용하는 튜링 테스트를 만들게 되었다. 이것을 간단하게 설명하자면, 컴퓨터가 당신을 속여 상대를 사람이라고 믿게 만든다면 그것을 인공지능이라고 불러도 된다는 것이다. 또한 그는 잭 굿과 함께 관찰되지 않은 인구 수와 관련된 통계학적 규칙을 찾아내었다. 그리고 그는 전쟁이 끝나자 생물학자로 일을 시작했다.

그는 장거리 달

멘체스터에 있는 사과를 들고 있는 튜링의 동상. '컴퓨터 공학의 창시자'라는 메시지가 암호화되어 새겨져 있다.

리기를 잘해서 컨퍼런스에 참가할 때면 기차를 타지 않고 종종 뛰어가곤 했다. 그는 'Run Around Chess'라는 게임도 만들었다. 이 게임에는 체스판에서 말을 한 번 움직이면 집 주위를 한 바퀴 돌아야 하는 규칙이 있었다. 만약 상대방보다 더 빨리 체스판으로 돌아오면 상대방은 기회를 한 번 잃게 된다. 이 게임은 신체적 능력과 지적 능력을 명시적으로 결합하여 겨루는 몇 안 되는 스포츠 중의 하나이다.

튜링의 최후는 매우 비극적이었다. 1950년대 대영제국에서는 동성애가 불법이었다. 그는 동성애 금지법에 따라 감옥에 가지 않기 위해 호르몬 치료를 받아야만 했다. 그는 생물학 실험실에서 청산가리를 다루는 실험을 하다가 스스로 독극물에 오염된 사과를 먹고 사망했다. 튜링은 2013년에서야 사후사면을 받았다.

그는 매우 뛰어난 장거리 선수이자 수학 천재였기 때문에 Run Around Chess 경기에서 불공평할 정도로 유리한 위치에 있었다.

튜링 테스트

2012년 튜링 탄생 100주년이 되던 해, 맨체스터에 있는 그의 동상은 온통 꽃과 파티 모자로 장식되었다. 하늘나라에 있는 그도 이를 허락했을 것이라고 상상하면 즐겁다.

'튜링 테스트'는 컴퓨터의 지능을 평가하는 테스트로 그가 맨체스터 대학에서 근무할 때 제안한 것이다. 튜링은 컴퓨터가 판정단을 속여 상대가 사람이라고 믿게 만들 수 있다면 매우 현실적인 관점에서 인공지능으로 판정해도 된다고 제안했다. 2014년 한 컴퓨터가 영어에 서툰 13살 우크라이나 소년인 척하며 이 테스트를 통과하는 일이 일어났다.

튜링이 창안한 '모방 게임'에서는 C가 던진 여러 개의 질문에 A와 B가 문장으로 답을 하고, 이 과정을 통해 C는 A와 B가 사람인지 컴퓨터인지 결정해야 한다. 이때 사람인 A는 C를 속이기 위해 노력하고, B는 C를 돕는 역할을 한다.

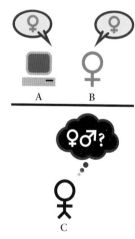

다른 종류의 '모방 게임'에서는 A 역할을 컴퓨터가 하고 B는 계속해서 C를 돕는 역할을 한다.

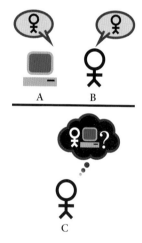

또 다른 버전의 '모방 게임'에서는 C가 서면으로 질문을 던지고 다시 서면으로 대답을 받는다. 여기서는 C가 A와 B중 어떤 쪽이 인간인지를 판단해야 한다.

이브는 엿듣기를 원한다.

말로리는 메시지를
조작하길 원한다.

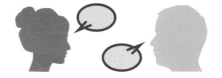

앨리스는 밥에게 메시지를
전달하길 원한다.

밥은 앨리스의
메시지를 받는다.

페기는 밥에게 메시지가
전달되었는지 증명하길 원한다.

빅터는 전달된 메시지가
진짜인지 확인하길 원한다.

앨리스와 밥 만나기

암호화 기법과 관련된 글을 읽다 보면 기의 대부분 "앨리스와 밥은 공개 열쇠 암호를 교환하였다."와 같은 문장으로 시작한다. 하지만 여기에 등장하는 이 인물들이 누구이고, 어떤 배경 이야기가 있는지에 대해서는 전혀 설명이 없다.

앨리스와 밥은 1970년대에 로널드 라이베스트가 RSA 프로토콜을 만들면서 처음 등장했다. 그는 '사람 A, 사람 B'와 같은 방식으로 부르면 이해하기 어려울 것이라 생각해서 사람 이름을 붙였다. 이때부터 모든 암호와 관련된 이야기에는 등장인물을 사용하는 현상이 일반화됐다. 보통은 앨리스가 밥에게 메시지를 전달한다. 악당인 이브는 중간에서 이 메시지에 어떤 변화도 주지 않고 가로채고 싶어한다. 말로리 역시 악당으로, 중간자 공격(네크워크에 침입하여 데이터 스트림을 수정하거나 거짓 생성하는 보안 침입)을 감행하려 한다. 어떤 정보도 주지 않은 채 교신이 제대로 되고 있는지 확인하고 싶을 때, 페기는 전달을 증명하는 사람으로서, 그리고 빅터는 전달된 메시지가 진짜인지 검증하는 사람으로 등장하게 된다.

등장인물의 사용은 암호화 기술의 세계를 좀 더 친숙하게 느끼도록 해준다. 대부분의 수학 문제들은 일반 사람들이 이해하기 어려운 기술적 용어들로 설명되어 있다. 앨리스와 밥이 등장하는 이야기는 누구라도 쉽게 그 흐름을 따라갈 수 있게 한다.

공개 키 암호 기술

아마도 클리퍼드 콕스는 20세기 가장 불운했던 수학자로 후대에 기억될 것이다.

이 책에 등장한 다른 수학자들처럼 그도 그가 창안한 것을 세상에 발표하지 않아서 그의 이름을 후세에 남길 기회를 놓쳤다. 그가 영국의 GCHQ에서 비밀첩보원으로 활동하고 있었기 때문이었다. 그가 1973년 활동했던 내용은 1990년대 후반에서야 문서 보안이 해제됐다.

MIT의 컴퓨터 공학관인 스타타 센터는 현대적 디자인이 파괴된 모습을 하고 있다.

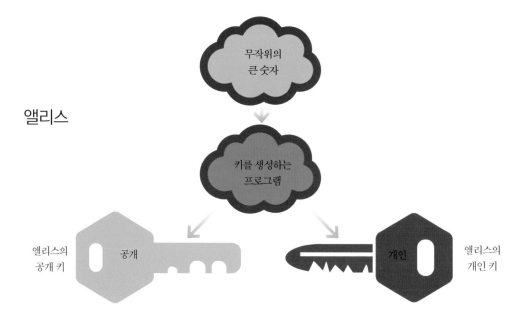

앨리스

무작위의 큰 숫자

키를 생성하는 프로그램

앨리스의 공개 키   공개

개인   앨리스의 개인 키

콕스가 일급 기밀에 해당하는 모종의 일을 해낸 지 4년 뒤, MIT의 수학자 로널드 라이베스트, 아디 샤미르, 래너드 애들먼은 각자 독립적으로 메시지를 암호화하고 해독하는 거의 동일한 시스템을 개발했다.

이 암호화 체계는 그들의 이름 첫 글자를 따서 RSA라고 부른다. 이것은 매우 놀라운 발전이었다. 이 기술의 핵심은 당신에게 메시지를 보내고자 하는 사람은 누구든지, 원하는 모두에게 접근이 허용된 공개 키를 사용하여 메시지를 암호화하게 만들 수 있는 것이다. 그리고 이 암호를 해독할 때는 당신만이 알 수 있는 개인 키를 이용하여 풀게

된다. 이것이 어떻게 작동하는지 최대한 수학을 배제한 채 원리를 설명해 보면 다음과 같다. 밥이 두 개의 숫자로 이루어진 공개 키를 생성한다. 암호를 푸는 데 필요한 개인 키는 이것과 연관이 있는 어떤 숫자이다. 밥에게 메시지를 보내고 싶어하는 앨리스는 이미 밥에게 그의 공개 키가 무엇인지 들었다. 그녀는 그 공개 키를 이용하여 밥에게 보낼 메시지를 암호화한다.

만약 밥의 공개 키가 (n, e)이고 앨리스의 메시지가 숫자 M이라고 가정한다면 앨리스는 모듈러 n을 계산하여 $T = M^e$라는 메시지를 보내게 된다. 밥의 개인 키가 d라면

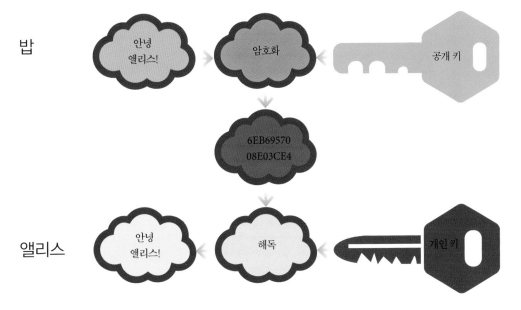

그는 T^d를 계산함으로써 앨리스가 보낸 M 이라는 메시지를 꺼낼 수 있게 된다.

또한 앨리스는 메시지가 사기꾼이 보낸 것이 아니라 진짜 그녀가 보냈다는 것을 밥이 믿도록 하기 위해서 그녀가 보낸 메시지에 사인할 수도 있다. 그녀는 개인 키를 사용하여 그녀가 보내는 메시지의 해시값을 암호화한 후 메시지에 덧붙여 보낼 수 있다.

첼트넘에 있는 GCHQ.
암호를 모으고 해독하는 영국 정보 기관의
중심으로서 도넛이라는 별명이 있다.

밥은 앨리스의 공개 키를 이용하여 그녀가
보낸 암호를 해제할 수 있다. 이 암호 시스
템은 대칭적이기 때문에 개인 키와 공개 키
는 서로를 풀 수 있도록 되어 있다. 밥은 본
인이 받은 전체 메시지에 앨리스가 보낸 해
시값을 적용해서 그녀의 사인이 맞는지 확
인하게 된다. 만약 사인이 맞다면 그 메시지
는 앨리스가 보낸 것이 틀림 없다. 그녀의
개인 키를 다른 사람은 알 수 없기 때문이
다. 만약 다른 사람이 보냈다면 해시값이 달
라질 것이다.

이 암호는 이브가 밥의 개인 키를 훔치거
나 그렇지 않으면 엄청나게 큰 숫자를 인수
분해 하는 데 성공할 경우에만 풀 수 있도록
설계되어 있다. 인수분해는 어떤 숫자를 소
수의 곱으로 분해하는 것이다. 작은 수는 쉽
게 인수분해할 수 있지만 큰 수는 어렵다.
최근에 인수분해를 쉽게 하는 방법이 개발
돼서 지금은 공개 키 암호화 프로그램들 대
부분이 인수분해 대신 타원 곡선 암호화법
을 사용한다. 두 기술 모두 비슷한 원리에
의해 설계되었다. 모든 암호들이 마찬가지
이지만 안전을 위해서는 올바르게 사용해
야 한다. 현재 사용되고 있는 인수분해 암호
화 기법의 수준은 키가 충분히 길고 무작위
로 선택되었을 때, 그리고 암호화하고자 하

은행 자동화 인출기(ATM)는 RSA 암호를 사용하여
해커로부터 당신의 개인 정보와 재산을 보호하고 있다.

는 메시지가 제대로 입력되고 모든 것이 정
상적일 때, 현실적으로는 RSA 암호의 경우
해독이 불가능하다고 할 수 있다.

CHAPTER 14

20세기의 취향

신기하게도 영국의 해안선 길이는 측정할 때마다 길어졌고,
나비의 날갯짓은 허리케인을 불러오는 데 실패했으며,
이상한 모양의 곡선으로 350년 된 난제가 풀렸다.

나비의 날갯짓으로 허리케인을
불러올 수 있을까?

브누아 망델브로

전혀 꿈도 꾸지 못했던 수학적 세계를 개척한 사람은 그리 많지 않지만
망델브로(1924~2010)는 그중 한 명이었다.

폴란드의 바르샤바에서 출생한 그는 1936년 삼촌 숄렘과 합류하기 위해 가족들과 함께 프랑스로 이주하였다. 콜레주 드 프랑스에서 수학자로 일하던 그의 삼촌 숄렘 망델브로는 그의 조카가 수학에 관심을 가지도록 영감을 준 사람이었다.

1940년 프랑스가 독일에 의해 침공을 받자 망델브로 가족은 파리를 벗어나 훨씬

2차 세계대전 중
파리 물랑루즈
밖에 서 있는
독일 군인들.

남쪽 지방인 튈로 옮겼고, 독일군에게 유
태인이라는 것을 들킬까 두려워 프랑스가
독일에 점령된 기간 동안 그곳에 계속 머
물렀다.

1944년 망델브로는 공부를 계속하기 위
해 파리로 돌아갔고, 그 후 리옹의 리체 두
파크에서도 공부했다. 1947년에는 미국 캘
리포니아 공대에서 공부를 계속하여 항공
학 석사 학위를 취득한 후 다시 프랑스로 돌
아가 1952년에 파리 대학에서 수학 과학 박
사 학위를 마쳤다.

6년 후 그는 뉴욕의 IBM에 입사하여 35
년간 근무했다. 이 기간 동안 그는 쥘리아
집합을 연구했고, 비록 그가 발견한 것은 아
니지만 그의 이름을 기려 명명된 망델브로
집합에 대해서도 연구했다. 파투와 쥘리아
는 20세기 초에 망델브로 집합에 대해 처음
으로 연구했다.

1975년에는 자기유사성(self-similarity)
을 보이는 형태, 즉 매우 다양한 크기 영역
에서도 같은 모양이 계속 반복되는 구조를
의미하는 '프랙탈(fractal)'이란 용어를 처음
창안했다.

이러한 현상은 컴퓨터가 숫자를 다루는
과정에서 발생한 단순 오류일 뿐이라는 비

파리 근교 팔레조에 있는 에콜 폴리테크니크에서
2016년 9월 11일 레지옹 도뇌르 훈장을 수락하는 연설을
하고 있는 망델브로.

판론자들의 주장처럼 단순한 수학적 호기
심으로부터 출발했다. 프랙탈은 지리학(해
안선), 동물 생물학(폐구조), 식물 생물학(브
로콜리)과 금융 분야에서 초 단위 시장 변동
과 분 단위 시장 변동이 구별하기 매우 어렵
다는 사실을 포함하여 매우 다양한 곳에서
관찰되었다.

망델브로는 2010년 85세의 나이에 암으
로 사망했다.

영국 해안선의 길이

지금 지구본이 있다면 영국의 섬들을 한번 살펴보라.
지구본을 어떻게 들고 있느냐에 따라 아마 섬들이 위쪽을 향해 있을 수도 있다.

만약 당신이 영국 해안선의 길이를 알고 싶다면 정확하지는 않지만 간단하게 시도하여 구할 수 있다. 대강 잰 해안선의 길이에 지구본의 축적을 곱하면 해안선의 대략적인 길이를 얻을 수 있게 된다.

이 과정에서 지구본보다 더 정확한 지도를 원할 수도 있을 것이다. 그렇다면 지도책에서 유럽 부분을 펼쳐서 할 수 있는 최대의 정확도로 같은 과정을 반복하라. 영국이 얼마나 긴 해안선을 가지고 있는지 아까보다 훨씬 정확하고 큰 값을 얻을 수 있을 것이다. 실제 지도에서는 지구본 제작자들이 감히 표현할 수 없는 만과 곶 같은 자세한 지형들이 표시되어 있을 것이다.

하지만 이것보다 더 자세하게 측정할 수도 있다. 전체 섬이 대형 벽보에 달하는 크기로 그려진 지도를 구하게 된다면 어떻게 될까? 이런 지도라면 훨씬 더 정확한 근삿값을 얻는 것이 가능할 것이다. 물론 측정값도 그 전보다 훨씬 커지게 된다. 이런 과정은 끝도 없이 계속해서 반복할 수 있다. 해안선의 각 부분을 나누어 더 큰 크기의 자세한 지도를 구하고 해안선의 길이를 잴 수도 있다.

물론 이 경우 더 정확하고 큰 수치를 근삿값으로 얻을 수 있다. 이론적으로는 길이 측정용 굴렁쇠와 폭풍우를 견디며 암벽을 등반하는 데 필요한 장비들을 갖춘 채 직접 해안선을 따라가며 재는 방법도 있다. 이를 위해서는 조수 간만의 차이도 잘 계산해야 한다. 1967년에 발표된 유명한 그의 논문에서 망델브로는 영국의 해안선(더 나아가서는 세계 모든 해안선)에서 발견한 몇 가지 사실을 보고했다.

지구본상의 영국.

이 지도를 사용하면 지구본보다 훨씬 많은 영국 섬들의 해안선을 볼 수 있다.

또는 유럽 지도를 사용한다.

그린란드해

아이슬란드

노르웨이해

핀란드

러시아

노르웨이

스웨덴

보트니아만

에스토니아

라트비아

대서양

북해

아일랜드

영국

영국해협

켈트해

프랑스

네덜란드

벨기에

룩셈부르크

독일

스위스

오스트리아

체코

슬로바키아

헝가리

폴란드

루마니아

덴마크

발트해

리투아니아

라트비아

벨라루스

우크라이나

유럽 지도의 일부로서의 노르웨이를
보여주는 작은 축적의 지도.

큰 축적의 노르웨이
지도는 작은 축적의
지도와 유사한
자기유사성을
보여주고 있다.

노르웨이해

스웨덴

핀란드

보트니아만

노르웨이

에스토니아

발트해

북해

라트비아

러시아

망델브로가 발견한 첫 번째 사실은 좀 기이하다. 지도를 확대할수록 해안선의 길이가 길어졌다. 그렇다면 어떤 의미에서 해안선의 길이는 정해진 값이 아니다. 정해진 값이라 하더라도 조수 간만의 차나 파도에 의한 침식뿐만 아니라 어떤 측정자로 측정했느냐에 따라 다른 값을 얻는다. 심지어 이 측정값에는 상한선도 없다!

그가 발견한 두 번째 사실은 더 기이할 수 있다. 유럽 전체 지도에서 노르웨이 해안의 한 부분과 더 큰 축적의 자세한 노르웨이 해안 지도에서 한 부분을 비교해보면 어떤 것이 어느 지도에서 나온 것인지 구별하기가 어렵다. 이것은 해안선의 경우 자기유사성을 가지고 있음을 의미한다. 따라서 아무리 축적이 달라지더라도 해안선 모양은 거의 같다.

망델브로 집합

- 두 숫자를 골라서 x와 y라고 하자. 이들은 매우 수학적인 이름임에 틀림없다.
- $x^2 - y^2 + x$와 $2xy + y$를 계산하고, 여기서 얻은 각각의 값을 x와 y라고 하자.

- 숫자가 변하지 않거나 매우 큰 값이 얻어질 때까지 이 과정을 계속 반복하라.

방금 이 과정은 어떤 점이 망델브로 집합에 속하는지를 확인하는 것이다. 만약 그 값이 변하지 않는 점에 수렴한다면 그 점은 망델브로 집합에 속하는 것이다.

보통은 당신이 고른 점이 그 과정을 거치면서 매우 커질 것이다. $x^2 + y^2$가 4보다 작도록 x와 y를 고르지 않는 이상 이 계산값은 일정한 값에 수렴하지 않고 무한대로 커지게 된다. x와 y 값을 좌표로 간주하면 $x^2 + y^2$이 4보다 작아지는 (x, y) 점들은 중심이 $(0, 0)$이고 반경이 2인 원의 내부에 모두 위치한다. 원 내에 존재하는 점들 중에서도 약 12% 정도만 망델브로 집합에 속한다.

물론 원 내에 존재하는 모든 점에 대해 이 계산을 하는 것은 매우 지루한 작업이다. 특히 원의 경계로 가까이 다가갈수록 계산값이 한 점에 수렴하는지 아닌지를 판별하기 위해서는 200번에서 수천 번에 달하는 계산을 해야 한다.

이론적으로 수렴 여부를 판별하기 위한 계산 횟수에 제한은 없다. 다행히 요즘은 이런 계산을 대신 해줄 기계인 컴퓨터가 존재한다.

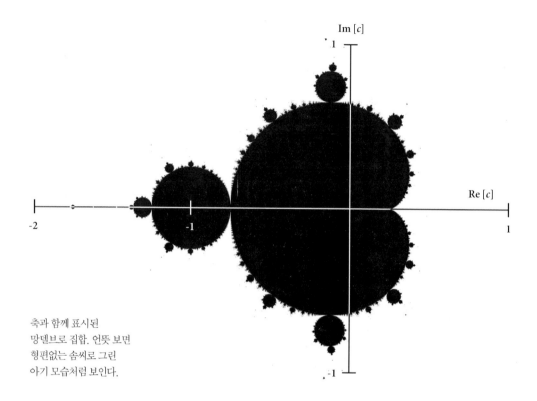

축과 함께 표시된
망델브로 집합. 언뜻 보면
형편없는 솜씨로 그린
아기 모습처럼 보인다.

컴퓨터가 이 계산을 매우 빠르고 쉽게 할 수 있어 더 이상 직접 계산할 필요가 없다. 더 나아가서는 결과를 멋지게 그래프로 그려 주기도 한다.

언뜻 보기에 망델브로 집합은 아기가 옆으로 누워 있는 모습을 형편없는 솜씨로 그려 놓은 것처럼 보인다. 큰 몸집은 오른쪽에, 작은 머리는 왼쪽에, 그리고 양쪽으로 팔처럼 보이는 둥근 모양의 것이 있다. 하지만 가장자리를 좀 더 확대해보면 매우 복잡한 구조가 숨어 있다. 더 작은 아기, 둥근 공과 덩굴 손이 어떤 배율로 확대하더라도 거의 동일한 모양임을 알 수 있다.

온라인상에 망델브로 집합을 탐구하는 많은 사람들이 있다. 기회가 있다면 그들의 웹사이트를 방문해 볼 것을 권한다.

망델브로 집합 그림은 평범한 학생 방에 붙어 있을 법한 몽환적인 포스터를 넘어서서 그 자체로 엄청난 수학적 호기심의 대상이다.

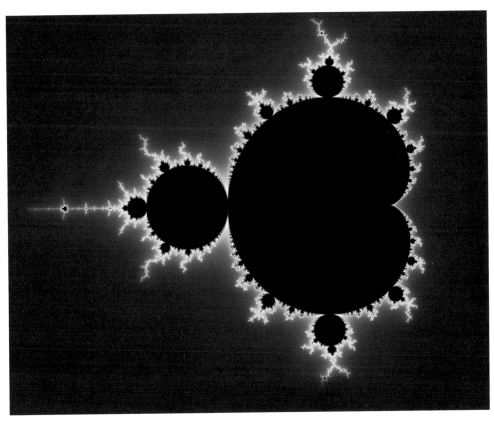

망델브로 집합에 색을 입히면 매우 충격적인 이미지로 바뀐다.

망델브로 집합의 'pinch point', 예를 들어 몸통이 머리와 접하는 부위, 머리가 모자와 접하는 부위를 자세히 보면 망델브로 집합이 차지하는 영역이 매우 얇아지는데, 여기서 발견되는 값이 π이다.

$x = -0.75$이고 y를 매우 작은 숫자로 정하면 이 점이 망델브로 집합에 속하는지를 검증하는 과정에 필요한 계산 횟수는 π를 y로 나눈 값에 근접하게 된다.

망델브로 집합과 '로지스틱 사상' 사이에는 상당한 연관성이 있다. 로지스틱 사상에서 혼돈 영역은 망델브로 집합의 덩굴 손에 해당하고 비혼돈 영역은 망델브로 집합의 둥근 공에 해당한다.

프랙탈 지형

프랙탈 이론은 순수 수학을 제외하면 컴퓨터 그래픽 분야에서
가장 흔히 사용된다. 어떤 모양을 정해서 그 모양의 일부를 무작위적인
규칙에 의해 반복적으로 변형시키면서 모양을 만들어나가면
실제와 거의 구별하기 힘든 지형을 만들 수 있다.

예를 들면 큰 정사각형을 수평으로 놓고 중심부를 무작위값만큼 수직 방향으로 조금만 찌그러뜨린다. 그런 다음 사각형을 4분할하고 각 사각형에 대해 같은 변화를 가한다. 이를 계속해서 반복하면 자연 지형과 매우 유사한 결과를 얻게 된다.

산과 평야가 다르고 일반 해변과 피오르드 해변이 다른 것을 고려한 더 복잡한 멀티프랙탈 변화를 줄 수도 있다. 이 경우 매우 사실감 있는 지형을 그래픽으로 모사할 수 있다.

이런 식으로 프랙탈을 이용한 그래픽으로 만든 지형으로 가장 유명한 것이 바로 공상 과학 영화인 〈스타트렉 2: 칸의 분노〉 편이다. 이 영화에서 보이는 외계 세계는 모두 그래픽 알고리즘으로 만든 것이다.

음악에서는 프랙탈 기법이 알고리즘 작곡 분야에 적용되고 있다.

2 × 2 그리드

4 × 4 그리드

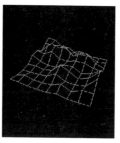
8 × 8 그리드

32 × 32 그리드

에드워드 로렌츠의
날씨 시뮬레이션

너무 많은 지엽적인 사실들은 이번 이야기를 전달하는 데 방해가 될 것이다. 이 점에 유의하여 설명을 하고자 한다.

로렌츠는 커피 한잔을 들고 뒤로 기대 앉으며 매사추세츠 공대의 책상 위에 발을 올려 놓았다. 그의 날씨 시뮬레이션 프로그램이 완벽하게 작동하고 있었기 때문이다. 컴퓨터상에 따뜻하고 차가운 기온, 간간히 내리는 비와 한동안의 화창한 날씨, 때 아닌 강설 등이 반복하여 나타나고 있었다. 1960년대 컴퓨터를 이용하여 이 정도 결과를 구현한 것은 매우 놀라운 성과였다. 그가 잘난 척 하는 것도 무리는 아니었다.

커피를 한 모금 마시던 그가 얼굴을 찌푸렸다. 커피가 맛도 없긴 했지만 이런 기가 막힌 연구 결과를 출력할 수 있는 방법이 없다는 것을 깨달은 것이다. 나지막이 욕을 하며 그는 프로그램을 중단시켰다. 그리고 모든 원본 데이터를 곧 부서질 것 같은 구형 도트 프린터로 출력하기 시작했다. 이 프린터는 지금도 매사추세츠주 케임브리지 소재 대학의 찬장 선반 어디엔가 보관되어 있을 것이다.

로렌츠는 오늘날 사용되는
날씨 시뮬레이션 지도의
기반을 다졌다.

로렌츠는 그의 날씨 시뮬레이션이
눈보라를 예측할 수 있을 것이라고는
기대하지 않았다.

로렌츠는 한숨을 쉬며 손마디를 꺾었다. 그리곤 프린트된 출력물에 찍힌 숫자를 정성껏 컴퓨터에 입력하기 시작했다. 다시 날씨 시뮬레이션 프로그램을 켠 그는 커피를 한 모금 마시다가 도로 뱉었다. 맛이 없는 커피 때문이 아니라 갑자기 그의 시뮬레이션이 이상하게 돌아가기 시작했기 때문이다. 허리케인. 기근. 눈보라. 갑자기 요한 계시록에 등장하는 네 명의 기사가 그

의 스크린에 나타난 것과 같은 일이 일어난 것이다. 도대체 뭐가 잘못된 것일까?

그는 불현듯 컴퓨터에 숫자를 입력할 때 심상치 않은 일이 일어났음을 직감했다. 하지만 모든 숫자를 일일이 확인했기 때문에 거기에서는 실수가 없었을 것이다. 다만, 프린트되어 나온 숫자와 컴퓨터에 실제로 저장되어 있는 숫자가 다르다면 가능할지도 모른다는 생각이 미쳤다.

그가 출력된 프린트물을 보고 입력한 숫자는 소수 5째 자리까지인 반면, 컴퓨터에 입력된 숫자는 소수 7째 자리까지였다. 로렌츠는 생각했다. "이 미미한 차이 때문에 그런 일이 일어날까?" 그 차이는 믿기 힘들 정도로 작은 차이였다.

그는 출력물에 표시된 숫자와 컴퓨터에 저장된 숫자 간의 차이는 지구 반대쪽에서 나비가 날갯짓을 하는 효과와 유사한 차이라는 것을 깨달았다.

나비의 날갯짓이 허리케인으로 이어진다는 유명한 문구가 등장하게 된 계기가 바로 이 에피소드에서이다. 물론 실제로는 훨씬 복잡한 연관성이 있을 것이다. 날씨는 매우

나비의 날갯짓, 로렌츠가 간과한 소수점 두 자리 차이와 같은 미미한 차이.

혼돈스러운 시스템에서 일어나는 일이다. 이는 초기 조건에 도입된 미세한 차이가 최종 결과물에 매우 큰 변화를 일으킬 수 있음을 뜻한다.

파이겐바움 상수

여기 숫자를 요리할 레시피가 있다.

1. 아래 목록에서 숫자 k를 하나 골라 보라. 원할 경우 다른 것을 선택해도 무방하다.
2. 0에서 1 사이의 숫자를 골라서 x라고 부르자.
3. 고른 숫자를 이용하여 $k \times (1 - x)$ 계산을 하고 그 결과값을 x라고 부르자.
4. 어떤 패턴을 발견할 때까지 3번 과정을 반복하라.

k값으로 고를 수 있는 수를 보자.

0.5, 1.7, 2.3, 3.2, 3.5 그리고 3.6

원한다면 다른 숫자들을 이용해서 해보라. 스프레드시트를 이용해도 좋다.

k값이 1보다 작으면 x는 매우 작아진다.

k값이 1에서 3 사이면 k에 따라서 일정한 값에 수렴한다. 재미있는 일이 일어나는 것은 k값이 3에서 4 사이일 때이다.

k가 3에서 3.49 사이일 때 x는 두 값 사이를 왔다 갔다 하게 된다. k값이 그보다 커지면 수렴하는 값이 4개의 숫자 사이를 오가며 진동하게 된다. 계속하여 k값이 더 커지면 8개의 숫자를 오가며 수렴하게 되고, 마침내 k값이 3.57에 이르면 일은 걷잡을

수 없는 방향으로 진행된다. x값이 일정한 패턴으로 안정되어 있지 않고 돌아다니기 때문이다.

아주 약간 다른 두 x값을 선택한 후 100번 정도 계산 과정을 반복하면 매우 떨어져 있거나 매우 근접한 x값이 된다. 도저히 x값을 예측하기가 어렵다. 초기 조건의 미세한 차이가 최종 결과값에는 큰 차이를 가져올 수 있는데, 이것이 혼돈의 정의이기도 하

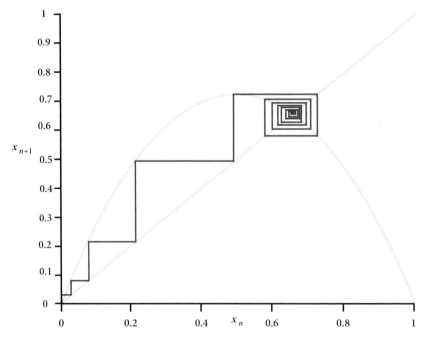

여기서 함수를 반복 계산하면 하나의 값에 수렴되고, 이러한 현상은 스파이더 차트로 잘 표현된다. 계산값은 y축에 표시된다. 이 값은 다시 x축으로 옮겨져서 표시되고 이 값을 다시 함수에 넣어서 계산한다. x_n과 x_{n+1}은 0과 다른 끝점에서 다시 일치한다.

2006년 코펜하겐의
닐스 보어 연구소의
파이겐바움.

다. 숫자를 이용하여 이런 식의 계산을 하는 과정을 일컫는 '로지스틱 사상'을 연구하는 과정에서 미첼 파이겐바움은 x값이 나타나는 양상이 바뀌는 k값을 가리켜 '분기점(bifurcations)'이라 명명하였다. 이 말은 '두 개의 포크로 갈라진다'는 어원이 있는데, 문제의 각 해가 보여주는 양태가 바로 이런 모양이다.

분기점에서는 하나의 안정된 해를 보이던 것이 두 값 사이를 오가며 진동하거나 2개에서 4개로 진동하는 값이 달라지는 등의 변화가 일어난다. 그는 이러한 분기 현상의 격차가 예측 가능한 패턴으로 점점 작아지는 것을 발견했다.

각 단계별 격차의 비율은 4.669:1로 나타났다. 이 비율은 이 특별한 과정에만 국한되지는 않는다. 이 숫자는 망델브로 집합을 포함한 매우 다양한 종류의 매핑에서 반복되어 나타나고 있다. 이 값은 기하학의 π, 미적분학의 e에 버금갈 만큼 중요하다.

지금은 이 값을 가리켜 파이겐바움 상수 δ라고 부르고 있다.

$$\delta = 4.669\ 201\ 609\ 102\ 990\ 671\ 853\ 203\ 821\ 578(\text{소수점 30번째 자리까지만 표시})$$

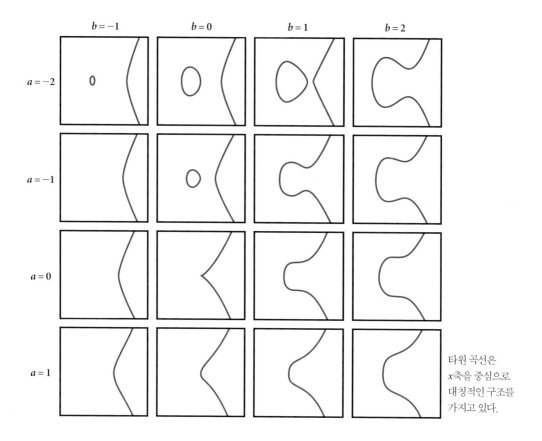

타원 곡선

겉으로 보기에 타원 곡선은 그다지 복잡해 보이지 않는다.
타원 곡선은 $y^2 = x^3 + ax + b$ 형태의 곡선이며 여기에서 a와 b는 상수이다.

타원 곡선은 가장 단순한 형태의 곡선은 아니지만 매우 사랑스럽고 부드러우며 x축을 중심으로 대칭구조를 보이는 곡선이다. 이보다 훨씬 더 보기 싫은 곡선도 많이 존재한다.

일부 a나 b값에 대해서는 불연속적인 곡선으로 변하기도 한다. 그렇다고 큰 문제가 생기지는 않는다. 또한 무한대에 위치한 점에 대해서도 생각해야 할 경우가 생기지만 이 역시 당신이 충분히 똑똑하다면 별 문제가 되지 않는다. 이런 여러 특성에도 불구하고 타원 곡선은 프랙탈에 비하면 매끄럽고 안정적인 거동을 보이는 대표적인 곡선이라고 할 수 있다.

타원 곡선의 멋진 특성 중 하나는 곡선상의 점들을 잇는 직선과 관련되어 있다. 이 직선은 다음과 같은 세 가지 특성이 있다.

- 이 직선은 항상 곡선상의 세 번째 점을 지날 수 있다.
- 만약 곡선의 한 점에서 접선이 되면 다시는 곡선과 만나지 않는다.
- 직선이 수직이 되는 경우 곡선과 다시 만나지 않는다.

곡선상의 두 점을 잇는 모든 직선은 곡선과 세 번째 점에서 다시 만나게 된다는 것은 타원 곡선 이론에서 매우 중요한 의미이다. 직선의 특성 중 두 번째 경우는 이 세 번째 점이 곡선의 접점에 해당할 때이다(이중 해). 세 번째 경우는 세 번째 점이 무한대에 있는 경우인데, 이 점을 O라고 부른다.

이런 특성으로 인해 타원 곡선은 훌륭한 대수학적 성질을 지녔다. 이때의 대수학은 추상적 의미의 대수학이지 당신이 학교에서 배웠던 식으로 양쪽에 같은 연산을 하는 종류의 대수학은 아니다.

타원 곡선을 이용하면 점을 더하는 방법을 정의할 수 있어 결국 아벨군을 만들 수 있다. 만약 점 A가 곡선상에 있다면 그 반사상은 x축을 중심으로 대칭되는 지점 $-A$에 있게 된다. 곡선상의 두 점(예: P와 Q)을 지나는 선을 그으면 이 직선은 다시 곡선과

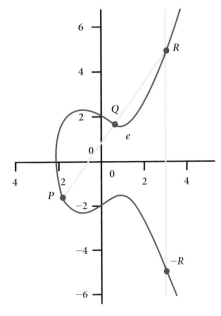

타원 곡선에는 매혹적인
대수학적 특성이 숨어 있다.

세 번째 점인 R에서 만난다. 타원 곡선을 이용하여 P와 Q를 더하는 대수학적 계산을 하면 그 결과는 −R이 된다.

무한대에 위치한 점 O가 등장하는 특수한 경우도 있다. $P + (−P) = O$이므로 $P + (−P)$는 곡선과 다시 만나지 않는다. 비슷한 이유로 $P + O = P$가 된다.

그렇다면 어떤 점에 자기 자신을 더하면 어떻게 될까? 이 경우에는 그 지점에서 곡선과의 접선이 생기게 되고 그 접점을 R이라고 부른다.

이러한 방법으로 타원 곡선에서의 덧셈을 정의하고 무한대에 있는 점을 O라고 부르면 곡선 위의 점들은 아벨군을 형성하게 된다.

이러한 특성은 유리수 좌표를 갖는 점에서도 동일하게 적용된다. 우리가 방금 발견한 것들은 정말 대단한 것들이다. 우리는 큰일을 해냈고 충분히 필즈 메달을 받을 만 하다. 그런데 타원 곡선이 왜 그렇게 중요할까?

무엇보다 타원 곡선 그 자체로 중요한 의미를 지닌다. 타원 곡선을 이용하면 계산을 즐겁게 해낼 수 있다.

클레이 밀레니엄 문제 중의 하나는 타원 곡선을 바탕으로 한 추론과 연관되어 있다. 만약 그것을 증명할 수 있다면 클레이 수학 연구소에서 100만 달러의 상금을 지불할 것이다. 그러니 주저하지 말고 도전해 보라!

또한 페르마 최후의 정리를 푼 앤드류 와일즈 증명의 핵심이 된 모듈러성 정리(modularity theorem)도 있다.

이 정리가 주로 응용되는 분야는 두 군데이다. 하나는 정수론으로 특히 어떤 큰 숫자가 소수임을 증명할 때이고, 다른 하나는 인수분해를 할 때 사용된다. 암호학에서는 타원 곡선 위에 존재하는 점들이 가지는 두 가지 특성을 응용한다.

- 어떤 점을 자기 자신과 반복적으로 더하는 것이 매우 쉽다.
- 이런 식으로 어떤 점이 자기 자신과 몇 번이나 더해졌는지 찾아내기는 매우 힘들다.

이것은 일방 함수의 한 예이다. 매우 쉬운 계산이지만 이것을 풀고자 하는 이에게는 매우 되돌리기 어려운 계산이다. 비밀을 공유하는 데는 더할 나위 없이 완벽하다.

오늘날 통신 보안에 있어서
암호화 기술은 없어서는
안 될 분야이다.

장 보러 갈 때 헬리콥터를
타는 것과 마찬가지로
어떤 수학적 기법은
과도하게 복잡하다.

타원 곡선 노모그램

어떤 수학적 기법들은 동네 모퉁이 구멍가게에 가기 위해 헬리콥터를 타는 것과 같다.
실제로 처리해야 할 일에 비해 사용하는 도구가 중장비처럼 너무 무거운 것이다.
하지만 그때 카운터를 지키는 꼬마의 표정을 보면 또 그만한 가치가 있다.

타원 곡선 노모그램은 이러한 경우에 해당하는 완벽한 예라고 할 수 있다. 타원 곡선과 자만 있으면 당신의 프린터가 감당할 수 없을 정도의 소수점 정확도로 곱셈과 나눗셈을 할 수 있다.

먼저 곡선 위에 파란색과 빨간색, 두 개의 눈금을 표시한다. 이 두 눈금은 서로 역수 관계에 있다. 이것은 어떤 주어진 점에서 빨간색과 파란색을 곱하면 1이 된다는 뜻이다.

같은 색깔의 두 숫자의 곱은 두 숫자를 서로 연결한 선이 곡선과 다시 만나는 점에서 다른 색깔로 표시된다. 계산한 결과는 소수점 아래 숫자를 약간만 조정해 주면 될 정도의 정확성을 가지고 있다.

색깔이 다른 두 숫자를 연결하면 이 선이 곡선을 다시 만나는 점에서 두 수의 비가 형성된다. 파란색 숫자를 읽으면 파란 숫자가 분모가 되는 분수 값을, 빨간색 숫자를 읽으면 빨간색 숫자가 분모가 되는 분수 값을 얻을 수 있다.

타원 곡선에서의 접선을 영리하게 이용하면 제곱근의 값도 쉽게 계산할 수 있다. 하지만 이것은 마치 헬리콥터가 이층으로 겹쳐 주차되어 있는 것과 같아서 여기에 대해서는 자세히 이야기하지 않겠다.

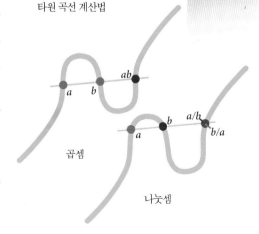

타원 곡선 계산법

곱셈

나눗셈

타원 곡선 암호학

타원 곡선 이산 로그 문제(Elliptic Curve Discrete Logarithm Problem, ECDLP)라는 복잡한 이름도 실제 문제의 난이도에 비해서는 그나마 쉽게 들리는 편이다. 우리의 영웅 앨리스가 타원 곡선상의 점 G에서부터 시작한다고 가정하자. 비밀 숫자 n을 골라서 $G + G + G + \dots$ 계산을 n번 반복한다

(식을 간단히 표현하면 nG이다). 이것을 Q로 부르자. 앨리스가 당신에게 G와 Q를 알려준다. 당신이 n을 계산할 수 있다면 당신은 그녀의 모든 비밀을 알아낼 수 있다.

앨리스의 입장에서는 다행스럽게도 n을 찾아내는 것이 지극히 어렵다. 특히 타원 곡선이 갈루아 영역에서 정의되고 단순히 합동 산술을 사용할 경우에는 더더욱 힘들다.

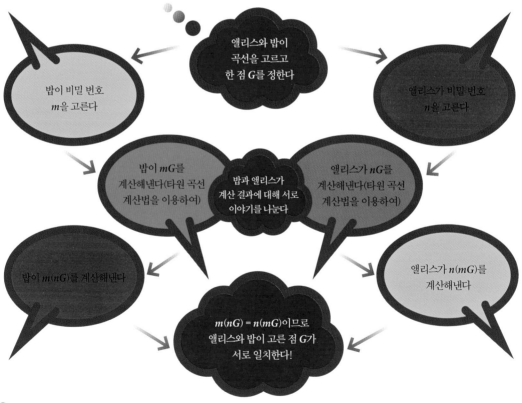

앨리스는 밥과
특정 정보를
공유해야 한다.

앨리스가 그녀의 친구 밥에게 비밀 메시지를 보낸다고 해보자. 그들은 서로 전화를 걸어 "우리 이 타원 곡선을 이용하고 G를 기준점으로 하자."라고 공개적으로 말할 수 있다. 앨리스는 비밀 숫자인 n을 선택한 후 nG를 계산한다. 그녀는 밥에게 공개적으로 그 결과를 알려준다.

밥도 앨리스처럼 자신의 비밀 숫자 m을 정하고 mG를 계산한 후 앨리스에게 그 결과를 공개적으로 알려준다. 앨리스와 밥은 이제 공통의 비밀을 가지게 되었다. 밥이 앨리스의 숫자 nG를 그의 비밀 숫자인 m번

더하면, 그 결과 그는 mnG를 얻게 된다.

만약 앨리스가 밥의 숫자 mG를 그녀의 비밀 숫자인 n번 더하면 그녀도 nmG를 얻게 된다. 밥과 앨리스를 제외한 그 누구도 이 결과를 알아낼 만큼 충분한 정보를 가지고 있지 않다! 앨리스와 밥이 누구도 그들의 비밀 숫자를 알아낼 수 없다고 확신한다면 그들은 이것을 완전한 비밀이 보장되는 그들 사이의 통신 수단의 기초 암호로 사용할 수 있다.

그들이 어떤 메시지를 주고 받을지 궁금하다.

앤드류 와일즈

앤드류 와일즈(1953~)는 "완전하게 혼자 잘난 천재는 없다."라는 법칙에 어긋나는
사람이다. 그는 1637년 이후로 무언가의 해를 찾기 위해 끊임없이 노력했다.
다른 사람들의 연구 결과에 의존하면서까지 풀어낸 결과,
그는 페르마의 마지막 정리를 해결했다.

엄밀히 따지면 비로소 그때서야 그것이 정리(theorem)가 된 것이고, 그 전까지는 그저 추측일 뿐이었다. 그는 10살에 도서관에서 우연히 마주친 그 '정리'에 매혹되었다. 그는 페르마의 마지막 정리가 평범한 초등학생도 이해할 수 있을 정도로 단순하지만 그 누구도 풀지 못할 수학적 난이도를 가지고 있다는 사실이 마음에 들었다.

와일즈는 성장기를 학구적 분위기 속에서 보냈다. 그의 부친은 옥스퍼드 대학의 신학과 칙임 교수였고 그전에는 케임브리지 소재 리들리 홀의 사제였다. 와일즈가 출생했을 당시 그의 부친은 케임브리지에 있었다. 비록 리들리 홀이 신학 대학이었고 케임브리지 대학 소속은 아니었지만 와일즈는 어린 시절을 대학가에서 보내게 되었다.

그는 케임브리지 소재 레이스 스쿨에 다녔고 케임브리지 대학 수학과에 진학했다. 그는 옥스퍼드 대학에서도 공부했으며 1980년대 초에는 미국 뉴저지 고등연구소로 옮겼다. 후에 그는 프린스턴 대학의 교수가 되었고, 파리와 옥스퍼드에서 시간을 보

프랑스 보몽드로마뉴에 소재한
페르마 기념비 앞의 와일즈.

프랑스 카스트르에 위치한
페르마의 묘지 명패에
새겨진 그의 이미지.

낸 후 프린스턴으로 돌아가 2011년에 다시 옥스퍼드에 정착했다.

그가 이룩한 모든 학문적 성과에도 불구하고 와일즈는 소년 시절에 도서관에서 우연히 접했던 페르마의 정리를 머리에서 떨쳐버릴 수가 없었다. 성인이 되어 수학자가 된 그는 매우 교묘한 방법으로 비밀리에 그 정리를 증명하려 시도했다. 물론 그의 아내에게는 그가 무엇을 하는지 설명했다.

그는 6년 동안 증명에서 부족한 핵심 연결 고리를 찾는 데 시간을 보냈고, 의심을 받지 않기 위해 연구 결과를 조금씩 발표하였다.

와일즈가 필즈 메달 수상자 목록에 빠져 있다는 사실이 말도 안 된다고 생각할 수 있으나, 거기에는 그만한 이유가 있다. 필즈 메달은 40세 이하의 수학자에게만 수여되는데, 와일즈의 증명은 1994년에 완성되었고 이때 그의 나이는 41세였다.

IMU에서 그에게 감사패를 수여했다는 사실은 참으로 가슴 뭉클한 일이다. 다행히도 그는 필즈 메달은 아니지만 그가 이룬 업적으로 기사 작위를 수여 받았고 앤드류 존 와일즈 경이 되었다.

다시 보는 페르마의 마지막 정리

페르마의 마지막 정리에 대한 와일즈의 증명을 이해하는 척 하지 않겠다.
하지만 그 증명에 대해 어렴풋하게 설명할 수는 있을 것 같다.

그것은 모순을 이용한 증명이었다. 그는 페르마 공식 $a^p + b^p = c^p$가 0이 아닌 정수해를 갖는다는 가정으로부터 출발했다. 여기서 p는 적어도 7 이상인 소수이다. p가 3, 5 그리고 합성수인 경우는 특수한 경우로서 이미 증명된 바 있다.

2005년 미국 프린스턴 대학의 고등연구소에서 열린 회의에 참석한 와일즈.

그런 가정이 옳다면 타원곡선 $y^2 = x(x - a^p)(x + b^p)$는 모듈러할 수가 없다. 모듈러 형태는 복합 분석 함수의 일종이다. 이것은 1980년대 중반까지 알려진 사실이다.

와일즈는 부르기 쉽도록 모듈러성 정리라고 명명된 다니야마-시무라-베유 추론에 대해 모든 타원 곡선은 실수 범위에서 모듈 형태라는 것을 증명했다. 이것이 페르마의 마지막 정리를 증명하는 데 있어 부족했던 연결 고리였다.

이 증명은 "수고 했어, 앤드류." 하고 끝낼 가벼운 사안이 아니다. 이 유추는 1956년 다니야마에 의해 처음 제안된 이래로 오랜 기간 동안 이 분야의 많은 전문가들이 증명을 시도했으나 현실적으로 불가능한 것으로 여겨지고 있었기 때문이다. 사이먼 싱의 명저 《페르

마의 마지막 정리》에 따르면 와일즈의 지도 교수였던 존 코츠는 이 정리는 현실적으로 증명하기 불가능해 보인다고 했다. 이 문제에 대해 방대한 연구를 해 왔던 켄 리벳은 본인도 이 정리가 완전히 접근 불가능한 문제라고 간주했었다.

여기에 역설적인 이야기가 있다. 페르마의 마지막 정리가 와일즈에 의해 증명되긴 했으나 페르마가 풀었을 것으로 추측되는 증명은 아니라는 것이다. 페르마가 처음으로 문제를 풀었다고 주장했던 350년 전에는 와일즈가 사용했던 기법은 꿈도 꾸지 못하는 것이었다.

한 가지 분명한 것은 와일즈의 증명이 150페이지나 된다는 것을 감안할 때 페르마의 여백은 엄청난 증명을 써 놓기에 너무 좁다는 사실이다.

코츠는 와일즈의 지도 교수였다.

와일즈는 페르마의 마지막 정리에 대한 증명을 영국 케임브리지에 소재한 아이작 뉴턴 연구소에서 발표했다.

CHAPTER 15
혼돈의 정비

이런 가운데 가우스가 태양에 가려져 있던 왜소행성을 찾아냈고,
영국 의사가 런던 고급 주택가인 소호를 콜레라로부터 지켜냈으며,
기네스 맥주 회사는 학계에 논문을 발표하는 일에 대해 부정적이었다.

19세기 중반의 런던과 템즈 강은
건강한 것과는 거리가 멀었다.

자료의 혼돈성

주사위를 가져오자. 6개가 좋지만 1개여도 좋다. 6개의 주사위를 굴리거나 1개의 주사위를 6번 굴려서 어떤 숫자가 나오는지 기록하자. 1에서 6까지의 숫자가 정확히 한 번씩 나오게 되는가?

그렇지 않은가? 간단히 얘기하자면 이런 현상은 통계학적인 문제이다. 일부러 데이터를 조작하지 않는 이상 예상한 대로 정답이 나오는 경우는 없다. 물론 데이터 조작은 완전히 다른 종류의 문제이다.

문제는 좋은 예측 모델을 가지고 있음에도 실제로 나타난 결과가 그 모델을 따르지 않을 때 그 데이터를 인정할 것인가 하는 것이다. 당신은 통계학이란 마술 주문을 외우고 있는 것과 별반 다르지 않다.

원래 통계학은 정통 수학이 아니었다. 통계학은 단지 어떤 상태에 대한 정보를 기록하고 모으는 자료입력 작업 정도의 일이었다. 물론 지금도 그런 의미로 사용되기도 한다. 하지만 수학적 관점에서의 통계학은 데이터를 분석하고 표현하는 것에 대한 학문이다. 이번 장에서 다루고자 하는 방향도 이와 같다. 앞으로 통계학적인 추론과 표현이 세

가우스는 왜소행성 세레스의 위치를 정확히 예측했다.

단순히 주사위를 던지는
것만으로도 통계라는 것이 우리가
원하는 대로 움직이지 않는다는
것을 알 수 있다.

계 역사와 그것을 넘어선 분야에 미친 영향
을 소개할 것이다.

카를 가우스(1777~1855)는 관찰 횟수를
증가시키면 오차를 줄일 수 있다는 사실을
최초로 발견한 것은 아니었으나 이런 현상
을 훌륭하게 이용했던 최초의 사람이었다.
그는 이에 관한 연구를 계속했고 1801년에
왜소행성 세레스의 위치를 정확히 예측했
다. 그의 예측은 1801년 이탈리아의 수도사
피아치가 목격한 예상치 못한 발견에 근거
하고 있다. 40일 동안 수도사는 운석을 추
적하고 있었다. 그런데 일식이 일어나자 운
석이 사라진 것이다. 이때 운석이 다른 쪽
의 어느 위치에서 다시 나타날지 정확히 예

독일 10마르크 지폐에 인쇄된 가우스와
그의 정규분포 모델.

측한 사람은 가우스밖에 없었다.

가우스는 많은 데이터들을 다루면서 주어진 데이터 집단에서 오류가 발생하는 빈도는 모집단 크기의 제곱에 지수함수적으로 비례한다는 것을 발견하게 되었다. 그 결과, 결과를 정확히 예측하기 위해서는 편차의 제곱의 합을 최소화하는 함수를 발견해야 한다는 것을 알아냈다.

그는 라플라스나 르장드르와는 달리 이 둘 사이에 어떤 관계가 있는지를 찾기 위해 노력했다. 그 결과, 많은 응용 분야에서 데이터를 분석하는 기본 툴인 정규분포가 나오게 되었다. 그는 일정한 조건 아래에서는 정규분포가 최선의 모델임을 증명했다.

이 때문에 정규분포는 가우스 분포로도 불린다. 가우스는 독일의 화폐 10마르크 지폐의 주인공이기도 하다.

브로드 스트리트의 펌프

1854년 런던에 끔찍한 질병인 콜레라가 창궐하여 많은 사람들이 고통을 겪었다. 콜레라 발생 원인으로는 유독한 공기 때문이라는 주장이 가장 그럴 듯 했다. 더럽고 인구 밀도도 높아서 공기가 범인으로 지목된 것이다. 물론 그 당시 런던의 공기가 나빴고 전염병이 자주 퍼졌던 것은 사실이었다.

8월 31일에는 특별히 끔찍했던 전염병이 인구 밀도가 높은 소호 거리를 덮쳤다. 3일 만에 127명이 사망했고 1주일 내로 인구의 3/4 정도가 다른 지역으로 이주했다.

내과 의사였던 존 스노(1813~1858)는 콜

로버트 시모어는 유독한 공기 때문에 콜레라가 전염되고 있는 상황을 삽화를 통해 표현했다.

레라 창궐의 원인으로 나쁜 공기를 지
목한 것에 대해 회의적이었다. 물론
그도 전염병의 원인을 정확히 알고
있지는 않았다. 그때는 루이 파스퇴
르가 '세균'이라는 개념을 처음 발표
했던 때보다 10여 년 앞선 시기였다.
스노와 헨리 화이트헤드 목사는 그 지
역의 주민들을 인터뷰하여 어떤 사람
들이 감염되었는지 조사했다. 그
리고 사망자가 발생한 지
역을 런던 지도에 표
시했다.

영국의 의사
스노 박사.

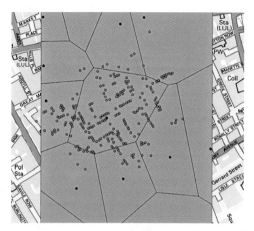

스노가 사망자의 위치를 표시했던 런던 소호 지역의 지도 위에 겹쳐 표시한 보로노이 다각형은 19세기에 통계와 인포그래픽이 실제로 사용되었던 좋은 예이다.

동시에 소호 주민들에게 식수를 공급하는 펌프의 위치도 지도에 표시해보았다. 오늘날 보로노이 다이어그램으로 불리는 도표는 이렇게 탄생했다. 그는 어떤 집이 어느 펌프에 가장 가까운지 조사하여 그 경계를 표시했다. 이것들은 그가 전염병의 원인을 찾는 데 많은 도움이 됐다.

스노와 화이트헤드가 밝혀낸 사망자 중 61명은 브로드 스트리트의 펌프와 가장 가까운 곳에 살던 사람들로 그 물을 마셨던 것으로 밝혀졌다. 사망자 중 10명은 다른 지점의 펌프에 더 가까웠다. 그중 5 가족은 브로드 스트리트 펌프의 물맛이 더 좋아서 그곳의 물을 마셨다고 인터뷰에서 말했다. 사망자 중 3명은 브로드 스트리트에 있던 학교에 다니던 학생들이었다.

하지만 펌프와 매우 가까웠던 수도원은 신기하게도 감염자가 없었다. 신이 굽어 살핀 덕분일까? 그럴 수도 있겠지만 그들이 직접 양조한 맥주만 마셨기 때문이라는 사실이 더 타당한 이유일 것이다. 맥주를 만드는 데 사용한 물은 펌프와는 무관했다.

9월 7일, 스노는 세인트 제임스 교구의 후견인 이사회에 이 사실을 알렸고 다음날 펌프의 핸들은 제거됐다. 전염병은 이를 계기로 급속도로 잦아들기 시작했고 616명의 사망자를 남긴 채 사라졌다.

스노는 빅토리아 시대의 런던에서 전염병의 원인을 찾아내고, 확산을 막기 위해 통계와 인포그래픽을 사용했다. 이는 시각적 기법을 일상적으로 사용하기 시작했던 때로부터 100년 전에 일어난 일이다.

안타깝게도 후견인 이사회는 전염병이 사라지자 펌프의 핸들을 다시 설치했다. 콜레라의 원인이 오염된 물에 있었다는 스노의 주장이 그들에게는 생각하기도 싫을 만큼 불편한 진실이었던 것이다.

플로렌스 나이팅게일

나이팅게일은 간호사였을 뿐만 아니라 인포그래픽의 창시자였다.

인도주의적 인물 중 플로렌스 나이팅게일(1820~1910)은 적어도 그녀와 같은 시대를 살았던 사람들에게 가장 잘 알려진 인물이다. 그녀는 '등불을 든 천사'로 불리며 크림 전쟁 당시 부상당한 군인들이 잘 회복할 수 있도록 간호 파견대를 이끌었다. 그런데 왜 그녀가 수학책에 등장하는 것일까?

영국군을 설득하여 변화를 유도하는 것은 어려운 일이다. 1854년 발라클라바 전투에서 패하며 엄청난 사망자가 발생했지만, 영국군 내에서 다른 방식을 시도하려는 움직임이 없었다. 하지만 영국군은 나이팅게일의 도움으로 사망자와 부상자 보고를 묶어서 나이팅게일 로즈 다이어그램이라고 불리는 일종의 변형 파이 차트를 작성하여 멋지게 도표화하였다.

그녀는 이 도표를 통해 군인들이 전쟁터에서 죽는 것보다 충분히 예방 가능한 질병으로 몇 배나 더 많이 병원에서 죽는다는 점을 일반 대중, 정치가, 군대의 지도자들에게 전달하고자 했다.

지금은 어디에서든 인포그래픽을 흔히 접할 수 있지만 빅토리아 시대 영국에서는 거의 알려지지 않았던 방식이다. 사상자 통계 보고서를 상세하게 만들어서 당시 헌병들에게 보여주기란 거의 불가능에 가까운 일이었다. 하지만 그녀는 결국 도표를 보여줬고, 장티푸스, 이질, 콜레라로 인한 사망자 수가 충격적으로 많다는 사실을 알려줌으로써 그들이 대책을 마련하도록 설득하는 데 성공했다.

그녀가 크림 전쟁에 파견된 첫 해 겨울 야전 병원에서의 사망율은 40%를 넘고 있었다. 그녀가 주장했던 하수 처리, 위생 시설, 부상자 처치 방법에 대한 개선이 이루어지고 난 후 야전 병원에서의 사망률은 2%대로 급격히 하락했다.

인도 시골 지방에 주둔하던 군대에서도 위생 시설 개선 활동으로 인해 병사들의 사망률이 7%에서 2%대로 떨어지게 되었다.

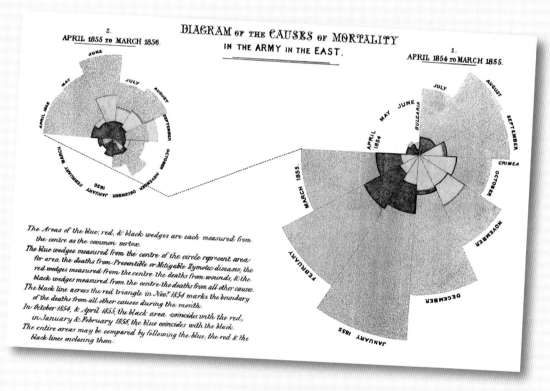

나이팅게일이 작성한 동유럽 군대에서의
사망 원인 분석 도표.

빅토리아 시대 런던은
인구가 많았고 환경은
오염되었으며, 위생
수준도 열악했다.

뿐만 아니라 나이팅게일은 일반 주택의 위생 상태를 효율적으로 개선하기 위해 로비활동도 했다. 일부 역사학자들은 나이팅게일의 활동이 1871년에서 1930년대 중반까지 평균 기대수명이 거의 20년 이상 길어지는 데 지대한 공헌을 했다고 평가하고 있다.

꼼꼼한 기록과 정보의 시각적 표현에 있어서 선구자적 역할을 했던 것과는 별개로 나이팅게일은 간호사라는 직업을 전문화하는 데 누구보다 혁혁한 공을 세웠다. 그녀는 여성으로서 처음으로 메리트 훈장을 수여받았다. 그리고 왕립 통계학회의 첫 여성 회원이 되었고 미국 통계학회의 명예 회원이 되었다. 그녀를 기리는 박물관이 런던, 이스탄불, 영국 버킹엄서의 클레이던 하우스에 있다.

런던 웨스트민스터의 워털루 플레이스에 세워져 있는 나이팅게일 동상.

기네스의 영업 비밀

1899년 윌리엄 고셋(1876~1937)은 옥스퍼드 뉴 칼리지를 졸업하고 모든
졸업생들에게 꿈의 직장이었던 더블린 소재 아서 기네스 앤 선즈에 취직했다.
통계전문가인 그는 양조과정에서 사용되는 보리의 품질을 확인하는 것에
많은 노력을 기울였다.

영국의 통계학자 고셋은 샘플의 수가 적은 통계학적
문제에 대해 연구했다.

이 업무와 관련해서는 한 가지 심각한 문제
가 있었다. 그 당시 사용되던 통계학 기법은
대부분 관찰 횟수가 아주 많은 경우에 대해
서만 발달해 있었다. 따라서 그러한 통계 기
법을 고셋의 업무와 같이 샘플 숫자가 매우
적은 경우에 적용하면 불확실한 추측 결과밖
에는 얻을 수 없었다. 고셋이 통계학의 아버

지로 불리는 사람들 중의 한 명인 칼 피어슨
과 같이 파견 근무를 잠깐 하게 되었을 때,
그들은 공동으로 샘플 수가 적은 통계 문제
에 대해 연구하였다. 물론 도움이 되긴 하였
으나 피어슨은 이런 연구가 왜 필요한지 제
대로 이해하지 못했다. 사실 그는 원래 생물
학자라서 많은 샘플의 데이터를 확보하지
못하여 문제를 풀지 못하는 경우가 없었다.

고셋이 안고 있던 다른 큰 문제 중의 하
나는 그를 고용한 사람들이었다. 과거 기네
스에 근무했던 연구원 중 한 명이 회사의 기
밀을 실수로 논문에 실어서 발표했던 것이
다. 물론 그것은 회사에서 매우 싫어하는 일
이었다. 심지어 기네스는 자신들이 통계 담
당 부서를 운영하고 있다는 사실을 경쟁회
사가 아는 것조차 꺼려했다.

그 결과 기네스는 연구원들이 내용이나 관
련 아이디어의 중요성과 무관하게 어떤 종류
의 논문도 발표하지 못하도록 금지시켰다.

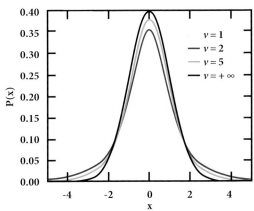

Student의 t 그룹군에 속하는 몇몇 집합원의
밀도 함수를 보여주는 그래프.

고셋은 기네스
양조장에서 사용되는
보리의 품질을
모니터링하는 업무를
맡았다.

    고셋의 발견은 매우 중요한 의미를 지녔
다. 많은 분야에서 표본 샘플을 추출하는 것
은 많은 비용이 들었고, 따라서 적은 정보로
부터 최대한의 결과를 얻어내는 일은 극히 중
요했다. 그는 그의 연구 결과에는 비밀로 유
지해야 할 어떤 내용도 없음을 설명하며 결과
를 발표할 수 있도록 회사에 간청했다. 결국
회사 이사회는 개인의 이름을 사용하지 않으
면 발표해도 좋다는 조건을 걸고 승낙했다.

    고셋은 동의했고 필명 Student로 논문을
발표해서 고셋의 위대한 업적은 Student의
t-test라고 불린다. 그는 자신의 이름이 들어
가지 않아도 개의치 않았다. 그는 또 다른 통
계학의 아버지, 피셔가 어떻게든 자신이 발
견했던 것 모두를 결국 발견하게 되었을 것
이라고 말했다.

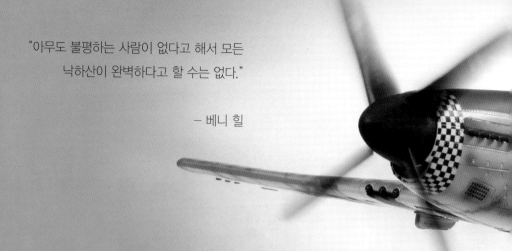

"아무도 불평하는 사람이 없다고 해서 모든
낙하산이 완벽하다고 할 수는 없다."

— 베니 힐

아브라함 왈드와
사라진 비행기

미국 공군(USAF)은 수많은 비싼 비행기와
그보다 더 중요한 조종사를 잃고 있었다.
2차 세계대전이 한창 진행되던 때,
독일군에게 점령된 지역에서 이런 일이
일어나는 빈도는 급격한 속도로
증가하고 있었다.

왈드는 나치를 피해 모국인 헝가리를 탈출했다. 그 후 그는
조종사들의 생존율을 높이기 위해 연합군을 위해 일했다.

그들은 출격했다가 영국으로 귀환한 비행기
들을 조사해보았다. 그들은 비행기에서 너덜
너덜해진 부분을 더 강하게 보강한다면 많은
비행기를 구할 수 있을 것이라 생각했다.

헝가리의 매우 뛰어난 수학자였던 아브라
함 왈드(1902~1950)는 독일이 침공하기 전
탈출에 성공했던 운 좋은 사람이었다. 그는

2차 세계대전 동안 조종사들은 종종 심하게 파손된 비행기를 몰고 임무를 마치고 돌아왔다. 통계적 분석은 생존 가능성을 높이는 방법을 알려줄 수 있다.

슬픈 표정을 지으며 고개를 저었다. 나는 그가 대령을 장난스럽게 부르는 장면을 상상한다. "대령님, 그 부분이야말로 무거운 방탄 장치를 장착하는 데 최악의 장소일 겁니다."

왈드는 두 가지 사실을 발견했다. 첫째, 당시 무기 수준으로는 어떤 무기로도 비행기의 특정 부분을 정확하게 맞출 수 없다는 점이다. 따라서 전투기는 무작위로 타격을 당하게 된다.

둘째, 동체가 손상된 비행기를 몰고 조종사가 무사히 귀환하는 데는 방탄 장치가 장착된 비행기 기체가 너무 사치스럽다는 점이다. 비행이라는 관점에서만 보면 방탄 장치가 필요 없기 때문이다. 비행기가 살아남는다는 관점에서 볼 때 방탄 장치가 필수적인 요소는 아니었다.

오히려 방탄 장치를 추가로 장착하기에 적당한 장소는 무사히 돌아온 비행기들을 조사했을 때 총격을 전혀 받지 않은 부위가 되어야 한다. 비행기의 모든 부위가 총격을 받을 확률이 동일하다는 점을 고려한다면 귀환하지 못하고 추락한 비행기들은 치명적인 총격을 그 부분에 입었기 때문일 것이다.

왈드는 군의 수뇌자들이 가진 편견을 바로 잡아서 수백 명의 조종사들의 생명을 구한 것에 만족하지 않고, 더 나아가 비행기 각 부위별로 얼마나 파손이 될 수 있을지 예상할 수 있는 모델을 만들었다. 이를 이용하면 정해진 출격 횟수당 얼마나 파손을 입을지를 예상할 수 있어서 사령관들은 비행기와 조종사를 잃게 되는 일을 최소화하는 출격 계획을 세울 수 있게 된다.

뷔퐁의 바늘

1730년대 어느 날, 조르주루이 뷔퐁은 바늘이 잔뜩 들어 있는 큰 상자를 이용하여 한참 연구에 몰두 중이었다. 그는 바늘 하나를 집어 신중하게 공중에 던졌다. 그리고 바늘이 땅에 닿을 때 바닥 타일의 가장자리에 걸치는지를 기록했다.

프랑스의 귀족이었던 그가 괴상한 취미를 하는 데는 나름의 이유가 있었다. 그의 기이한 취미 중 하나는 새로운 종의 동물들이 어떠한 과정을 거쳐 탄생하는지 의문을 갖는 것이었다. 그는 아담과 이브 이야기를 믿었지만, 한편으로는 훗날 다윈을 놀라운 발견으로 이끌었던 것과 같은 질문을 최초로 던진 사람이었다. 18세기에는 과학 분야 간에 뚜렷한 경계가 없어서 뷔퐁이 수학과 확률론에도 관심을 가진 것은 자연스러운 일이었다. 그가 바늘을 바닥에 던지게 된 것은 그 때문이었다. 그는 매우 열심히 연구하여 한 가지 이론을 만들었다. 만약 충분한 양

프랑스 몽바르의 뷔퐁
박물관에 걸려 있는 1753년
뷔퐁의 초상화.

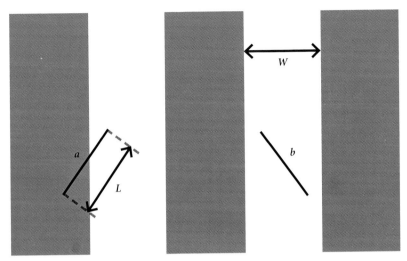

바늘 *a*는 두 바닥 타일의 가장자리에 걸치도록 떨어졌다.
반면 바늘 *b*는 바닥 타일의 가장자리에 닿지 않도록 떨어졌다.
각각에 해당하는 바늘의 비율을 계산하면 π값에 대한 근삿값을 구할 수 있다.

의 바늘을 바닥에 던져서 임의의 방향으로 떨어지게 하면 길이가 *L*인 바늘이 넓이가 *W*인 바닥 타일의 가장자리에 걸치며 떨어지는 비율은 다음과 같다.

$$2L/\pi W$$

즉 약간의 대수학적 계산만 하면 이 실험 결과를 통해 π 값에 대한 근삿값을 구할 수 있다.

이 바늘 실험을 통해 뷔퐁은 기하 확률론이라는 새로운 분야를 개척했고, 이는 동일

한 개념에 근거한 최초의 몬테카를로 시뮬레이션을 실시한 것과 같았다.

뷔퐁이 실제로 이 실험을 실시했는지에 대한 기록은 없다. 수학과 생물학에 많은 관심을 갖고 있었던 것과는 별개로 그는 왕의 정원사로도 일했기 때문에 매우 바쁜 사람이었다. 이 실험을 실시한 확실한 사람은 이탈리아의 수학자 라자리니였다. 그는 1901년에 실시한 실험에서 놀라울 정도로 훌륭한 결과를 얻었다.

라자리니는 3,408개의 바늘을 던져서 실험했고 이때 바늘의 길이는 바닥 타일 폭의

반복 횟수 R	선에 걸친 횟수 C
100	53
200	107
1,000	524
2,000	1,060
3,000	1,591
3,408	1,808
4,000	2,122

뷔퐁 바늘 실험의 이론값. 하지만 실제로 뷔퐁 자신이 이 실험을 해보지는 않았다.

5/6였다. 이 경우 바닥 타일의 가장자리에 걸쳐 바늘이 떨어질 확률은 $5/3\pi$가 된다.

3,408개의 바늘 중에 가장자리에 걸쳐 떨어진 바늘의 개수는 1,808개였다. 이 실험 결과로 유추한 π값은 $355/113 = 3.1415929$였다.

실제로 소수점 7째 자리까지 π값은 3.1415927이므로 몇 시간 노력해서 얻은 결과값으로는 나쁘지 않다. 사실이라고 믿기에는 너무나도 훌륭한 결과값이다.

라자리니가 그의 실험 결과를 조작했다고 말하려는 것은 아니다. 하지만 왜 그가 3,408개의 바늘을 던졌을까 하는 질문을 해볼 가치가 있다. 왜 3,000개, 4,000개 혹은

3,400개가 아니었을까? 그 이유는 얻고자 의도했던 분수가 라자리니의 머릿속에 있었기 때문이었다. 그 분수는 355/113으로, π값에 가장 근접해 있는 수였다. 10,000보다 작은 숫자 중에 그보다 더 정확한 근사치를 주는 숫자는 없다.

라자리니는 213개의 바늘을 던져서 113개가 그가 원하는 대로 착지해주면 정확하게 목표하는 비율을 얻을 수 있게 된다는 것을 알고 있었다. 이런 일이 일어날 확률은 20번에 1번 꼴이다. 하지만 원하는 값을 얻지 못했을 경우 실험을 계속할 수 있다. 다시 한번 213개의 바늘을 더 던지고 113의 두 배에 해당하는 값인 226을 얻을 수 있는지 보면 된다. 이것을 반복하다 보면 원하는 값을 얻지 못할 확률이 매회 실험을 더 할 때마다 조금씩 떨어지게 된다. 라자리니는 213개의 바늘로 이 실험을 16회 반복하여 결국 원하는 결과값을 얻었다. 이렇게 해서 나온 숫자가 3,408이다.

이 실험에서 그는 비교적 운이 좋았다. 16번 실험 만에 원하는 숫자를 얻을 확률은 1/4 정도이기 때문이다. 확실한 것은 당신이 실험을 할 때 마음속에 목표값을 가지고 시작하면 안 된다는 점이다. 그럴 경우 분명히 실험 결과에 영향을 미치게 될 것이다.

π값은 자연 여기저기서 발견된다. 강이 굽이칠 때
만곡률이라는 것이 있다. 강의 전체 길이를 강의
입구에서부터 출구까지의 직선거리로 나눈 값이다.
이상적인 조건에서 만곡률은 약 3.14이다.

골턴의 황소

프랜시스 골턴(1822~1911)은 비범한 아이디어로 가득한 똑똑한 사람이었다. 그는 우생학이란 용어를 만들었고 우생학의 열성적인 지지자였다. 이런 사실이 그가 이룬 다른 업적을 빛바래게 만드는 것도 사실이었다. 참으로 안타까운 일이다. 끔찍한 아이디어를 가진 사람도 때로는 훌륭한 업적을 이루기도 한다.

골턴은 인간이 가진 능력이 유전되는지 연구할 때 오늘날에도 널리 사용되는 연구 방법을 최초로 고안했다. 바로 일란성 쌍둥이를 연구하는 것이었다. 이것은 오늘날에도 행동 유전학의 중추적인 역할을 하는 연구 방법으로, 두 사람이 유전적으로 정확히 같은 상태에서 출발했으므로 두 사람이 다른 부분은 유전적인 이유일 수 없다는 논리를 바탕으로 한다. 그는 유전학에 통계적 기법을 도입하는 데 선구자적인 역할을 했다. 상관성 분석과 회귀 분석을 통해 유전적 특성에 대한 모델도 정립했다. 골턴은 표준편차라는 개념도 만들었는데 이는 측정값들의 분포가 표준으로부터 얼마나 산포하는지를 알려주는 값이다. 또한 그는 '퀸컹스(quincunx)'라는 핀볼 게임기처럼 생긴 장비를 개발했다. 이는 표준 정규 분포가 어떻게 생겼는지를 시각적으로 보여준다. 그는 '평균으로의 회귀'라는 개념을 널리 알린 사람이기도 하다. 이것은

골턴은 통계적 기법을 개발하는 데 있어 선구자적 역할을 하며 매우 귀중한 업적들을 남겼다. 하지만 다른 분야에서는 독특한 주장을 하기도 했다.

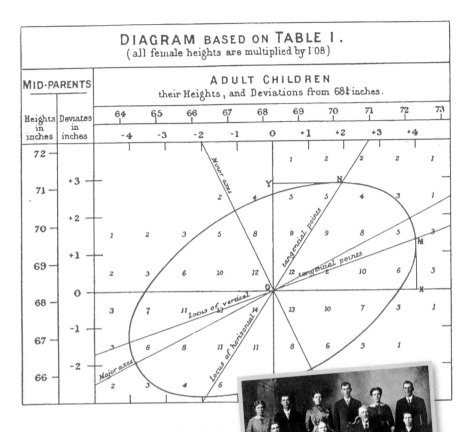

좋은 쪽이든 나쁜 쪽이든 매우 이례적인 결과 뒤에는 덜 이례적인 결과가 따른다는 이론이다. 그는 오늘날 우리가 지문을 분류할 때 사용하는 시스템을 개발하기도 했다.

하지만 골턴이 가장 유명하게 알려진 계기는 어떤 박람회를 방문했을 때 일어난 일 때문이다. 교회에서 주최하는 행사에서 병 안에 캔디가 몇 개 들어있는지 맞히는 게임을 해본 사람이 있을 것이다. 이 게임에서는

골턴의 상관성 분석 차트는 가족 내에서의 유전적 특성 연구에 많은 기여를 했다.

실제 숫자와 가장 근접하게 맞힌 사람이 캔디가 든 병을 상으로 받는다. 하지만 이 박람회에서 진행된 행사는 '병에 몇 개의 캔디

골턴은 박람회에서 황소를
차지하려 하기보다는
무게를 맞히는 게임에
참여한 사람들의 추측값을
분석하길 원했다.

가 들었을지 맞히는' 것이 아닌, '황소의 무
게를 맞히는' 행사였다.

골턴은 황소를 원했던 것은 아니었으나
단지 이 추측 게임을 이기고 싶었다. 6펜스
씩 내고 이 추측 게임에 참가한 사람은 800
명 정도였지만 누구도 정확한 무게를 맞힌
사람은 없었다.

그러나 골턴은 사람들이 추측하는 무게
의 중간 값(1,207파운드 혹은 547kg)이 정답
과 5kg밖에 차이나지 않는 1,198파운드 혹
은 543kg이라는 것을 발견했다. 심지어 사
람들이 제출한 추측값의 평균은 1,197파운
드로, 훨씬 더 정확했다.

스포츠 일러스트레이티드의 저주

미국 스포츠 팬들에게 잘 알려진 미신이 하나 있다. 잡지 《스포츠 일러스트레이티드》의 표지 모델로 등장한 사람은 그 후로 경기 성적이 곤두박질친다는 것이다. 실제 사례들도 이런 미신을 뒷받침하고 있었다. 관련된 통계들을 도표화해보면, 잡지에서 특정 선수에 대한 특집 기사를 게재하고 난 후 선수들의 성적에 변화가 생겼음을 알 수 있다.

이 잡지의 편집자는 야구, 농구, 미식축구, 테니스, 아이스하키를 비롯한 스포츠 선수들에게 어떻게 이런 불길한 영향력을 미치게 하는 것일까? 어떻게 하면 이런 힘을 나쁜 쪽이 아니라 좋은 쪽으로 사용할 수 있을까?

불행하게도, 혹은 다행스럽게도 그런 종류의 힘은 존재하지 않는다. 선수들의 성적이 변하는 것은 평균으로의 회귀라는 이론으로 설명이 가능하다. 선수들이 잡지의 표지를 장식할 정도로 훌륭한 성적을 냈다는 것은 곧 평균적인 성적을 훨씬 상회하는 결과였을 가능성이 높다. 물론 가끔은 기본 실력이 갑자기 향상되어서 나타난 결과일 수도 있다. 그리고 훨씬 더 많은 경우에는 단순히 운이 좋았기 때문일 수도 있다. 결국 성적은 제자리로 돌아오게 된다.

이것이 전형적인 직장 상사들이 업무 성과를 높이기 위해 직원들에게 고함치고 닦달해야 한다고 생각하는 반면 잘한 일에 대해 칭찬하는 것은 업무 성과를 높이는 데 방해가 된다고 생각하는 이유이다. 둘 중 어떤 방법이 되었든 상사가 직원의 일에 개입하고 나면, 평소 대비 업무 성과가 높거나 낮았던 직원들은 결국 자신들의 평소 업무 성과 수준으로 돌아가게 된다. 상사들은 이런 기본적인 통계 원리에 의한 변화를 자신들이 업무에 개입한 결과라고 오해하게 되는 것이다.

CHAPTER 16

현대의 수학 영웅들

20세기와 21세기의 몇몇 수학 영웅들은 박수를 받아 마땅하다.

수학계의 슈퍼 영웅들은
여러 모습으로 나타난다.

팔 에르되시

긴 비행 끝에 부스스한 모습으로 한 손에는 소지품을, 다른 한 손에는 논문들이 들어 있는 서류가방을 든 채 사무실로 들어오며 외쳤다. "내 뇌는 열려 있다."

1992년 부다페스트에서 열린 학생 세미나에 참석한 에르되시.

에르되시(1913~1996)는 그와 이야기 나누고 싶어하는 사람이라면 누구든 기꺼이 함께 일하고 싶어했다. 이런 식으로 그는 일생 동안 1,500편 이상의 논문을 직접 혹은 공동으로 집필했다.

'케빈 베이컨의 6단계 법칙'을 경험해본 사람이라면 현재 활동 중인 어떤 영화배우들도 몇 단계만 거치면 베이컨과 연결된다는 것을 알고 있을 것이다. 영화를 찍을 때 함께 작업했던 사람들을 통해 6단계 혹은 그보다 더 적은 단계를 거쳐 서로 연결될 수 있다. 베이컨은 할리우드의 거의 모든 사람들과 함께 작업했던 것으로 유명하다. 비슷한 사례로는 수학계에서 에르되시를 들 수 있다. 많은 수학자들은 그들의 '에르되시 수'를 자랑스럽게 여긴다. 이 숫자는 그들의 공동 저술이 에르되시에게 연결되는 데 몇 단계 걸리는지를 표현하는 것이다. 나의 경우 공식적인 에르되시 수는 5이나, 내 생각에는 그보다는 적을 것 같다. 나는 에릭 프리스트와 논문을 공동 저술한 적이 있다. 한편 에릭은 미치 버거와 논문 몇 편을 함께 썼고, 미치와 키스 모팻은 공동 연구를 했고, 모팻은 조지 로런츠와 일을 같이 했다. 로런츠는 〈n과 $g(n)$이 서로 소수 관계에 있을 확률〉이란 제목으로 에르되시와 1959년 공동 논문을 발표했다. 에르되시 수가 1인 사람은 511명인 것으로 알려져 있다.

그가 즐겨 사용한 수학적 기법은 '확률론적 방법'으로, 어떤 집합 내 임의의 샘플을 조사해서 이것이 특정한 성질을 갖고 있을 확률이 0이 아님을 보여주는 것이다. 만약 이것이 참이라면 집합 내에 그 특정 성질을 가진 샘플이 존재한다는 것을 의미한다. 이 경우 정확히 어떤 특성인지 명시하

수학자 로널드 그레이엄(중앙)은 에르되시 수가 1이다.

지 않고도 특정 성질을 가진 샘플이 집합 내에 존재함을 증명할 수 있다.

수학에 몰두하는 것 외에 에르되시는 회의 참석에서부터 학과나 친구 집 방문까지 끊임없이 돌아다니며 쉴새 없이 커피를 마셨다. 에르되시는 현재 수학 지식의 한계를 넘어서는 도전적 문제를 제시하고 문제를 푸는 사람에게는 상금을 수여하는 것으로 유명하다.

콜라츠 추측을 비롯하여 여전히 그가 제시한 많은 문제들이 미제로 남아있다. 문제를 해결할 수 있다면 론 그레이엄에게 연락하여 상금 500달러를 달라고 하라!

콜라츠 추측

임의로 아무 숫자나 골라보라. 만약 그 숫자가 짝수라면 반으로 나누고, 홀수라면 3을 곱하고 1을 더하라. 이 결과로 얻어진 숫자가 순환되는 패턴이 될 때까지 같은 과정을 반복해 보라.

예를 들면 18로 시작하는 경우 반으로 나누면 9가 된다. 9에 3을 곱하고 1을 더하면 28이 된다. 이것을 반으로 나누면 14가 되고 이것을 다시 반으로 나누면 7이 된다. 7에 3을 곱하고 1을 더하면 22가 된다. 그 후

같은 과정을 반복하면,

11, 34, 17, 52, 26, 13, 40, 20, 10, 5, 16, 8, 4, 2, 1, 4, 2, 1…

여기에는 반복되는 패턴이 있다!

콜라츠 추측은 어떤 숫자로 시작하더라도 결국은 1에 도달한다는 것으로 1937년까지도 이 추측은 증명되지 않은 채 남아 있었다. 컴퓨터를 이용하여 1000조 단위까지 계산한 결과 이 추측이 참임을 발견했다. 하지만 이것을 콜라츠 추측에 대한 증명이라고 할 수는 없다. 이것을 부정하는 증명을 하려면 콜라츠 추론에 위배되는 단 한 가지 예를 찾아야 한다. 계속해서 커지는 값이 나오거나 다른 종류의 패턴을 보여주는 숫자를 발견하면 된다. 하지만 옳다는 것을 증명하려면 이 두 가지 경우가 불가능하다는 것을 보여주어야 한다.

어느 날 심심하다고 느껴지면 27이라는 숫자를 가지고 시작해보라. 아마 종이가 많이 필요할 것이다.

독일의 수학자 로타르 콜라츠(1910~1990)는 1937년에 그의 추측을 발표했다.

인도의 수학자
라마누잔(중앙)과
그의 동료 하디(우측 끝).

스리니바사 라마누잔

수학자로 살아가려면 협박성 편지를 받는 일에 익숙해져야 한다.
물론 대부분의 수학과 사무실에서는 행정 직원들이
최악의 편지를 걸러내는 일을 하고 있다.

어떤 사람들은 로그 함수를 이용하여 페르마의 마지막 정리를 증명하는 데 성공했다는 사람도 있고 어떤 사람들은 π를 12진수로 표기했을 때 숨겨진 의미를 찾아냈다고 주장하는 사람도 있다.

다행히 1913년 케임브리지 대학에는 이렇게 편지를 걸러내는 시스템이 없었다. 이 때문에 인도로부터 온 한 통의 편지가 고드프리 하디의 사무실로 배달될 수 있었다. 하디는 특히 분석과 정수론 분야에서 상당한 명성을 가진 순수 수학자였다. 그의 평소 신념은 수학은 어떤 이유더라도 응용 분야로 인해 훼손되지 않아야 한다는 것이었다. 하

지만 정작 그가 잘 알려지게 된 것은 안정적인 개체군 유지와 관련된 생물학 분야의 하디-바인베르크 이론 때문이다.

어쨌든 하디 앞으로 배달된 9장짜리 편지에는 수식과 함수들이 빽빽이 적혀 있었다. 그중 하디가 잘 알고 있는 내용도 있었고 어떤 것들은 믿기 힘든 것들도 있었다. 하디는 그것이 교묘하고도 난해하게 작성된 사기 편지라고 의심했다.

결론적으로 그 편지는 사기가 아니었다. 그 편지를 쓴 사람은 스리니바사 라마누잔(1887~1920)이라는 마드라스(지금의 인도 첸나이) 출신의 수학을 독학으로 공부한 사람

이었다. 하디는 연속 분수에 대한 라마누잔의 주장들이 옳다고 결론 내렸다. 억지로 지어내기에는 너무도 그의 이론이 기이했기 때문이었다.

이듬해 라마누잔은 하디와 공동으로 연구하기 위해 영국으로 왔다. 그는 하디와 공동 연구를 하던 6년 내내 늘 건강이 좋지 않아 고생하였고 실제로는 간질환이었을 수도 있지만 결핵이라 생각했던 병으로 쓰러졌다.

라마누잔은 하디와는 완전히 대조를 이루는 인물이었다. 그의 통찰력은 직관적이었고 어떤 배경이나 증명 없이 홀연히 나타났다. 하디가 모든 이론은 엄격한 증명 과정을 거쳐야 함을 주장하던 것과는 완전히 상반된 것이었다. 그러나 두 사람은 완벽한 팀을 이루었다. 먼저 통찰이 이루어지고 나면 결국 그것을 증명하는 방법을 찾아냈다.

라마누잔이 이룩한 다른 업적 중 하나는 세타 함수와 유사한 쌍곡 시컨트가 포함된 등식을 발견한 것이었다. 또한 π의 무한 급수를 찾아내었는데 그중 하나는 π의 참값에 놀라울 정도로 근접한 근사치를 제공하였다.

$$\frac{9801\sqrt{2}}{4412} = 3.14159273$$

이 근사치의 오차는 4천만분의 1이다.

수학을 잘 모르는 대중들에게는 라마누잔이 병원에 문병 차 찾아온 하디에게 즉석에서 했던 말로 유명하다. 하디에 의하면 라마누잔은 그때까지만 해도 별로 주목을 받지 못했던 1729라는 숫자를 캡(cab)으로 골랐다. 라마누잔은 1729가 두 가지 방법으로 두 세제곱수의 합으로 표현할 수 있는 수 중 가장 작은 숫자($10^3 + 9^3 = 12^3 + 1^3$)라고 지적했고, 이것은 택시 수(taxicab number)라는 개념으로 이어졌다.

마침 어떤 숫자가 두 가지 다른 방식으로 두 개의 5제곱의 합으로 표현할 수 있는지 아직 알려지지 않았다. 이 미제의 문제를 다음 휴식 시간에 한번 풀어보라.

인도 비를라 산업 기술 박물관의 정원에 설치되어 있는 인도의 수학 천재 라마누잔의 흉상.

그리고리 페렐만

위대한 현대 수학자 목록에 그리고리 페렐만(1966~)을 포함시킬지 많이 고민했다.
페렐만은 모두가 인정하는 뛰어난 수학자였지만,
사람들에게 알려지는 것에 대해 극도로 반감을 가진 은둔자이기도 했다.
그리고리, 당신이 이 책을 읽는다면 내 사과를 받아주세요.

만약 페렐만이 명예를 좇는 사람이었다면 그는 "클레이 밀레니엄 문제 중 하나를 푼 유일한 사람이 바로 나요."라고 주장했을 것이다. 1900년 힐베르트의 프로그램과 마찬가지로 21세기가 되는 시점에 클레이 연구소는 100만 달러의 가치가 있는 수학계 미해결 문제 7개를 발표하였다.

1993년 버클리에서 페렐만.

- P 대 NP, 알고리즘의 복합성에 관한 문제
- 호지 추측(Hodge Conjecture), 투영 대수 다양체(projective algebraic varieties)에 관한 문제
- 리만 가설(Riemann Hypothesis), 복소해석학(complex analysis)에서 무한 급수에 관련된 문제. 실제로 이것은 정수론에 있어서 큰 영향을 준 힐베르트의 8번째 문제였다.

- 양-밀스 질량 간극 가설(Yang-Mills existence), 양자역학 이론에 관련된 문제
- 나비에-스토크스 방정식의 매끄러운 해가 존재하는지 여부, 유체역학 연구의 골칫거리
- 버치-스위너턴다이어 추론, 타원 곡선상의 합리적 해에 관한 문제
- 푸앵카레 추측, 초구의 위상수학적 특성에 관한 문제

7개의 문제 중 현재까지 클레이 연구소가 정답으로 고려할 만한 문제는 2개밖에 없다. 그중 양-밀스 문제에 대해 조용민과 윤종혁 교수가 제시했던 해답에 대한 연구소의 판단은 '충분하지 않다'였다. 반면 2003년 페렐만의 푸앵카레 추측에 대한 증명으로 제시된

설명은 정답으로 인정되어 2010년에 상금을 주기로 결정했다.

하지만 페렐만은 이를 수락하지 않았다. 그는 푸앵카레 추측을 증명하기 위한 리처드 해밀턴의 연구도 인정 받을 가치가 있는 것이었기 때문에 자신이 상금을 받는 것은 공평하지 않다고 느꼈다. 그는 2006년 필즈 메달을 수상하는 것을 거부했는데, 아마도 그 상을 거부한 유일한 사람일 것이다.

페렐만은 러시아 상트페테르부르크에서
조용하게 살고 있다.

필즈 메달의 수상을 거부한다는 것은 수학자로서는 이해하기가 어렵다. 자신에게 수여된 100만 달러의 상금을 거부한다는 것을 이해할 수 있는 사람은 없을 것이다. 하지만 페렐만에게는 그만의 이유가 있었다. 그는 증명을 해냈다는 것만으로도 충분했다. 상을 수상함으로써 '동물원의 동물'처럼 영원히 전시되는 것을 원하지 않았던 것이다.

그의 수상을 둘러싼 여러 잡음에 불편함을 느낀 그는 수학계에서 완전히 자취를 감추었다. 상트페테르부르크에서 그의 모친과 함께 살며 언론인을 비롯하여 누구든 그를 성가시게 하는 사람을 멀리하면서 또 다른 연구(아마도 나비에-스토크스 방정식)에 몰두하고 있다는 소문만 전해진다.

나에게 그는 진정한 수학적 영웅이다. 그에게는 증명에 성공하는 것만이 유일한 보상이다. 그에게 행운이 함께 하길 빈다.

"나는 수학 영웅이 아니다. 나는 심지어 성공한 수학자도 아니다. 따라서 모든 사람들이 나에게 주목하는 것을 원하지 않는다."

– 페렐만

에미 뇌터

에미 뇌터(1882~1935)는 20세기 가장 영향력 있는 수학자 중 한 명이다.

그녀는 대수학자로서 환, 체, 대수학 연구에 있어 혁명적인 변화를 일으켰다. 이 세 가지는 일반적인 영어에서 사용되는 의미와는 다른 학문적 뜻을 가지며, 이것들은 순수 수학을 구성하는 거대한 구조물의 주춧돌과 같은 역할을 하는 분야들이다. 이론 물리학자로서 그녀는 대칭과 보존이란 개념을 서로 연결하였다. 뇌터의 정리로 잘 알려져 있는 이 연결 고리는 발견자인 그녀의 이름을 따서 명명되었다.

이 정리는 물리학에서 발견되는 모든 종류의 대칭은 모두 보존 법칙과 연결되어 있다는 것이다. 예를 들면 높은 탑에서 대포알을 떨어뜨린다면, 이 실험을 오늘 하든 내일 하든 동일한 결과를 얻게 된다. 즉 실험 결과가 시간에 따라 변하지 않는 것이다. 이 사실은 에너지 보존 법칙과 관련되어 있다. 또한 실험을 이쪽 탑에서 하든 저쪽 탑에서 하든 달라지지 않는다. 장소에 따라 변하지 않는 것이다. 이 사실은 운동량 보존 법칙과 관련되어 있다. 까다로울지는 모르겠으나 매우 정돈된 생각이다.

뇌터의 주요 관심사는 추상화였다. 기법, 연산 등을 그들이 적용되는 대상과 분리할수록 더 쓰임새가 유용해진다. 그럴 경우 전혀 관련 없는 분야에도 예측하지 못한 방식으로 적용할 수 있게 되기 때문이다. 그녀는 결국 그녀가 발표한 논문까지도 '수식의 정글'이라고 부르며 부정했다.

뇌터는 괴팅겐에서 다비트 힐베르트와 펠릭스 클라인과 함께 보내며 연구에 몰두했다. 처음 4년 동안은 여자라는 이유로 교수직에 오르지 못했지만, 그래도 그녀는 힐베르트의 수업을 대신해서 하곤 했다. 괴팅겐에서 교수 사회의 성차별적인 분위기로 인해 그녀는 경력을 쌓지 못했고, 그 당시 정부의

뇌터의 정리는 물리학에 있어 엄청난 영향을 끼친 이론이었다.

뇌터는 바이에른주 소재 에를랑겐 대학에서 공부하였다. 그녀는 자신의 학위 논문을 '수식의 정글'이라고 폄하하기도 했다.

반유대인적 정서는 그녀를 막다른 골목으로 몰고 갔다. 결국 그녀는 1933년 미국으로 떠났다. 그 후 그녀는 2년간 난소 낭종을 앓다 사망했다.

"뇌터가 위대한 수학자였다는 것은 분명히 증언할 수 있지만 그녀가 여자였다는 사실에 대해서는 서약할 수 없습니다."
– 란다우

마리암 미르자카니

미르자카니는 2014년 서울에서 대한민국 대통령 박근혜로부터 필즈 메달을 받았다.
미르자카니는 필즈 메달을 수상한 최초의 여성이었다.

나는 나보다 나이가 어린 사람에 대한 글을 써야 한다는 생각에 순간적으로
기분이 나빠질 뻔 했다. 하지만 다행히도 마리암 미르자카니(1977~2017)는
나보다 6개월 정도 더 나이가 많다. 그녀의 나이로 봤을 때,
그녀가 그렇게 많은 업적을 쌓은 것도 납득이 된다.

이란 출생인 미르자카니는 스탠퍼드 대학
교 교수로서 미국에서 일하며 생활하고 있
다. 또한 그녀는 2014년 필즈 메달을 수상
한 4인 중 한 사람이다. 그녀는 모듈라이 공
간 내 폐쇄된 표면의 대칭구조 연구에 대한

업적으로 상을 받았다.

　모듈라이 공간이란 무엇인가? 모듈라이
공간에서의 한 점은 전형적인 x, y, z좌표로
표현되지 않는다. 대신 대수학 혹은 기하학
적 객체를 통해 좌표가 주어질 수 있는 공간

이다.

대상 객체가 타원이라면 축의 길이로 그것을 분류할 수 있다. 이 경우 타원의 위치나 각도는 중요하지 않다. 두 가지 변수만 있으면 어떤 타원이든 정의할 수 있다. 이 두 가지 변수가 모듈라이 공간의 좌표가 된다.

이에 따르면 모듈라이 공간에서는 크기가 비슷한 두 타원의 경우 서로 근접한 좌푯값을 가지게 된다. 내가 아는 한 미르자카니는 타원의 모듈라이 공간에 대해서는 연구하지 않았다. 대신 그녀는 리만 표면의 모듈라이 공간에 대해 연구했다. 그녀는 모듈라이 공간에서 특수한 곡선과 표면으로 이루어진 복합 측지선의 끝이 '놀랄 만큼 규칙적'이라는 사실을 증명했다. 즉 그들은 프랙탈하지도 않고 불규칙적이지도 않다. 1990년대에 마리나 라트너가 덜 복잡한 공간에 대해 연구했던 것과 유사한 결과이다.

미르자카니는
스탠퍼드 대학의
수학과 교수였다.

니콜라 부르바키

이번 장에서 수학계의 영웅들을 다루고 있지만, 니콜라 부르바키가 언제 태어나서 언제 사망했는지 정확한 연도를 말할 수가 없다. 1934년에 출생했다고 추측되지만 실제로 존재하지 않는 어떤 인물에게 연도를 기재한다는 것은 위험한 일이다.

'부르바키'라는 이름은 19세기 프랑스의 장군 샤를 부르바키에서 따온 것이었다.

사실 부르바키는 1930년대 중반 제대로 된 수학 교과서를 만들어 보자고 결성된 수학 자들의 비밀 모임이다. 프레게, 러셀, 화이트

헤드가 시도했던 아예 기초부터 시작하여 모든 것을 다 증명할 수 있도록 하는 접근법은 아니었다. 완성해야 할 가정이 있는 것도 아니었다. 가능한 최대로 일반적이고 추상적인 개념만이 있을 뿐이었다. 부르바키 역시 기본적인 공리로부터 출발하여 철저한 증명을 통해서만 앞으로 나아갔다.

비밀조직이긴 했으나 과거나 현재의 회원들 중 일부는 알려져 있다. 장 쿨롱, 장 디외도네(종종 조직의 대변인 역할을 했음) 그리고 앙드레 베유가 창립 멤버였고, 그 외의 회원으로는 필즈 메달 수상자인 알렉산더 그로텐디크와 세드리크 빌라니가 있다.

지금까지 이 비밀조직은 9권의 책을 출간했다. 이 책들은 평균적인 수학자들이라면 책을 펼치지 않고 제목만 봐도 "아! 이게 무슨 뜻인지 알겠어!"라고 이야기할 만한 내용을 담았다.

부르바키 조직의 접근 방법은 모든 것을 논리적인 순서로 배열한 후 일관되고 부정

부르바키는 파리의 에콜 노르말 쉬페리외르에 사무실이 있다.

부르바키는 몇 가지 매우 중요한 용어와 표기법을 도입하였다. 그들이 도입한 단사(injective), 전사(surjective), 전단사(bijective)라는 용어를 제외하고 함수 분석을 한다는 것은 상상할 수 없다. 공집합에 대한 표기법인 ø와 도로 표지판으로부터 영감을 얻은 '위험 급커브 구간'이라는 표기법도 부르바키의 영향이다. 부르바키에서 편찬한 책에서 이런 표기법을 보게 되면 생각했던 것보다 더 어렵고 복잡한 내용이 곧 나오게 될 것이라고 생각하면 된다.

할 수 없는 방식으로 결과들을 쌓아 올리는 것이었다. 모든 것들은 이전에 진행되었던 방식을 따른다. 이것은 부분적으로는 "모든 것들은 독립적으로 제각각 움직인다."라고 한 푸앵카레의 생각에 반대하는 움직임으로 시작된 것이었다. 이 조직은 일 년에 수차례 회합을 갖고 책에 실릴 텍스트를 놓고 시끄러운 토론을 거쳐 표결하는 방식으로 운영되었다. 물론 책에는 텍스트 외에는 아무것도 없었다. 그들은 그런 식으로 수학책을 만들어 출간하였다.

사무실에서의 회합은 일년에 수차례 비밀스럽게 열린다.

존 콘웨이

그것들이 단지 규칙 체계의 오류라는 것을 알고 있다. 사각형이 두 개의 인접한 사각형을 가지고 있으면 그대로 유지되고, 세 개의 인접한 사각형이 있으면 다음 반복 시 검은색이 되며 유지된다. 그렇지 않은 경우 흰색이 되며 소멸된다. 그들은 개미처럼 천천히 화면을 가로질러 대각선으로 전진하면서 온 세상을 탐구한다.

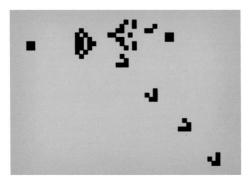

고스퍼의 글라이더 건은 라이프 게임에서 생성된 많은 매혹적인 패턴들 중의 하나이다.

고스퍼의 글라이더 건은 코드를 배우는 사람이라면 가장 먼저 실행해보는 존 콘웨이의 '라이프 게임'이라는 게임에 등장하는 매우 간단한 규칙으로부터 만들어진 패턴 중 하나이다.

이것은 콘웨이(1937~)가 만든 유일한 게임은 아니지만 가장 전략적인 게임임에는 틀림없다. 라이프 게임은 무인 게임이다. 즉 처음 보드가 설치되면 그 이후로는 결론을 내려주는 사람이 필요 없는 게임이다.

그는 또한 '철학자의 풋볼'이라는 게임도 만들었다. 이 게임은 두 사람이 서로 상대방의 골로 공을 움직이기 위해 격자 위에 라인을 그리는 게임이다. 그리고 '스프라우트'라는 낙서게임도 있다.

다수의 게임을 제작한 것과는 별개로 콘웨이는 소마큐브라는 3차원 퍼즐게임과 카드게임인 솔리테어에 대한 방대한 분석 연구도 진행했고, 이를 주제로 몇 권의 책도 펴냈다. 또한 그는 완전히 차원이 다른 비현실적인 수 체계에 대해서도 연구했다. 그 외에 연속 화살표 표기법이라고 불리는 아주 큰 수를 적는 방법과 특정 날짜가 무슨 요일에 해당하는지를 계산하는 둠스데이 알고리즘도 만들었다.

그가 수학계에 남긴 탁월한 업적에 대해서는 굳이 논하지 않겠다. 누가 심오한 수학에 대해 관심이나 갖겠는가? 하지만 굳이 당신이 원한다면 이야기해 볼 수는 있다. 그

콘웨이는 수학 게임을 대중화시켰고 정수론에 있어서도 매우 지대한 공헌을 했다.

는 모든 정수는 37개의 5제곱 숫자의 합으로 나타낼 수 있다고 하는 웨어링 추론을 증명하였다. 또한 매듭 이론과 그룹 이론에 대해 연구하였다. 뿐만 아니라 양자 역학 실험자가 관찰하고자 하는 대상을 자유롭게 결정할 수 있다면 측정 대상이 되는 기본 입자

도 그들의 특성을 자유롭게 고를 수 있다는 놀라운 사실을 증명하였다. 즉 실험자가 자유의지를 가진다면 기본 입자도 자유의지를 가진다.

영국 리버풀 출신인 그는 지금은 프린스턴의 교수로 재직 중이다.

마틴 가드너

내가 마지막으로 꼽은 현대 수학계의 영웅은 마틴 가드너이다.
엄밀히 따지자면 그는 수학자가 아니다. 하지만 그는 다양한 책들을 저술했고
수많은 수학자들과 마술사, 그리고 체스 선수들에게 영감을 줬다.

수학 작가 가드너는 실제로 공식적인 수학교육을 받은 적이 없다.

1956년 《험프티 덤프티》라는 잡지에 종이 접기에 관한 몇 편의 글을 기고한 후 마틴 가드너(1914~2010)는 《사이언티픽 아메리칸》 잡지에 헥사플렉사곤이라는 멋진 구조의 종이 접기에 대한 글을 실었다. 헥사플렉사곤이란 종이를 접은 후 다시 풀었을 때 매우 특이하고 흥미로운 패턴을 보여주는 육면체를 지칭한다. 내 기억에는 어렸을 때 책에도 나왔던 내용으로 아이들도 쉽게 이해할 수 있을 정도로 단순하지만 그 이면에 어떤 수학적인 배경이 있는지는 명확하지 않다. 다만 헥사플렉사곤이 뫼비우스의 띠와 관련 있다는 것은 알려져 있다. 이 기고문은 실린 즉시 엄청난 반향을 불러 일으켰다. 이후로 편집자는 가드너에게 비슷한 종류의 글을 계속 써 줄 것을 요청하였다. 그는 그

후 '수학 게임'이라는 칼럼을 25년간 연재하였다.

그는 칼럼에서 이 책에 언급된 프랙탈, 콘웨이의 라이프 게임, 공인키 암호화 등 많은 주제들을 다루었다. 후에 그는 칼럼 내용을 편집하여 책으로도 출간하였다. 이 책을 읽고 나서 관련된 책을 더 읽고 싶다면 가드너의 책들을 강력하게 추천한다. 그중 가장 많이 팔린 책은 1960년에 출판된 《앨리스 주석판》으로 많은 수수께끼와 루이스 캐럴의 책에 나온 단어 놀이를 다루고 있다.

1993년에 그를 기념하는 컨퍼런스가 애틀란타 조지아에서 개최되었고 3년 뒤인 1996년에 다시 열렸다. 그 뒤 수학, 퍼즐, 마술 등 가드너가 다루었던 모든 주제에 대

1952년 첫 출간된 《험프티 덤프티》의 표지.

해 이야기를 나누고자 하는 사람들이 가드너 모임을 2년에 한 번씩 가지고 있다.

놀라운 사실은 가드너가 단 한 번도 자신을 수학자로 소개하는 명함을 가지고 다니지 않았다는 점이다. 그는 고등학교 시절 미적분학을 배우며 혼란스러움을 겪은 이후로 더 이상 수학 수업을 듣지 않았다. 이것은 학교에서 배우는 수학과 많은 사람들을 매혹시키는 수학 사이에는 엄청난 차이가 있다는 것을 보여준다.

"당신이나 나나 비슷한 처지이다. 교수들이 쓴 책을 읽고 그것을 다시 쓰지 않는가!"

– 아이작 아시모프
가드너의 칼럼에서

같은 그림을 두 가지 다른 방법으로 나열한 헥사플렉사곤.

찾아보기

기타

감사의 글

사진을 사용할 수 있도록 허락해주신 다음의 분들께 감사함을 전한다.

다음 페이지들의 사진은 퍼블릭 도메인이다.
p7, p8, p17, p25, p34, p35, p36, p41, p43, p57, 60, p63, p70, p72, p74, p77, p83, p95, p96, p97, p103, p138, p143, p147, p148, p149, p153, p156, p160, p180, p182, p183, p196, p206, p208, p211, p213, p213, p215 (왼쪽), p215 (오른쪽 상단), p217, p218, p219, p220, p222, p225, p226, p227, p238, p245, p251, p253, p257, p261, p262, p265, p273, p280, p286, p289, pp293, p296–297, p300, p304, p305, p308, p309, p343, p349, p351, p352, p354, p355, p356, p358, p360, p362, p366, p376, p380, p384, p389.

모든 사진의 저작권은 iStock.com에 있으며 이외의 경우는 다음에 수록하였다.
Front cover: Mary Evans Picture Library/Alamy, Jo Ingate/Alamy, filonmar/iStockphoto.
Back cover: Jo Ingate/Alamy, filonmar/iStockphoto.
p15 Ben2, p26 Almare, p27 Lakey, p42 (상단) Shutterstock.com, p42 (하단) Claus Ableiter, p48 Stockholms Universitetsbibliotek, p49 Board of Regents of the University of Oklahoma, p51 Dreamstime.com, p52 (하단) Giorgio Gonnella, p61 Aleph, p73 Wellcome Trust, p75 Benh Lieu Song, p118 Hans A. Rosbach, p120 Andrew Dunn, p125 Andrew Dunn, p126 Hajotthu, p128 Chris 75, p133 MJCdetroit, p135 Japs 90, p137 Cormullion, p141 DXR, p150 wikispaces, p162 Ad Meskens, p162–163 (하단) Arnold Reinhold, p163 (상단) Roger McLassus, p173 JP, p184–185 Noah Slater, p192 Bjørn Smestad, p199 ArtMechanic, p207 German Federal Archive, p210 Getty Images, p212 Andrew Dunn, p215 (오른쪽 하단) Konrad Jacobs, p224 Allan J. Cronin, p232 Dave Fischer, p241 Godot13, p242 Wellcome Trust, p250 Gryffindor, p252 Stanisław Kosiedowski, p254 Stako, p260 (오른쪽 상단) George M. Bergman, p272 Ibigelow, p281 Autopilot, p298 Sailko, p310 Lmno, p314 (상단) Raul654, p316 British Ministry of Defence, p320 German Federal Archive, p321 David Monniaux, p327 Wolfgang Beyer, p329 NOAA, p333 Predrag Cvitanović, p342 Klaus Barner, p344 C. J. Mozzochi, Princeton N.J, p344 Renate Schmid – Mathematisches Forschungsinstitut Oberwolfach, p350 Deutsche Bundesbank, p369 (왼쪽 상단) Steve Lipofsky www.Basketballphoto.com, p369 (왼쪽 하단) SD Dirk, p372 Kmhkmh, p373 Che Graham, p375 Konrad Jacobs, p378 George M. Bergman, p381 Akriesch, p382 Lee Young Ho/Sipa USA, p385 (왼쪽 상단) Encolpe, p385 (오른쪽 하단) Marie-Lan Nguyen, p386 LucasVB, p387 Thane Plambeck, p388 Konrad Jacobs.